H. Grabert · Der AMAZONAS

Hellmut Grabert

Der AMAZONAS

Geschichte und Probleme eines Stromgebietes zwischen Pazifik und Atlantik

Mit 73 Abbildungen und 9 Tabellen

Springer-Verlag
Berlin Heidelberg New York
London Paris Tokyo
Hong Kong Barcelona

Prof. Dr. Hellmut Grabert
Haselbuschweg 5
W-4150 Krefeld-Forstwald

CIP-Titelaufnahme der Deutschen Bibliothek
Grabert, Hellmut: Der Amazonas :
Geschichte und Probleme eines Stromgebietes
zwischen Pazifik und Atlantik / Hellmut Grabert. –
Berlin ; Heidelberg ; New York ; London ;
Paris ; Tokyo ; Hong Kong : Springer, 1991

ISBN-13: 978-3-540-52372-7   e-ISBN-13: 978-3-642-75564-4
DOI: 10.1007/978-3-642-75564-4

Dieses Werk ist urheberrechtlich geschützt. Die dadurch begründeten Rechte, insbesondere die der Übersetzung, des Nachdruckes, des Vortrags, der Entnahme von Abbildungen und Tabellen, der Funksendung, der Mikroverfilmung oder der Vervielfältigung auf anderen Wegen und der Speicherung in Datenverarbeitungsanlagen, bleiben, auch bei nur auszugsweiser Verwertung, vorbehalten. Eine Vervielfältigung dieses Werkes oder von Teilen dieses Werkes ist auch im Einzelfall nur in den Grenzen der gesetzlichen Bestimmungen des Urheberrechtsgesetzes der Bundesrepublik Deutschland vom 9. September 1965 in der jeweils geltenden Fassung zulässig. Sie ist grundsätzlich vergütungspflichtig. Zuwiderhandlungen unterliegen den Strafbestimmungen des Urheberrechtsgesetzes.

© Springer-Verlag Berlin Heidelberg 1991

Umschlaggestaltung: Erich Kirchner, Heidelberg

Gesamtherstellung: Konrad Triltsch, Graphischer Betrieb, Würzburg

32/3145-543210 – Gedruckt auf säurefreiem Papier

Meiner Frau Gisela
und meinen Kindern
Iris *und* Karsten-Ingo *gewidmet,*
die mich auf meinen Wanderjahren
in Brasilien begleiteten.

Vorwort und Zueignung

Nur etwas mehr als hundert Kilometer östlich der pazifischen Küste liegt die Quelle des Rio Amazonas – nahe genug, um ihn zu einem pazifischen Fluß machen zu können. Und nimmt dann doch, über 6000 km weit, den Weg zum Atlantik und nicht den nahen zum Pazifik. So ist der Amazonas ein Strom zwischen Pazifik und Atlantik und hat auch zwei Gesichter: ein kleines, pazifisches und ein großes, atlantisches – heute. Das sah einmal ganz anders aus. In sehr frühen geologischen Epochen, als es noch keinen Atlantik und nur den Pazifik gab, begann die Geschichte des Amazonas. Damals war Südamerika noch mit Afrika zum Gondwana-Kontinent verbunden, und das Anden-Gebirge existierte noch nicht: Amazonien hatte ein pazifisches Gesicht. Dann trennte sich Südamerika von Afrika, und der Atlantik entstand. Ein Teil der Flüsse und Bäche eilte nun dorthin, es war ja näher. So bekam Amazonien das erste atlantische Gesicht, ein kleines erst, denn noch zog der Pazifik das meiste Wasser aus Amazonien an seine Küste. Doch dann entstand das Anden-Gebirge und engte das pazifische Gesicht drastisch ein. Kleingeworden ist nun dieses und groß das atlantische, und von jetzt ab beherrscht der Atlantik Amazonien.

Amazonien ist nun groß geworden und sein Strom schier unendlich. Er wurde so unfaßlich groß, daß der Mensch ihm drei Namen gegeben hat. Im hohen Anden-Gebirge heißt er Rio Marañon und hat ein pazifisches Gesicht. Das verliert er, wenn er das Gebirge verläßt und in das Tiefland Amazoniens eintritt. Von da ab nennt er sich Rio Solimões und zeigt sein eigentliches, spezifisches Gesicht. Hat er dann unterhalb von

Manaus, dem Zentrum Amazoniens, den Rio Negro und den Rio Madeira aufgenommen, nennt er sich endlich Rio Amazonas und hat dann sein majestätisches, sein atlantisches Gesicht.

Amazonien ist aber mehr als nur ein Flußsystem. Es ist eine riesige Naturlandschaft und ein fast noch intaktes Ökosystem, von denen es nicht mehr viele auf der Erde gibt. Es besitzt den noch immer größten tropischen Regenwald, der nur zu einem kleinen Teil bekannt und erforscht ist. Die Wissenschaft kommt nicht nach, ihn vor seiner Vernichtung durch den Menschen auch nur annähernd zu erkunden. Denn sterben wird dieser Wald, der Mensch hat ihn dazu verurteilt, weil er seine Schätze nutzen will: das Holz und das Land, die Tiere, Pflanzen, das Erz und das Wasser...

Amazonien – das ist wie eine Droge aus Süße und Gift, wie der Saft der Assaí-Palme, von der man sagt, man komme wieder an den Strom, wenn man davon getrunken habe.

Amazonas – ein Paradies nun? Ja und nein. Als ich 1958 am Rio Tocantins noch bei den Apinagé-Indianern lebte, später 1964 nach Rondônia kam, im Boot den Rio Madeira und seine Nebenflüsse Abuna und Guaporé bereiste, den Jací- und den Jí-paraná, den Candeias und den Jacú befuhr, im Jeep auf den staubigen Wegen und den engen Pfaden den Urwald durchzog und sogar oft mit der berühmten, berüchtigten Madeira-Mamoré-Bahn fuhr, da war es zwar noch schwierig, sich für die wochenlangen Reisen mit Vorräten einzudecken: ›Não tenho ovos, não tenho nada!‹ ›Ich habe keine Eier, ich habe nichts!‹ war die immer wiederkehrende, bedauernde Antwort der oft selber hungernden Cabôclos, doch ich sah auch viel Getier: Affen und Tapire, Nasenbären, Peba und Paca, Schlangen, Käfer und Falter – alles, was man in einem tropischen Regenwald erwartet und erhofft. 18 Jahre später, 1982, sah es dann ganz anders aus: Orangen, Bananen und andere Früchte gab es in jeder Menge, und alles kam aus den Feldern rund um Porto Velho. Dafür aber, für diese Felder, war der Urwald weit zurückgedrängt, der noch vor zwei Jahrzehnten hinter den Hotelfenstern als dunkle

Mauer stand. Damals schien noch die Sonne klar über Wald und Fluß, nach 18 Jahren jedoch nur noch trübe durch einen nie sich senkenden Schleier aus Rauch und Ruß des abgebrannten Waldes. Fortschritt? Weil es nun genug zu essen gab, die Straßen geteert und die Stadt elektrifiziert war? Der Urwald, das schöne, vertraute, auch grausame Paradies war dahin und statt seiner eine industrialisierte Agrarregion entstanden. Keine pittoreske Madeira-Mamoré-Bahn gab es mehr, keine schaukelnde DC-3 landete auf schmalen Pisten. Breite Asphaltstraßen gab es dafür und einen internationalen Flughafen mit röhrenden Düsenmaschinen. Und wie sich Stadt und Umfeld gewandelt haben, so haben sich auch die Menschen verändert. Damals lag noch Stille und Ruhe über der Region, die Menschen waren arm und hatten zerrissene Kleider – Arbeit gab es kaum. Doch dann wurde das Zinnerz Cassiterit entdeckt, zur Versorgung eine Straße, wenn auch zuerst noch ohne Bitumendecke, aus dem Süden gebaut, die Madeira-Mamoré-Bahn durch eine moderne Straße ersetzt (wodurch der Bundesstaat Acre an das brasilianische Straßennetz angeschlossen wurde). Das brasilianische Sprichwort ›Até a chegada da estrada!‹ (›Warte nur bis die Straße kommt!‹), denn es sollte den Angesprochenen auf eine Zukunft ohne Hoffnung vertrösten, war Wirklichkeit geworden: die Straße aus dem Süden, aus dem Wohlstand, erreichte Amazonien! Geld, Investitionen, Arbeit und Wohlstand flossen nun in das Territorium Guaporé. Doch der Wohlstand verwandelte diese Region in den selbstbewußten, sich nun auch selbst verwaltenden Bundesstaat Rondônia. Mit dem Wohlstand kamen aber auch die Forscher mit ihrem Interesse am Basiswissen. In den fünfziger Jahren fanden in Amazonien die ersten tastenden Erkundungen der staatlichen Erdölgesellschaft Petrobrás statt. Damals fuhr ich noch den Rio Tocantins hinauf und hinunter, 1964 wurden schon weitreichende Explorationen auf das eben erst bekannt gewordene Zinnerz vorgenommen, doch 1982 waren schon intensive Detailforschungen zur Entstehung und zum Alter der Verbindungen zwischen dem subandinen Beni-See und dem Amazonas-System gefragt.

Das sind nun dreißig Jahre aktive Amazonas-Forschung, davon wohl insgesamt fünf Jahre Leben im tropischen Regenwald Amazoniens und vier Reisen von Europa nach dort. Das gibt mir Mut und Anrecht, eine Betrachtung zur Entwicklung des Amazonas-Flußsystems in Zeit und Raum aufzuzeichnen. Der Gedanke dazu reifte durch Gespräche und Diskussionen mit in- und ausländischen Fachkollegen der verschiedensten Richtungen, das Konzept erhielt seine erste Form durch die Kolloquien und Symposien, die alljährlich mit zunehmend größer werdendem Interessentenkreis in Europa und in Südamerika durchgeführt worden sind. Den letzten Anstoß zur Niederschrift gab dann aber das Amazonas-Buch von Harald Sioli, dem ehemaligen Direktor des Max-Planck-Institutes für Limnologie und Tropenökologie und Professor an der Universität Kiel. Ihm danke ich die Selbstkritik eines auf ökonomische Interessen ausgerichteten Lagerstätten-Geologen und die damit erfolgte Hinwendung zur ökologischen Betrachtung dieses so verletzlichen Amazonas-Regenwaldes. Ihm, Sioli, dem wohl besten Kenner des Ökosystems Amazonien, ist daher dieses Buch zu verdanken. Es ist ein Buch, das trotz trockener Fakten mit Liebe zum Amazonas geschrieben wurde. Mögen alle Leser der gleichen Faszination erliegen, wenn sie vom Amazonas und seinem Reich hören oder es gar selbst erleben. Mir, der vom Saft der Assaí-Palme getrunken hat, ergeht es immer wieder von neuem so. Doch voller Sorge betrachte ich auch die Veränderungen, die das merkantile Denken, das immer stärker und gravierender um sich greift, die ›Erschließung und Entwicklung‹, die, geht es im eingeschlagenen Tempo weiter, auch die größte noch zusammenhängende, geschlossene Waldfläche der Erde bis zur Jahrtausendwende zerstören kann. ›Até a chegada da estrada‹ – ach, wäre die Straße doch nicht gekommen!

Inhalt

Einleitung	1
Amazonien – Vorbemerkungen und Problemstellung	4
Zur naturwissenschaftlichen Erforschung Amazoniens	8
1 Amazonien und der Gondwana-Kontinent	**21**
1.1 Das kristalline Basement	23
1.2 Das Amazonas-Paläozoikum	35
1.3 Der mesozoische Rahmen	42
2 Der Zerfall des Gondwana-Kontinentes	**55**
2.1 Amazonas-Graben und Amazonas-Schersystem	58
2.2 São-Francisco-Lineament und Recôncavo-Graben	61
2.3 Hebungen und Senkungen der atlantischen Küste	66
3 Der Neubau des südamerikanischen Kontinentes	**71**
3.1 Die Anden-Orogenese	73
3.2 Die präandine kontinentale Wasserscheide	78
3.3 Die Sedimentation in der Tertiärzeit	83
3.4 Belterra- und Barreiras-Ablagerungen	90
4 Die Herausbildung des heutigen Gewässernetzes	**93**
4.1 Die subandinen Binnenseen	95
4.2 Der Casiquiare	97
4.3 Die Beziehungen zwischen Amazonas, Orinoco und La Plata	101
4.4 Der Einfluß der andinen Orogenese	103
4.5 Der Einfluß der polaren Vereisungen	108

5 Geomorphologie und rezente Geodynamik 111
   5.1 Terrassen und Flußbettformen 113
       5.1.1 Die älteren Terrassen 119
       5.1.2 Hochufer und Terra Firme 124
       5.1.3 Das Überschwemmungsland 127
       5.1.4 Amazonas-Mündung und
             Amazonas-Deltakörper 128
       5.1.5 Steilküsten und Ästuare 134
   5.2 Klima und Böden seit der Tertiärzeit 136
       5.2.1 Die Laterit-Böden 142
       5.2.2 Die Tropen-Podsole 146
       5.2.3 Arme Böden – üppiger Wald 149
       5.2.4 Trockenperioden während der
             Quartärzeit 152
       5.2.5 Das Problem der Waldrefugien 154
       5.2.6 Faunenwanderungen 159
   5.3 Hydrographie und Limnologie 162
       5.3.1 Die Gewässertypen Amazoniens 166
       5.3.2 Die Einzugsgebiete 172
       5.3.3 Niederschlag und Bodenwasser 174
       5.3.4 Der gegenwärtige Abflußgang 179
   5.4 Anthropogene Einflüsse 181
       5.4.1 Die Roçada 182
       5.4.2 Die weitflächigen Rodungen 184
       5.4.3 Siedlungen und Straßenbau 187
       5.4.4 Lagerstätten und Bergbau 190
       5.4.5 Stauseen und Elektrizitätsgewinnung .. 194

6 Rückblick und Ausblick 197

Literaturverzeichnis 201

Glossar 215

Orts- und Namensverzeichnis 225

Sachverzeichnis 229

Einleitung

Zwischen den Guayana-Ländern im Norden und dem Brasilianischen Bergland im Süden liegt in Südamerika das größte tropische Tiefland mit dem gewaltigsten Flußsystem der Erde: Amazonien. Es ist durchweg mit immergrünem Regenwald bedeckt, der nach einer von Alexander von Humboldt eingeführten Bezeichnung ›Hyläa Amazonica‹ genannt wird. Die Regenwälder reichen weit in die benachbarten Großlandschaften hinein, werden ihrerseits von trockeneren Savannenarealen durchzogen. Amazoniens Grenze gegenüber der Gran Sabana Venezuelas und dem Campo Cerrado Brasiliens sind fließend (Abb. 1).

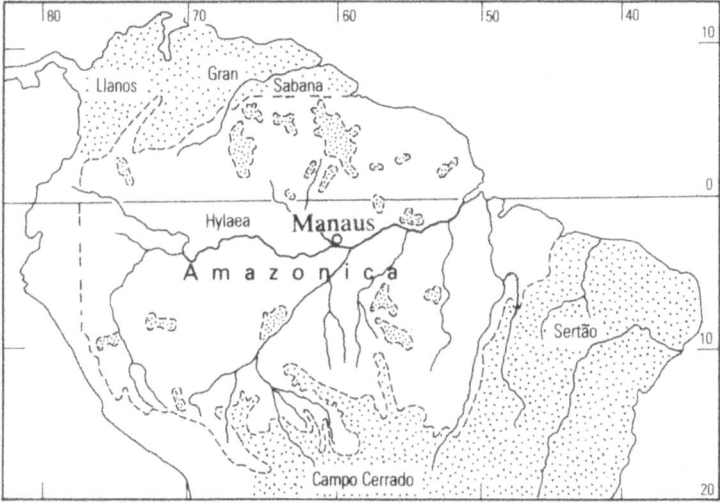

Abb. 1. Amazonien – Der tropische Regenwald (Hyläa) und die eingesprengten Savanneninseln (Campo Cerrado)

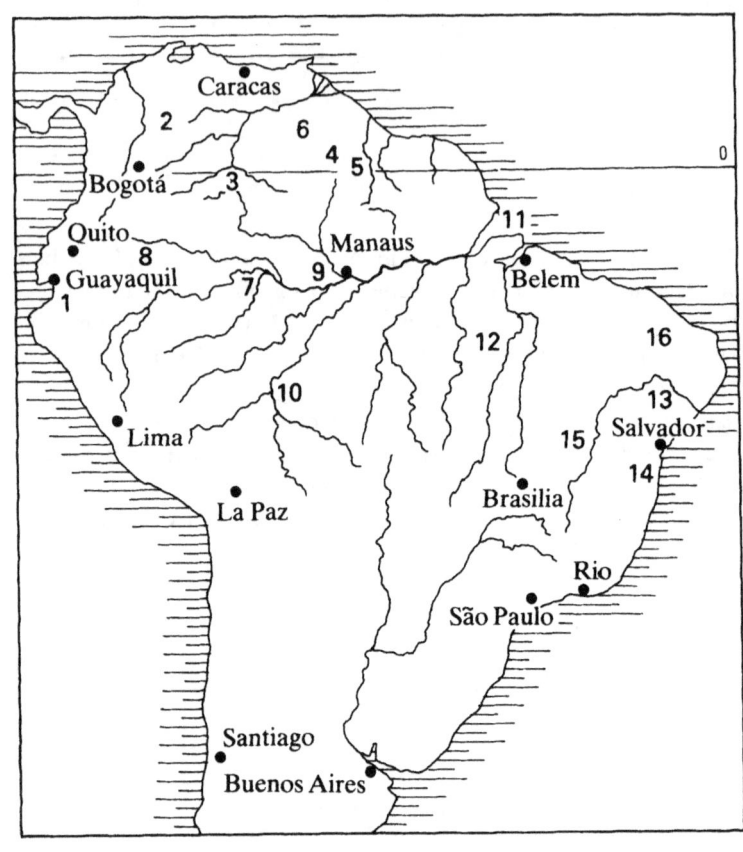

Alles beherrschend sind im tropischen Regenwald die riesigen Ströme, Flüsse und Bäche, von denen viele größer sind als die größten Ströme Europas und Nordamerikas. Das Wasser beherrscht den Lebensraum Amazonien: als hohe Niederschläge (bis mehr als 3000 mm/Jahr), als hohe Luftfeuchtigkeit, die sich mit der Wärme zu einer drückenden Schwüle vereinigt, als üppige und vielfältige Vegetation und schließlich als Ströme, Flüsse, Bäche und Gerinne. Ein Sechstel aller irdischen Süßwassermengen sind als rinnendes Wasser oder in der

Abb. 2. Das nördliche Südamerika mit den im Text erwähnten wichtigen Orten und geologischen Gegebenheiten. Es bedeuten: *1* Bucht von Guayaquil: Westende des Amazonas-Graben (Abb. 6, 16, 22). *2* Sierra de Mérida (Cordillera Occidental) (Abb. 6). *3* Der Brazo Casiquiare; Verbindung zwischen Amazonas und Orinoco (Abb. 39, 40). *4* Das Roraima-Tafelbergland; Wasserscheide zwischen Amazonas und Orinoco (Abb. 10–16). *5* Der Auyan Tepui und Canaima (Abb. 13–15). *6* Störung im Guayana-Kristallin: die Nacupay-Störung (Abb. 9). *7* Miozäne Ablagerungen mit Braunkohle am Rio Javarí (Abb. 35, Tabelle 3). *8* Das intramontane Miozän-Becken von Azogues (Tabelle 3). *9* Zentral-Amazonien bei Manaus; Zusammenfluß des Rio Negro mit dem Rio Solimões. *a* Amazonas-Graben (Abb. 6, 16, 18, 19); *b* Flußregime, Abschnitt C (Abb. 45); *c* Várzea und Igapó (Abb. 37, 46, 48, 52, 70); *d* Flußwassertypen (Abb. 64–66; Tabelle 7); *e* Bodentypen (Abb. 53–55; Tabelle 9); *f* Manaus-Schichten. *10* Die Wasserfälle und Stromschnellen am Rio Madeira (Abb. 31–34, 36; Tabelle 2, 3). Flußregime, Abschnitt A (Abb. 45); Wasserfälle und Stromschnellen (Abb. 31–34); Bodentypen auf dem kristallinen Hochufer (Abb. 54, 56). *11* Der Amazonas-Deltakörper (Abb. 17, 47; Tabelle 4). *12* Die Serra de Carajás bei Marabá am Rio Tocantins (Abb. 71, 73). *13* Der Rio São Francisco mit dem Wasserfall Paulo Afonso (Abb. 23, 24). *14* Die Unterkreide-Becken des Recôncavo und von Camamú (Abb. 25). *a* Barreiras-Schichten (Pliozän) (Abb. 29); *b* Strandkonglomerat/Sandriff (Abb. 28); *c* Flachküste (Maré-Landschaft) im Gezeitenbereich (Abb. 29). *15* Der Rio São Francisco und das São-Francisco-Lineament (Abb. 23). *16* Störungszonen vom Typ Patos/Remanso (Abb. 17)

Vegetation gebunden im Ökosystem Amazonien in einem ständigen, sehr kurz geschlossenen Kreislauf.

Wie dieses Flußsystem Amazonien entstand und wie es sich weiter fortentwickeln wird, ist erst in den letzten Jahrzehnten erforscht und erkundet worden. Diese Kenntnis von den Zusammenhängen im Ökosystem Amazonien ist zuerst und weitgehend wirtschaftlichen Interessen zu verdanken: dem Berg- und dem Straßenbau, dem Landhunger und der Gier nach Edelholz. Aber auch die Lust am Abenteuer und die wissenschaftliche Neugier haben in zunehmendem Maße zur Erschließung Amazoniens beigetragen. Das Zusammenwirken aller natürlichen Prozesse in diesem vielfältigen System ist noch keineswegs voll erkannt. Amazonien schließt noch immer viele Rätsel ein, v. a. die der Lebensvorgänge im tropischen Regenwald und in seinen Gewässern. Schon heute steht fest, daß die noch nicht annähernd genau bekannte und erkannte Organwelt Amazoniens als ein Höhepunkt in der Entwicklung des Lebendigen auf Erden angesehen werden muß. Doch nun ist dieses reiche Ökosystem durch die Eingriffe des Menschen bedroht und bereits z. T. vernichtet, noch bevor überhaupt eine naturwissenschaftliche Inventur durchgeführt ist. Das vorliegende Buch ist daher nur ein kleiner, noch unvollkommener Beitrag dazu.

In der Abb. 2 wird eine Übersicht über die in diesem Buch erwähnten wichtigen Orte und geologisch bedeutsamen Erscheinungen aufgeführt. Sie zeigt den Bezug zwischen Amazonien und seinen Randgebieten, zwischen dem Rio Amazonas und dem Rio Orinoco, zwischen dem Amazonas-Niederungsgebiet und den jungen Flußablagerungen, auf; die eingefügten Zahlen sind mit entsprechenden Textstellen in Verbindung zu bringen.

Amazonien – Vorbemerkungen und Problemstellung

Amazonien ist eine natürliche Einheit und keine politische. Amazonien gehört nicht nur zu Brasilien, sondern auch andere Staaten haben Anteile an ihm: Bolivien, Peru, Ecuador, Kolumbien und Venezuela, dazu noch Teile der Guayana-Staaten. Etliche Anrainerstaaten haben angrenzenden Regionen als Verwaltungseinheiten die Bezeichnung Amazonas gegeben.

Amazonien umschließt das Einzugsgebiet des Amazonas-Entwässerungsnetzes, das ca. 7,9 Mio. km² groß ist (zum Vergleich: USA ca. 9,36 Mio. km²; vgl. auch Abb. 3). Von dieser natürlichen Region Amazonien besitzt Brasilien mit 3,6 Mio. km² knapp die Hälfte. Der typische Regenwald bedeckt wiederum ca. 6,8 Mio. km², der Rest (ca. 1,1 Mio. km²) trägt eine Savannen-Vegetation. Diese 6,8 Mio. km² sind derzeit noch die größte zusammenhängende tropische Waldfläche der Erde. Wenn aber die Rodungen weiterhin im derzeitigen Tempo

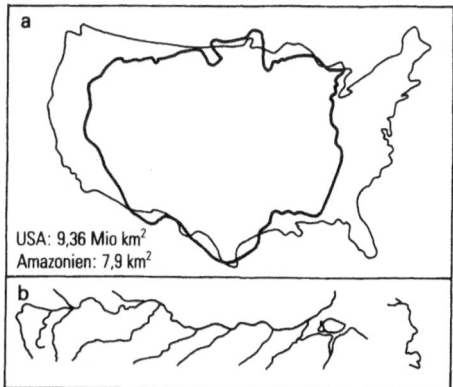

Abb. 3a, b. Größenvergleich, jeweils im gleichen Maßstab. *a* Das Amazonas-Einzugsgebiet und die Grenzen der USA. *b* Der Rio Amazonas und der Rhein

fortschreiten, wird um die Jahrtausendwende nur noch ein kümmerlicher Rest dieses Urwaldes übrig geblieben sein.

Der Rio Amazonas ist der längste Fluß der Erde (Carnica 1983). Mit 6788 km übertrifft er um 117 km den Nil (6671 km), der lange Zeit als der längste Fluß angesehen wurde. Die Wasserführung des Amazonas beträgt an seiner Mündung im Durchschnitt 35 000 m³/s, bei Hochwasser schwillt sie jedoch bis auf 160 000 m³/s an. An seiner Mündung ist der Strom 250 km breit und schiebt eine 40 km mächtige Süßwasserkalotte vor sich her in den Atlantik hinein (Tabelle 1). Der Gezeiteneinfluß ist noch bis Obidos, 700 km landeinwärts, spürbar, und die Wellenfront, welche die in das Mündungsästuar eindringende Flut gegen die herausdrängenden Wassermassen aufstaut, ist bis zu 5 m hoch und rast mit einer erheblichen Geschwindigkeit flußaufwärts. Dabei wird ein donnerndes Geräusch erzeugt, das die Waldindianer als Pororocá, das ›krachende Wasser‹, bezeichnen. Diese Wasserfront läuft 2mal im Monat landeinwärts, bei Voll- und bei Neumond. Auch das Wort Amazonas, ›amaçunú‹, soll in der Tupí-Sprache ›Wasserdonnerlärm‹ bedeuten.

Die größten Nebenflüsse, selbst weit in den Oberlauf hinein schiffbar, sind der Rio Madeira-Guaporé (3240 km), der Tocantins

Tabelle 1. Die Stromsysteme von Amazonas, Mississippi und Rhein im Vergleich

	Amazonas	Mississippi	Rhein
Länge	6788	3750	1320
Einzugsgebiet km²	7,9 Mio	3,2 Mio	0,25 Mio
Niederschläge mm/Jahr	1770[a]	1460[b]	600[c]
Wasserführung m³/s	120 000	19 000	2450[d]

[a] Manaus.
[b] New Orleans.
[c] Köln.
[d] Emmerich.

(2640 km), der Rio Tapajóz (2000 km), der Rio Xingú (1980 km) und der Rio Negro (1550 km).

Der Amazonas entwässert zusammen mit dem Rio Orinoco den größten Teil des nördlichen Südamerikas. Im tieferen Untergrund des Einzugsgebietes stehen vorwiegend kristalline Gesteine mit einem hohen Alter von mehr als 500 Mio. Jahren an, nur in wenigen Gebieten sind Ablagerungen des Erdaltertums (Paläozoikum) und des Erdmittelalters (Mesozoikum) erhalten geblieben, vorwiegend in der tektonischen Struktur des Amazonas-Grabens. Geologisch junge Gesteine bedecken zwar weitgehend das eigentliche Amazonas-Gebiet, doch ist deren Mächtigkeit im Vergleich zu den älteren, von ihnen verhüllten paläo- und mesozoischen Ablagerungen gering. Die geologischen Verhältnisse im tieferen Untergrund wurden weitgehend durch die intensive Bohrtätigkeit auf Erdöl und die Explorationen bergbautreibender Gesellschaften geklärt.

Die geologischen Verhältnisse lassen nun eigentlich vermuten, daß die Entwässerung dieses geologisch alten Komplexes ebenfalls recht alt sei, daß sich Formen und Wege in der Erosion und Flußgestaltung herausgebildet haben, die immer wieder benutzt und ausgeschliffen worden sind, kurz: die Entwässerung müßte einen hohen Grad an geomorphologischer Reife erlangt haben. Das ist aber überraschenderweise nicht der Fall. Im Gegenteil, das Amazonas-Entwässerungsnetz ist in seiner heutigen Form relativ jung und unterliegt noch immer starken Veränderungen. Dennoch sind die Anfänge des Drainagesystems alt. Von einer ersten Anlage kann man schon nach dem spektakulären Zerfall des Gondwana-Kontinentes, der vor ca. 110 Mio. Jahren auseinanderbrach, ausgehen. Damals entstand der Atlantik, auf den sich das frühe Entwässerungsnetz ausrichtete. Auch der wohl gleichzeitig entstandene Amazonas-Graben hat die frühe Drainage nachhaltig beeinflußt, hat der Entwässerung die erste Abfluß›rinne‹ zur Verfügung gestellt. Eine weitere starke Zäsur bildete das Herausheben der Cordilleren, die den bisher zum Pazifik offenen Weg abschnitten. Die letzte starke Beeinflussung und Formung erhielt das Amazonas-Stromsystem durch die globalen Meeresspiegelschwankungen im Pleistozän und die holozänen Klimaveränderungen.

Die naturwissenschaftlichen Kenntnisse verdankt Amazonien den Forschern und den Abenteurern, die vor vielen Jahrzehnten auszogen, das sagenhafte Eldorado oder die geheimnisvolle Hyläa Amazonica zu erobern, zu erforschen. Erst in der Mitte des 19. Jahrhunderts setzte dann auch die geologische Erforschung ein. Was sich jedoch unter der Verhüllung mit jungen Sedimenten und dem fast undurchdringlichen Urwald verbarg, ist eigentlich erst in der Mitte dieses Jahrhunderts erkannt worden, als man anfing, nach Rohstoffen zu suchen. Es gab lange keine ausreichenden Kartenunterlagen. Auch die in anderen Gegenden der Erde gut verwendbaren und modernen Luftbilder blieben unbefriedigend, weil die alles bedeckende Vegetation auch die Bodengestaltung verhüllte. Erst die neue Technik mittels Radarstrahlen konnte endlich auch bodennahe Informationen liefern, die die Morphologie erkennen ließen. Diese neue Technik brachte das große Kartenwerk RADAM (Radar Amazonas) zustande. Erst dadurch ist heute eine neue Qualität der bodennahen Erkundung möglich. Die systematische Erforschung aller naturwissenschaftlichen Disziplinen in Brasilien wird seit dieser Zeit durch das ›Instituto Nacional de Pesquisas Amazônica‹ (INPA) mit Sitz in Manaus betrieben und gesteuert.

Das Ökosystem Amazonien ist unendlich reich an Organismen und Rohstoffen, doch es reagiert sehr empfindlich auf tiefreichende Eingriffe des Menschen. Dieses soll auch im vorliegenden Buch mitbehandelt und aufgezeichnet werden.

Zur naturwissenschaftlichen Erforschung Amazoniens

Die Forscher, die sich um 1750 in das Amazonas-Gebiet wagten, konnten auf eine in die Zeit der Eroberung zurückreichende Kenntnis von den wichtigsten Besonderheiten Amazoniens zurückgreifen. Während in Süd-Brasilien die Vorkommen verschiedener Minerale, insbesondere Diamanten und Gold, schon frühzeitig Anregungen zur lagerstättenkundlichen und geowissenschaftlichen Untersuchung gaben, wurden im tropischen Regenwald Amazoniens keine bedeutenden Rohstoffe vermutet – oder wegen der zu großen Schwierigkeiten nicht erkundet. Das nimmt eigentlich wunder, wenn man bedenkt, daß die spanischen Conquistadoren aus dem Anden-Hochland immer wieder den geheimnisvollen Erzählungen über den ›Goldenen‹, den El Dorado, nachgegangen sind und ihn auch im Amazonas-Tiefland gesucht haben. Noch heute findet man auf vielen Felsen längs der großen Ströme Ritzzeichnungen (Abb. 4), die in die vorspanische Zeit gestellt werden (Grabert u. Schobinger 1971); sie werden als Wegemarkierungen oder Territorialzeichen gedeutet. Die goldgepflasterte Stadt Manoa, von der im Fieberwahn Orellana berichtete, soll am Rio Madeira an der Einmündung des Rio Abunã gelegen haben, nicht weit entfernt von den reichen Felsritzzeichnungen an der Felsenpassage Três Irmões des Rio Madeira.

Das größte Stromsystem der Erde wurde 1499 von dem spanischen Seefahrer Vicente Yanez Pinzon entdeckt, der wie Columbus einen Weg nach Indien suchte. Er fuhr in die breite Amazonas-Mündung ein und, weil er in ihr ein Süßwassermeer vermutete, nannt er den Amazonas das ›Mar Dulce‹; er vermeinte, irgendwo vor der chinesischen Küste zu kreuzen.

1541/42 fuhr der spanische Kapitän Francisco de Orellana als erster Europäer den ganzen Strom hinab, von den Anden bis zur Mündung. Das größte Problem, das nach ihm alle Abenteurer und Forscher begleitete – auch mich –, war für ihn und seine 60 Begleiter (Soldaten, Seefahrer und einem Priester Gaspar de Carvajal, der über diese Fahrt einen ausführlichen Bericht verfaßte), der Hunger. Die Reisenden stellten bald fest, daß auch die Eingeborenen an Hunger litten. Um zu überleben, mußten Orellana und seine Begleiter die Dörfer plündern.

Abb. 4. Indianische Felsritzzeichnungen am Wasserfall von Três Irmões auf der Felsenpassage des Rio Madeira (vgl. auch Abb. 31 und Tabelle 2) (vgl. auch Grabert u. Schobinger 1971)

Hunger in dieser so üppigen Vegetation? Das wurde schon damals erstaunt vermerkt, aber warum das so ist, warum ein üppiger Wald nur so wenig Verwertbares liefert, ist erst um die Mitte unseres Jahrhunderts wissenschaftlich geklärt worden. Die Böden, auf denen der Regenwald Zentral-Amazoniens steht, sind derart arm an Nährstoffen, daß aus ihnen keine Reichtümer an Früchten und Wild herausgezogen werden können. Von den Früchten leben die Tiere, von beiden der indianische Mensch. Niemals kann der tropische Regenwald Amazoniens die Menschen ernähren, die von anderswo wegen Landmangel in das landreiche Amazonien einwandern wollen.

Der wichtigste Erkundungsvorstoß – in umgekehrter Richtung – fand dann unter portugiesischer Flagge statt, und seit dieser Zeit gehört Amazonien weitgehend zum portugiesischen, jetzt brasilianischen Interessensbereich. 1637/38 fuhr der General Pedro Texeira mit einer großen Streitmacht von über 2000 Mitfahrern in 47 Booten von Pará, wie das heutige Belém damals hieß, den Strom hinauf und gelangte bis Quito. Dann kehrte er wieder um und beendete seine Reise wieder in Belém. Dabei wurde Texeira von dem Jesuitenpater Christobal de Acuña begleitet, dessen lebendige und präzise Schilderungen dieser Bereisung als Vorläufer späterer wissenschaftlicher Berichte über Amazonien angesehen werden können.

In dem Jahrhundert, das auf diese Expedition folgte, begannen die Europäer mit der Kolonisierung Amazoniens, weitgehend über die Flüsse und längs der Flußufer. In diesem Jahrhundert starb aber auch der größte Teil der Waldindianer: im Kampf, infolge der Versklavung oder als Opfer von eingeschleppten Krankheiten. Schätzungen nennen bis zu 2 Mio. Indianer. Mitte des 18. Jahrhunderts war das einstmals gut besiedelte Amazonas-Ufer leer, die Überlebenden hatten sich in das Innere der Wälder zurückgezogen. In dieser Zeit betrat der erste weltbekannte Forscher südamerikanischen Boden; es war Charles de la Condamine.

Condamine fuhr im Auftrag der Pariser Academie 1735 nach Peru, um durch Messungen am Äquator Beweise für die Kugelgestalt der Erde zu erbringen. Die von Condamine gezeichneten Karten bestechen noch heute durch ihre erstaunliche Genauigkeit. Ebenso zu bewundern ist die Zuverlässigkeit seiner Berichte über die anschließende, 2monatige Expedition, die ihn den ganzen Amazonas-Strom abwärts bis zur Mündung führte.

Condamines Berichte über die wundersame Pflanzenwelt des tropischen Regenwaldes, über die unbekannte und fremde Tierwelt in den Wipfeln, im Untergehölz, im Überflutungswald und in den Gewässern zog darum magisch weitere Naturforscher an. Der erste, der gut vorbereitet zum Amazonas wollte, war Alexander von Humboldt. 1799 landete er mit seinem wissenschaftlichen Begleiter Aimé Bonpland, Botaniker und Ethnologe, am 16. Juli im venezolanischen Cumaná. Die fünf Jahre dauernde Expedition führte beide Forscher den Orinoco hoch bis in sein Quellgebiet. Sie befuhren schließlich die eigenartige Wasserverbindung zwischen dem Rio Orinoco und dem zum Amazonas fließenden Rio Negro. Dieser Casiquiare war zwar den Indianern und den Missonaren schon lange bekannt, aber erst

v. Humboldt sah diesen ›Canal‹ mit wissenschaftlichen Augen. Je nach dem Flußwasserstand pendelt über diese Verbindung Wasser von dem einen zum anderen Flußsystem (Kap. 4.2).

v. Humboldt hat das eigentliche Amazonas-Gebiet nicht betreten, politische Schwierigkeiten mit dem damals antifranzösisch eingestellten portugiesischen Hof verwehrten ihm den geplanten Zutritt. Dennoch sind gerade seine Forschungen am Casiquiare von außerordentlicher Bedeutung für die Entwicklung des Entwässerungssystems im nördlichen Südamerika.

Die geowissenschaftliche Erforschung Amazoniens beginnt in der Mitte des 19. Jahrhunderts mit dem Schweizer Jean Louis Agassiz, und zwar im Jahre 1865. Agassiz, in Môtiers am Murtener See/Schweiz geboren, studierte Naturwissenschaften und Medizin in Heidelberg und München. 1832 wurde er Professor in Neuchâtel. Agassiz machte sich einen Namen durch seine Untersuchungen an fossilen Fischen (1840–1845) und seine Gletscher- und Eiszeitforschungen in den Alpen (1840–1847). Beide Themen bestimmten auch die Fragestellung, unter der er das Amazonas-Gebiet bereiste: einerseits wollte er die rezenten Süßwasserfaunen erforschen und andererseits ermitteln, ob auch das äquatoriale Amazonien eine Eiszeit hatte (Agassiz, 1866).

Die eigentliche geologische Erforschung Amazoniens setzt aber erst mit Charles Frederic Hartt ein, der, als Begleiter und Schüler von Agassiz, Brasilien bereiste und 1870 mit einer eigenen Expedition nach Amazonien zurückkehrte.

Hartt wurde 1840 in Fredericton/New Brunswig (Canada) geboren. Er studierte Sprachen und Naturwissenschaften am Acadia College. Als er 1868 von seiner zweiten Brasilienreise zurückkehrte, erhielt er den Lehrstuhl für Geologie an der Cornell University von Ithaca/New York. 1870 reiste er, mit vier seiner Schüler, zum ersten Male in das Amazonas-Gebiet, 1871 zum zweiten Mal, diesmal mit O. A. Derby. Aufgrund seiner Kenntnisse über das tropische Brasilien schlug er vor, eine systematische Erforschung Brasiliens und speziell Amazoniens vorzunehmen. Daraufhin wurde er 1874 nach Rio de Janeiro eingeladen. Seine begeisternden Vorträge führten schließlich zur Gründung der ›Commissão Geológica do Império do Brasil‹, der Vorläuferin des Staatlichen Geologischen Dienstes. Leider waren ihm dafür nur zwei Jahre Tätigkeit vergönnt, denn die Kommission wurde schon 1877 wieder aufgelöst. Vielleicht wären die Arbeiten dennoch fortgesetzt worden, wenn nicht Hartt, der der Motor dieser neuen Einrichtung war, am 18. März 1878 in Rio de Janeiro am Gelbfieber starb; er wurde nur 37 Jahre alt.

Trotz dieses betrüblichen Ausganges eines Staatlichen Dienstes verschwanden die geologischen Forschungen nicht ganz aus Brasilien, auch nicht im Amazonas-Gebiet. Daß dieses nicht geschah, ist im wesentlichen Orville A. Derby zu verdanken, dem Mitarbeiter und Schüler von Hartt.

Derby, 1851 in Niles bei New York geboren, studierte Geologie an der Cornell University zu Ithaca, wo er sich schon früh Hartt anschloß. 1870 forschte er am Unterlauf des Rio Tocantins und des Rio Tapajóz. Nach der Auflösung des Geologischen Dienstes blieb er jedoch in Rio de Janeiro zurück, wo er Direktor am Museu Nacional wurde und der dortigen Geologischen Abteilung vorstand (1879–1891); in das Amazonas-Gebiet jedoch kehrte er nicht mehr zurück.

Neben Derby haben sich um die geologische Erforschung Amazoniens noch zwei weitere Mitarbeiter von Hartt verdient gemacht. Richard Rathburn beschäftigte sich als erster mit den devonischen Versteinerungen Amazoniens, Herbert H. Smith führte fast drei Jahre (1874–1876) geologische Aufsammlungen durch und brachte die ersten geologischen Informationen vom Rio Curuá, östlich von Santarém, mit. – Der erste brasilianische Gelehrte, der sich der geologischen Erforschung Amazoniens widmete, war der Geograph und Naturforscher Domingos Soares Fereira Penna, ein weiterer Mitarbeiter von Hartt.

Ferreira Penna wurde 1818 bei Mariana/Minas Gerais geboren. Seine Ausbildung war die eines Autodidakten, denn eine naturwissenschaftliche Unterrichtung war zu damaliger Zeit in Brasilien nicht möglich; im Ausland hat Penna nicht studiert. Als Journalist und Verwaltungsbeamter kam er 1858 nach Belém do Pará, das ihm mit kurzen Unterbrechungen zur zweiten Heimat wurde. Die ersten systematischen Aufsammlungen kreidezeitlicher Versteinerungen aus dem Mündungsgebiet des Amazonas stammen von ihm; sie wurden von White bearbeitet.

Die wohl bedeutendsten paläontologischen Arbeiten, insbesondere die aus dem Paläozoikum Amazoniens, führte John M. Clarke durch. Er gehörte zu den wohl bedeutendsten Erforschern des brasilianischen Paläozoikums.

J. M. Clarke, 1857 in Canandaigua bei New York geboren, erwarb seine spezielle Ausbildung an der Universität Göttingen bei v. Koenen. Nach seinem Studium wurde er 1886 in den Dienst des Staates New York übernommen und arbeitete unter der Leitung von James Hall am dortigen Museum; später ging er an die University Albany/New York.

Um die Jahrhundertwende hat dann Friedrich Katzer als ehemaliger österreichischer Staatsgeologe in Belém do Pará im dortigen Staatsdienst und am Museu Paraense als Geologe gewirkt. Ihm ist es zu verdanken, daß erstmals eine ›Geologische Karte des unteren Amazonasgebietes‹ (1:4400000) entworfen werde konnte, die einer zusammenfassenden Darstellung der ›Geologie des unteren Amazonasgebietes‹ (1903) beigegeben wurde; wegen seiner großen Bedeutung ist dieses Buch auch in die englische und die portugiesische Sprache übersetzt worden.

Einige Jahrzehnte früher setzten auch die Forscher der Zoologie und der Botanik ihre Reisen an, ihren Berichten sind viele geologische Daten zu entnehmen. Es waren vorwiegend die Briten, die aus reiner Freude und Abenteuerlust in das Amazonas-Gebiet eindrangen und Fauna sowie Flora studierten und sammelten. Hier sind besonders Bates, Wallace und Spruce zu nennen. Sie waren angeregt worden durch die Reisen von Charles Darwin und sein aufsehenerregendes Buch (1864).

Henry Walter Bates war autodidaktischer Entomologe, Alfred R. Wallace ebenfalls. Beide stammten aus Mittel-England. Wallace hatte durch Vermessungsarbeiten für englische Eisenbahngesellschaften einiges Geld ansammeln können. Nur dadurch konnte sein Wunsch, in Südamerika eine naturwissenschaftliche Sammelreise zu veranstalten, in Erfüllung gehen; zu dieser Reise lud er Bates ein (1847). Beide erreichten am 28. Mai 1848 mit der nur 192 t großen Bark ›Mischief‹ die Amazonas-Mündung bei Belém do Pará.

Während ihres ersten Jahres erkundeten Wallace und Bates die Flüsse und die Landschaft am unteren Amazonas. Im Juli 1849 traf der jüngere Bruder von Wallace – Herbert – ein, der mit dem gleichen Schiff ankam, mit dem auch der Botaniker Spruce einreiste.

Spruce war mit 32 Jahren der älteste dieser drei, aber auch der naturwissenschaftlich noch am besten ausgebildete. Spruces Reise nach Südamerika wurde weitgehend vom Königlichen Botanischen Garten in London finanziert mit der Auflage, lebendes und Herbar-Material zu sammeln und nach London zu schicken. Bates und Wallace schlossen sich diesen Sammelreisen an.

Die Forschungsarbeiten von Spruce in der Gegend von Santarem sollten später das Kautschuk-Monopol Brasiliens brechen. Der Botanische Garten in London hatte nämlich um eine sorgfältige Untersuchung aller Gummitragenden Bäume Amazoniens gebeten. 20 Jahre später – der Kautschuk-Boom hatte 1850, nach Erfindung der Vulkanisierung, eingesetzt – schmuggelte der Brite Henry Wickham trotz der darauf stehenden Todesstrafe tausend junge Gummipflanzen nach England, wo sie im Botanischen Garten weitergezüchtet wurden, ehe sie in die damalige britische Kolonie Malaysia gebracht werden konnten. Dort, in Plantagen gezogen und von Sklaven geerntet, wurde der Plantagengummi dann die starke Konkurrenz zum Naturgummi aus den Amazonas-Wäldern. Um 1920, nach dem 1. Weltkrieg, brach dann die Gummigewinnung in Amazonien zusammen. Nur noch vereinzelt, das aber auch heute noch, wird Rohgummi in Amazonien gewonnen.

Zu fragen ist, warum sich in Amazonien keine Plantagenwirtschaft entwickeln konnte. Im 2. Weltkrieg, nach Verlust der malayischen Plantagen durch die japanische Besetzung, versuchten die Nordamerikaner mit erheblichen Mitteln, Gummiplantagen in Amazonien anzulegen. In Fordlandia und in Belterra gelang das nach vielen Rückschlägen, doch waren die Plantagen nach dem Ende der kriegsbedingten Nachfrage wirtschaftlich nicht länger zu halten. Die Plantagen wurden aufgegeben, und der Urwald hat das Gebiet wieder zurückerobert.

Das Scheitern der brasilianischen Gummiplantagen mag auch in der Mentalität der brasilianischen Gummisucher begründet sein. Dieser

›seringeiro‹ ist nie so recht seßhaft gewesen, was eine Voraussetzung für eine Plantagenwirtschaft ist. Er ist Nomade, wenn er auch im besten Falle ein Wohnboot besitzt. Meist zieht er als Wanderarbeiter durch den Wald, der oft in Gummikonzessionen, die ›seringals‹, eingeteilt ist. Für den Konzessionär, den ›seringalista‹, erntet er den Rohgummi, räuchert ihn und verkauft dann die runden Gummiballen an den Konzessionär.

Eng mit dem Gummiboom hängt die Verkehrserschließung Amazoniens zusammen. Diese erfolgte natürlich zuerst und auch heute noch weitgehend über die Wasserwege. Schiffbar sind vom Amazonas-Flußnetz ca. 50 000 km², und Hochseeschiffe mit einer Tonnage bis 5000 BRT können bis Manaus, solche bis 3000 BRT sogar bis in das peruanische Iquitos fahren, natürlich nur mit Lotsen, der Sandbänke und der schwimmenden Wiesen wegen. Die typischen doppel- bis sogar dreistöckigen Boote sind der amphibischen Landschaft angepaßt und werden noch heute, nach fast hundert Jahren, in immer der gleichen Weise gebaut. Doch dort, wo Stromschnellen oder gar Wasserfälle den Wasserweg sperren, wurden die Transporte schwierig oder fast unmöglich. Sie mußten mit unsäglichen Kraftaufwendungen bei teurem, da zeitraubendem Transport zu Fuß überwunden werden. Das war aber auf die Dauer ökonomisch nicht mehr tragbar. So blieb der Rohgummi aus dem bolivianischen Tiefland, dem Gebiet des Rio Beni und des Rio Madre de Dios, lange Zeit ohne rechte Verbindung zum eigentlichen Amazonas und damit zum Weltmarkt. Hinderlich war dabei besonders die ca. 400 km lange Passage des Rio Madeira, auf der sich 21 Wasserfälle und Stromschnellen anordnen, die teilweise beträchtliche Höhenunterschiede zwischen dem Ober- und dem Unterwasser aufweisen. Diese Felspassage mit einer Eisenbahn zu überwinden, war das Ziel eines Staatsvertrages zwischen Brasilien und Bolivien. Am 27. März 1867 wurde dieser ›Tratado de amizade, limites, navegação, comércio e extradição‹ geschlossen, der dann mit dem Vertrag von Petrópolis am 17. November 1903 zum Bau der ›Madeira-Mamoré-Bahn‹ führte.

Noch im gleichen Jahr, am 10. November 1867, beauftragte der brasilianische ›Ministro da Agricultura‹ die beiden Ingenieure Joseph und Franz Keller (-Leuzinger) mit der Erkundung der günstigsten

Eisenbahntrasse. Die Bahn sollte von Pôrto Velho unterhalb der Wasserfallstrecke bis nach Guajará-mirim oberhalb davon führen. Ihre umfangreichen Forschungsergebnisse legten sie in einem Buch nieder (Keller-Leuzinger 1874).

Die Schwierigkeiten des Eisenbahnbaus mitten im verkehrsmäßig auch sonst kaum erschlossenen Amazonas-Urwald (Lebensmittel- und Materialtransport, medizinische Versorgung, unzureichende Finanzkraft) führten dann auch dazu, daß der erste Versuch einer englischen Gruppe scheiterte (1872–1874). Erst 1907, mit US-amerikanischen Mitteln, setzte der eigentliche Bahnbau ein, der dann mit der feierlichen Einweihung 1912 sein Ende fand (Ferreira 1959).

Der Bahnbau kostete unsägliche Opfer an Menschen, Material und Geldmitteln. Ob sich diese Investitionen gelohnt haben, kann nur die Historie bestimmen. Für den Transport des Rohgummis, dessen Boom mit Ende des ersten Weltkrieges (1920) zu Ende ging, kam der Bahnbau nämlich fast zu spät. Dennoch: die Madeira-Mamoré-Bahn erschloß neben dem zentralen Amazonien auch das bolivianische Tiefland. Erst 1966 wurde sie stillgelegt und durch eine parallel zu ihr geführte Straße ersetzt. Wie wirtschaftlich aber noch eine solche Bahn mit ihrem weitgehend noch intakten Schienenkörper sein kann, zeigen die Betrebungen seit 1983, Teile oder gar die ganze Strecke wieder herzurichten und in Betrieb zu nehmen. Für den Tourismus sind schon heute ca. 40 km, von Pôrto Velho bis Sto. Antônio unterhalb des ersten Wasserfalles, befahrbar. Für den immer mehr zunehmenden Lastverkehr, insbesondere mit Acre und Bolivien, könnte die ganze Strecke wieder wirtschaftlich werden. Doch wie würde sich das auf die Straße auswirken?

Die Botaniker und Zoologen des 19. Jahrhunderts haben die naturwissenschaftliche Inventur Amazoniens begonnen. Um die Jahrhundertwende, verstärkt nach dem 1. Weltkrieg, wandelte sich das Forschungsinteresse. Man ging nämlich dazu über, alle natürlichen Erscheinungen als Teile eines Ganzen, eines Ökosystems, aufzufassen. Diese Betrachtung ist besonders mit den Namen zweier schweizer Forscher verbunden: Emilio Goeldi und Hans Bluntschli. Auf ihre Betrachtungen bauten weitere Forscher auf, besonders Harald Sioli, der nach dem zweiten Weltkrieg eine limnologische Gliederung der amazonensischen Fließgewässer aufstellte.

Emilio Goeldi, als Emil August Göldi 1859 in Ennetbühl/Schweiz geboren (er kehrte wieder in die Schweiz zurück, wo er 1917 in Bern starb) war Zoologe mit starken geologischen und archäologischen Interessen. Mit vielen anderen Europäern wurde er vom kaiserlichen Hof nach Brasilien gerufen. Zuerst arbeitete er am Museu Nacional in Rio de Janeiro, wurde dann aber nach Belém do Pará versetzt, um dort ein naturwissenschaftliches Forschungsinstitut aufzuziehen. Göldi arbeitete am unteren Amazonas und im Território Amapá, sammelte Tiere und Pflanzen, Gesteine und Fossilien. Seinen archäologischen Neigungen ist die Entdeckung und Erforschung der eigenartigen, vorkolonialen Marajó-Kultur zu verdanken, die besonders durch ihre Großurnen gekennzeichnet ist. Seine naturwissenschaftliche Vielseitigkeit ist seinen bedeutenden Werken abzulesen: Aspectos da natureza do Brasil, Clima de Teresópolis, Os mamíferos do Brasil (1893), As aves do Brasil (1894), Album de aves amazônicas (1900–1906).

Mit Hans Bluntschli, dem schweizer Anatomen, kam die erste ökologische, also alle naturwissenschaftlichen Faktoren einer Region einzubeziehende Betrachtungsweise in die Amazonas-Wildnis: Die Amazonasniederung als harmonischer Organismus (1921). Sie wurde von Sioli 1964 in die portugiesische Sprache übersetzt (Bluntschli 1964).

Starke Impulse gingen von den Arbeiten des Zoologen und Hydrologen Harald Sioli aus; er ist der Vater der modernen ökologischen Forschungsrichtung in Amazonien. H. Sioli, 1910 in Köthen/Anhalt geboren, ging nach einem Zoologie-Studium 1938 als Austauschassistent des Deutschen Forschungsrates nach Brasilien. Der Kriegsausbruch 1939 verhinderte seine Rückkehr. 1940 begann er mit der Erforschung der Gewässer Amazoniens. Der Kriegseintritt Brasiliens und seine anschließende Internierung unterbrachen seine Arbeiten für drei Jahre, konnten aber von ihm nach Kriegsende im Dienste brasilianischer Institute fortgesetzt werden. 1957 kehrte er nach Deutschland zurück, um die Leitung der Hydrobiologischen Anstalt der Max-Planck-Gesellschaft in Plön bei Kiel zu übernehmen. In der Abteilung für Tropenökologie nahm er wieder mit einem größeren Mitarbeiterstab die Forschungen zur Limnologie Amazoniens auf und erweiterte die Themen auf die Böden, das Gefüge und das Funktionieren des tropischen Regenwaldes. Auf seine Initiative geht die durch einen Staatsvertrag zwischen Brasilien und der Bundesrepublik Deutschland gesicherte Zusammenarbeit des Max-Planck-Institutes und der INPA in Manaus zurück.

Eines stillen Forschers sei noch gedacht, dessen Wirken für die Betrachtung über die Entstehung des Amazonas-Flußnetzes außerordentlich befruchtend war: Max Stern, Arzt und Naturforscher in Caracas/Venezuela. M. Stern wurde 1898 in Karlsbad/Böhmen (Karlovy Vary) geboren und studierte Medizin in Berlin und Prag. 1938 mußte er seines jüdischen Glaubens wegen die Heimat verlassen und kam auf Umwegen nach Venezuela. Dort arbeitete er als Wanderarzt in dem damals sehr unwegsamen und schlecht versorgten Amazonas-Gebiet Venezuelas. Bei seinen Bootsfahrten führte er im Auftrag staatlicher Stellen auch Wasserstandsbeobachtungen der von ihm befahrenen Flüsse durch. Besonders häufig – es waren insgesamt 20 Fahrten – befuhr er dabei auch den Casiquiare, dessen Landschaft, aber auch dessen wissenschaftliche Probleme ihn begeisterten. Ohne seine genauen Untersuchungen über die Schwankungen der Wasserstände wäre die Geschichte des Casiquiare wohl noch heute nicht enträtselt. M. Stern war ein begabter Maler und Zeichner, der in vielen Bildern seinen Casiquiare festhielt. Es ist daher eine Freundespflicht, eines seiner mir verehrten Bilder (Abb. 5) zu veröffentlichen und so diesen Gelehrten zu ehren. Stern hat neben Themen zur Epidemiologie und Hydrologie der Schwarz- und Weißwässer auch solche zur Erforschung von indianischen Felsritzzeichnungen bearbeitet. – M. Stern starb am 16. 10. 1980 in Caracas.

Zu erwähnen seien noch einige Indianer-Forscher und Ethnologen, Geographen und weitere Naturwissenschaftler, die geowissenschaftliche Beobachtungen zur Entstehung des Amazonas-Flußnetzes in ihren Veröffentlichungen mitgeteilt haben: Theodor Koch-Grünberg (geboren 1872 in Grünberg/Hessen, gestorben 1924 in Vista Alegre/Território Rio Branco), der in das Roraima-Gebirge zog und den oberen Orinoco erkundete (1911–1913), sowie Curt Unckel (geboren 1883 in Jena, gestorben 1945 in Santa Rita/Rio Solimões), der sein

Abb. 5. Der Brazo Casiquiare mit dem Yacapana Tepui (nach einer Orginalzeichnung von M. Stern)

Leben der Erforschung der Gê-Indianer widmete, die ihm so vertraut wurden, daß sie ihm den Namen Nimuendajú (= der sich eine Wohnung bei uns macht) verliehen, unter dem er sogar wissenschaftliche Arbeiten publizierte.

Zur Erforschung des Ökosystems Amazonien, aber auch zu seiner sinnvollen Nutzung (Fischereiforschung, Hydrokulturen, Wiederaufforstungen, Siedlungs- und landwirtschaftliche Nutzungsvorschläge anhand pedologischer Aufnahmen) wurde 1954 in Manaus das ›Instituto Nacional de Pesquisas da Amazônica‹ (INPA) gegründet. Diesem Institut obliegt die wissenschaftliche Erforschung Amazoniens, es steuert durch Vergabe öffentlicher Mittel ökologische, aber auch ökonomische Schwerpunkte, und es ermöglicht ausländischen Fachkollegen, an der Erforschung teilzunehmen. Auch der Verfasser darf sich der liebenswürdigen Unterstützung dieser Organisation rühmen. Ein weiterer Dank gilt der Deutschen Forschungsgemeinschaft für ihre ideelle und materielle Unterstützung.

1 Amazonien und der Gondwana-Kontinent

Das Amazonas-Tiefland liegt zwischen dem Guayana- und dem Brasilianischen Bergland. Das Tiefland mit seinen jungen Flußsedimenten ist bedingt durch eine alte, tiefgreifende Grabenstruktur, welche geologisch die beiden Kristallin-Massive des Guayana- und des Brasilianischen Schildes trennt (Abb. 6). Diese beiden Alten Schilde bildeten zusammen mit dem hier nicht behandelten Patagonischen Schild den südamerikanischen Teil des einstigen Gondwana-Großkontinentes, zu dem neben Afrika auch Australien, Indien und die Antarktis gehörten. Solange sich dieser Gondwana-Kontinent noch nicht in die heutigen Einzelkontinente aufgelöst hatte, war die Entwässerung seines späteren südamerikanischen Teiles zum damaligen Ozean, zum Pazifik hin ausgerichtet, denn das Anden-Gebirge existierte damals noch nicht. Erst der Gondwana-Zerfall ließ den Südatlantik entstehen und gab damit die Möglichkeit für die Ausrichtung der Entwässerung auf diese neue Erosionsbasis. Das geschah vor rund 100 Mio. Jahren und setzt an der Wende von der Jura- zur Kreidezeit ein.

Im Gebiet des Amazonas streichen noch Schichten des Erdaltertums (Paläozoikum) aus. Diese Gesteine sind heute auf eine relativ schmale Zone am Rand und im Inneren des Amazonas-Grabens beschränkt, hatten aber zur Zeit ihrer Ablagerung eine wesentlich größere Verbreitung. Ebenfalls sind noch Ablagerungen des Erdmittelalters (Mesozoikum) vorhanden, die gleich denen des Paläozoikums an den Amazonas-Graben gebunden sind; auch sie hatten einst eine größere Verbreitung. In den mesozoischen Schichten ist die Frühgeschichte des Amazonas-Entwässerungsnetzes verborgen, und darum wird auf sie einzugehen sein. In der geologischen Neuzeit, dem Känozoikum, hat sich dann das heutige Gewässernetz des Rio Amazonas herausgebildet und endgültig fixiert. Es wurde weitgehend geprägt durch die Heraushebung der Anden an der Wende vom Meso- zum

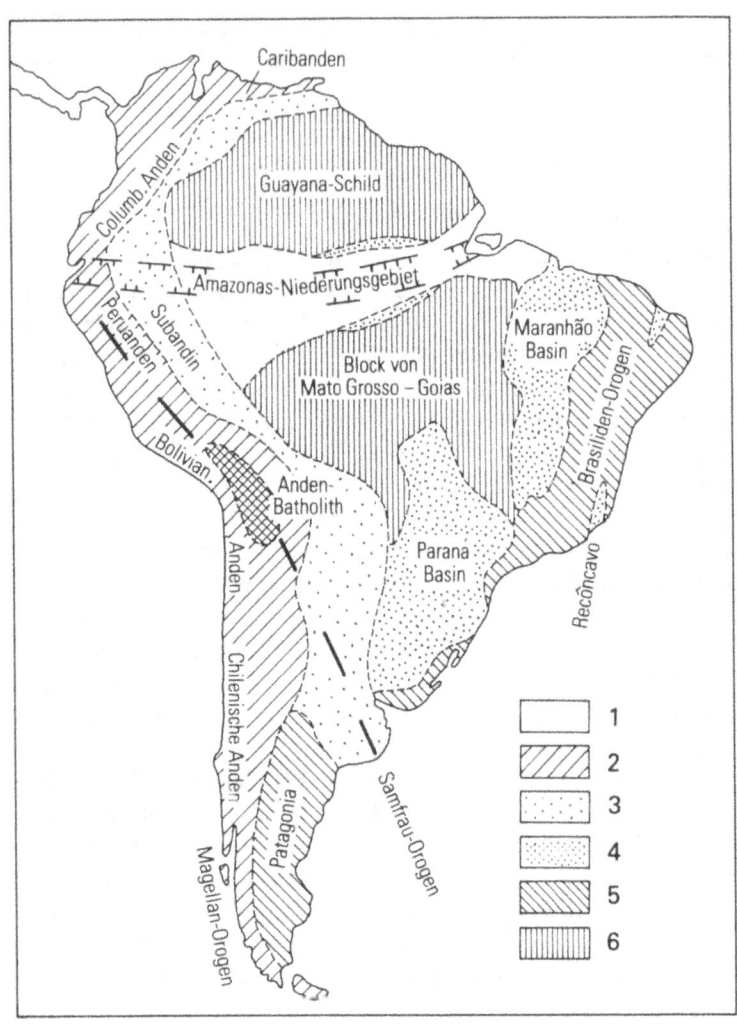

Abb. 6. Die geotektonische Gliederung von Südamerika. Es bedeuten: *1* Amazonas-Niederungsgebiet mit dem Amazonas-Graben im Untergrund; *2* Anden-Orogen (Caribanden, Kolumbianische Anden, Peruanden, Bolivianische Anden mit dem Anden-Batholithen) und dem eingefalteten variszischen Samfrau-Orogen; *3* Subandin (mit limnisch bis brackischen Tertiär-Sedimenten);

Känozoikum aus dem bisherigen Küstengebiet des Pazifiks, sowie von den meteorologischen und hydrographischen Veränderungen während der pleistozänen Vereisungen und der geotektonischen Entwicklung des Amazonas-Grabens.

1.1 Das kristalline Basement

Der südamerikanische Kontinent wird – von den Cordilleren der Anden abgesehen – weitgehend aus kristallinen Gesteinen aufgebaut; sie bilden mithin das Basement aller späteren geologischen Ablagerungen. Im Norden des südamerikanischen Kontinentes treten in zwei Alten Schilden, dem Guayana- und dem Brasilianischen Schild, kristalline Gesteine zutage, deren Alter nach radiometrischen Untersuchungen auf mehr als 500 Mio. Jahre berechnet ist.

Die genaue stratigraphische und zeitliche Gliederung des Kristallins beider Alten Schilde ist für die Entwicklung des Amazonas-Entwässerungsnetzes zwar von geringer Bedeutung, doch muß kurz auf ihre Altersstellung eingegangen werden. Es wird sich nämlich zeigen, daß das Kristallin dieser beiden Alten Schilde ein recht unterschiedliches Alter aufweist, woraus sich tektonische Bewegungen ableiten lassen, die das Gewässernetz beeinflußt haben.

Die Nachbarschaft zweier so unterschiedlich alter Kristallin-Blöcke ist bedingt durch eine altangelegte, große Störungszone, an der der Nordblock (= Guayana-Schild) gegenüber dem Südblock (= Brasilianischer Schild) um einen großen Betrag, zwischen 100 und 150 km, nach Westen verschoben ist – und diese Bewegung ist anscheinend noch heute wirksam. Auf diese Weise gelangte ein sehr altes Kristallin (Guayana-Schild) in die Nachbarschaft eines weniger alten (Brasilianischer Schild). Eine solche Seitenbewegung wird Schersystem genannt.

---

4 intrakontinentale Becken mit paläozoischer bis mesozoischer Füllung (Maranhão- und Paraná-Becken, Wealden-Becken des Recôncavo, Amazonas-Paläozoikum); 5 Brasiliden-Orogen (Jung-Präkambrium) mit Patagonia; 6 Alte Schilde (Guayana- und Brasilianischer Schild = Block von Mato Grosso-Gioás; Alt-Präkambrium)

Dieses Schersystem, das Amazonas-Schersystem, ist wahrscheinlich schon sehr alt und manche Forscher (De Loczy 1968 a, b; Onstott et al. 1984) datieren es schon in das Präkambrium. Fest steht jedoch, daß es durch die geologische Geschichte hindurch immer wieder einmal aktiviert worden und anscheinend auch heute noch nicht abgeklungen ist, wie aus seismischen Aufzeichnungen (Berrocal u. Assumpção 1982) geschlossen werden kann.

Dieses Schersystem hat aber auch der Erstanlage der Amazonas-Entwässerung als eine von der Erosion gern angenommene tektonische Schwächezone einen Zwangsweg vorgezeichnet.

Eine befriedigende Altersdeutung jener kristallinen Gesteine ist in Ermangelung biogener Reste (Fossilien) erst durch die absolute Altersbestimmung mittels Messung an radioaktiven Mineralen möglich geworden. Die Ermittlung der Halbwertszeiten stützt sich zwar auf unterschiedliche und daher nicht immer vergleichbare Meßmethoden an verschiedenen Mineralen, doch spielen die auftretenden Differenzen bei dem hohen Alter eine fast zu vernachlässigende Rolle (Lopez et al. 1942; Pflug et al. 1969; Almeida et al. 1976), insbesondere für die Geschichte des Amazonas-Entwässerungssystems.

Als Guayana-Schild wird eine geologische Einheit im Norden von Südamerika bezeichnet, als Guayana-Kristallin dessen Gesteinsausbildung. Die Gliederung dieser Gesteinsfolgen ist heute durch radiometrische Altersfestsetzungen möglich (Choubert 1964; Kalliokoski 1965; Pflug 1967). Diese machen deutlich, daß zwei größere und altersverschiedene Einheiten im Kristallin des Guayana-Schildes gegeneinander abzugrenzen sind: ein stark metamorphes Kristallin der Großen Savanne südlich des Rio Orinoco, das wiederum in unterschiedlich alte geotektonische Einheiten unterteilt werden kann, und ein jüngeres, heute noch meist flachliegendes und auch weniger metamorphes Sedimentpaket. Das ältere umfaßt den Imataca, den Pastora- und den Cuchivero-Komplex und hat ein Alter von mehr als 2 Mrd. Jahren. Das jüngere, vielfach noch flachliegende Gesteinspaket enthält die Metasedimente der unteren Roraima-Folge, die heute als Guayana-Schichten (Kap. 1.3) bezeichnet werden (Abb. 7). Es sei hier vorweggenommen, daß die bisher als Roraima-Schichten insgesamt bezeichnete Abfolge keine stratigraphisch einheitliche Einheit darstellt, sondern in zwei unterschiedlich alte, wenn auch lithologisch ähnliche Gesteinsserien aufzuspalten ist. Die untere Roraima-Folge, also die Guayana-Schichten, sind älter als 1,7 Mrd. Jahre, denn sie werden von einem Dolerit-Gang mit diesem radiometrisch ermittelten Alter durchschlagen; die Guayana-Schichten sind damit eindeutig präkambrischen Alters. Der höhere Teil jener Roraima-Abfolge wird, weil aus ihm mesozoische Fossilien stammen, die auf ein Oberkreidealter schließen lassen, in die Oberkreidezeit gestellt. Da von solchen oberkretazischen Schichten der Monte Roraima gebildet wird (vgl. auch Abb. 8), werden sie als Roraima-Schichten (im eigentlichen Sinne) bezeichnet. – Jüngere Ablagerungen als die präkambrischen Guayana-Schichten sind im Kristallin des Guayana-Schildes nicht

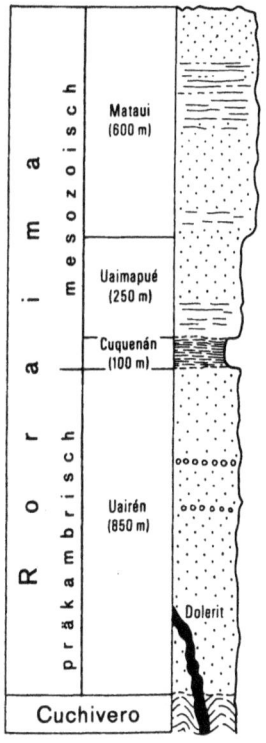

Abb. 7. Die Schichtenfolge der präkambrischen Guayana- und der (ober)kretazischen Roraima-Schichten (nach Rios u. Benaim 1974 und eigenen Beobachtungen)

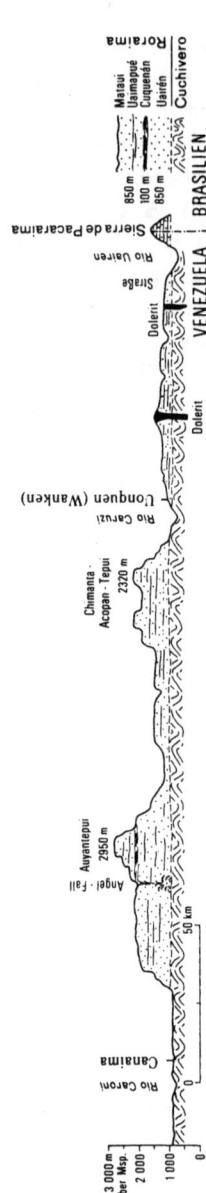

Abb. 8. Die Zeugenberge zwischen Canaima und Santa Elena de Uairén im zentralen Verbreitungsgebiet der Roraima-Schichten (südliches Venezuela)

nachgewiesen (vgl. auch McConnel et al. 1969). Das Kristallin des Guayana-Schildes ist durch radiometrische Altersbestimmungen recht gut erkundet, eine Altersgliederung ist dadurch möglich. Alle radiometrisch ermittelten Altersangaben haben bisher ein Alter zwischen 1,5 und 3 Mrd. Jahren ergeben; lokale Unterschiede lassen sich zwischen dem Gebiet der Großen Savanne (Gansser 1954) und dem der Guayana-Staaten (Choubert 1974) feststellen. Auf dem Brasilianischen Schild hingegen, insbesondere in dem vom jungpräkambrisch geprägten Brasiliden-Orogen Nordost-Brasiliens, sind wesentlich jüngere Werte – 0,5–1,0 Mrd. Jahre – festgestellt worden. Nur in den ältesten Teilen dieses Alten Schildes, im Block von Mato Grosso-Goiás und in Minas Gerais, sind auch einige Werte mit einem Maximalalter bis zu 2,5 Mrd. Jahren nachgewiesen worden (Pflug 1967).

Dieses auffällige Aneinandergrenzen zweier so unterschiedlich alter Teile des südamerikanischen Kristallins ist nicht durch eine im Bau des Alten Schildes begründete Differenzierung zu erklären. Verursacht wurde dieses Beieinander durch ein im Untergrund des Amazonas-Beckens verlaufendes Störungssystem: das Amazonas-Schersystem (Beurlen 1974; Grabert 1983). An ihm ist die Nordscholle (Guayana-Schild) gegenüber der Südscholle (Brasilianischer Schild) um 100–150 km nach Westen verschoben. Damit ist aber auch das auffällige Vorspringen des nördlichen Südamerika nach Westen zu erklären, das übrigens auch Afrika zeigt. Ein solch großes, auf andere Kontinente übergreifendes Störungssystem führte mechanisch zu einer tiefgreifenden Zerrüttung des kontinentalen Basements. Damit wurde aber auch ein Zwangsweg für eine den geringsten Widerstand suchende Drainage und Erosion angeboten. Die Erstanlage einer – nach beiden Seiten, also sowohl zum Pazifik als auch, nach dem Gondwana-Zerfall, zum Atlantik ablaufenden – Drainage war vorgezeichnet. Man kann in dieser Entwässerung den Anfang eines Ur-Amazonas-Systems sehen.

Die Zerscherung des Gondwana-Kontinentes ist keineswegs nur auf das Amazonas-Schersystem beschränkt, sondern hat sich auch in den benachbarten Gondwana-Teilen im gleichen Sinne entwickelt. Zu diesen zählt auf dem Guayana-Schild die Gruppe um die Nacupay-Störung (Abb. 9, El Pao, Gurí, Nacupay, vgl. auch Nr. 6 in Abb. 2)

Abb. 9. Breccien-Zone aus der Nacupay-Störung nordöstlich von El Callao im südlichen Venezuela (fotografiert 1973)

und auf dem Brasilianischen Schild das System um Remanso und Patos in Nordost-Brasilien (de Loczy 1968 b, 1970 b, 1971; Beurlen 1971 b, 1974; vgl. Nr. 16 in Abb. 2). Diese dem eigentlichen Amazonas-Schersystem parallel verlaufenden Systeme sind in späterer Zeit, anscheinend im Verlauf des Gondwana-Zerfalls, auch als vertikale Störungen benutzt worden. An der Nacupay-Störung z. B. sind die oberkretazischen Roraima-Schichten in ihre heutige Meereshöhe emporgehoben worden. Seit dieser Zeit wird diese Tafel von der Erosion in einzelne Teile zerschnitten. Es entstehen so Zeugenberge oder Zeugenberggruppen, die von den Indianern als ›Tepuí‹, die Götterberge, bezeichnet werden (Kap. 1.3, Roraima-Schichten, vgl. auch Abb. 8–16).

De Loczy (1970a, b, 1971) hat wohl zum ersten Mal Gedanken über die Art und das Alter großer Störungszonen im Untergrund des Amazonas-Tales veröffentlicht. Er läßt eine ›Huancabamba Deflec-

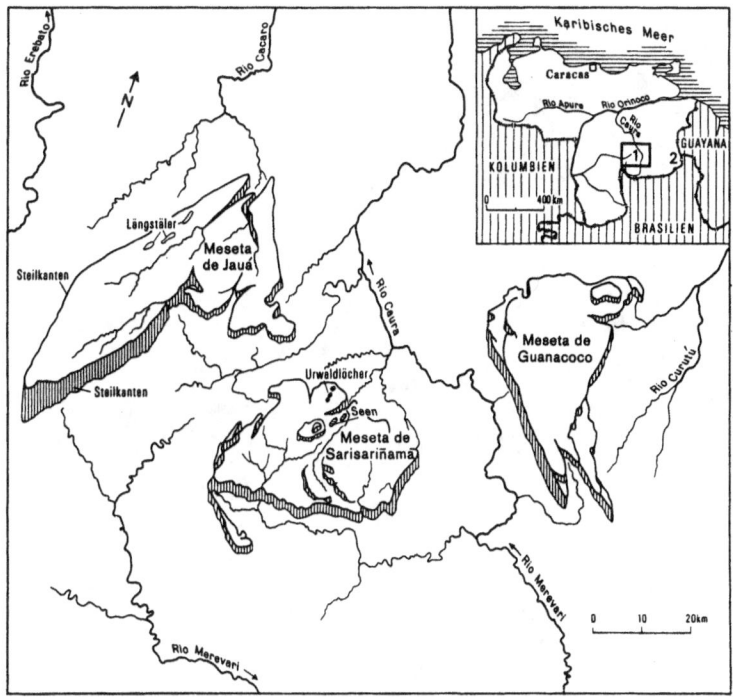

Abb. 10. Die Tafelberglandschaft um die Meseta de Sarisariñama im südlichen Venezuela (*1* Lage der dargestellten Tafelberglandschaft, *2* Das Gebiet des Monte Roraima und des Auyan Tepui). Im Norden der Meseta de Sarisariñama liegen die drei größten bisher bekannt gewordenen ›Urwaldlöcher‹ (sink holes, gouffres, simas), die durch Verkarstung von karbonatischen Einlagerungen in den oberkretazischen Roraima-Schichten entstanden sind

tion‹ aus der Bucht vor Guayaquil über den ›Amazon Trough‹ in die ›Romanche fracture zone‹ (Abb. 17) einmünden; im Westen zieht er sie bis zum Galapagos-Archipel (Abb. 18). Eine weiter südlich gelegene ›Pisco deflection zone‹ setzt im Arica-Winkel ein, die dann längs des Rio Madeira ebenfalls in den ›Amazon Trough‹ einmündet. Diese Störung findet ihre Fortsetzung in der ›Chaine fracture zone‹ des Mittelatlantischen Rückens (Abb. 17). De Loczy nimmt an, daß ›the

Abb. 11 a, b. ›Hängende Galerien‹ eines älteren, heute herausgehobenen Verkarstungsstockwerkes. Die Galerien liegen in verkarstungsfähigen Gesteinen und hatten früher eine Verbindung zum heute tiefer gelegenen Vorflutniveau.
a Von diesen Galerien pausten sie sich als ›Urwaldlöcher‹ nach oben durch.
b Blick aus einer derartigen Galerie, die ca. 30 m über dem heutigen Talboden liegt

early Paleozoic or pre-Paleozoic ages of the Huancabamba and Pisco deflections are established by the fact that both the post-Jurassic Andean Ranges and the Subandean Eopaleozoic belts are affected by their presence. Therefore, these deflections are at least as old as the Amazonas Trough‹ (1970 b, S. 2114). Was de Loczy damals jedoch noch nicht wußte, ist die Tatsache, daß im Amazonas-Tal zwei große, anscheinend voneinander unabhängig angelegte, tektonische Störungssysteme vorhanden sind, die sich in ihrer Aktivität wechselnd ablösten: das Amazonas-Schersystem und der Amazonas-Graben.

Im Amazonas-Graben sind an staffelförmigen Brüchen mit erheblichen Beträgen paläo- und mesozoische Schichten in die Tiefe verworfen (Abb. 18). Das Schersystem hat seine Ursache wohl in der

b

global wirkenden Plattentektonik, der Amazonas-Graben im Zerfall des Gondwana-Kontinentes. Da aber Plattentektonik und Gondwana-Zerfall ebenfalls in engen Wechselbeziehungen zueinander stehen, haben sich Amazonas-Schersystem und Amazonas-Graben ebenfalls gegenseitig beeinflußt.

Abb. 12

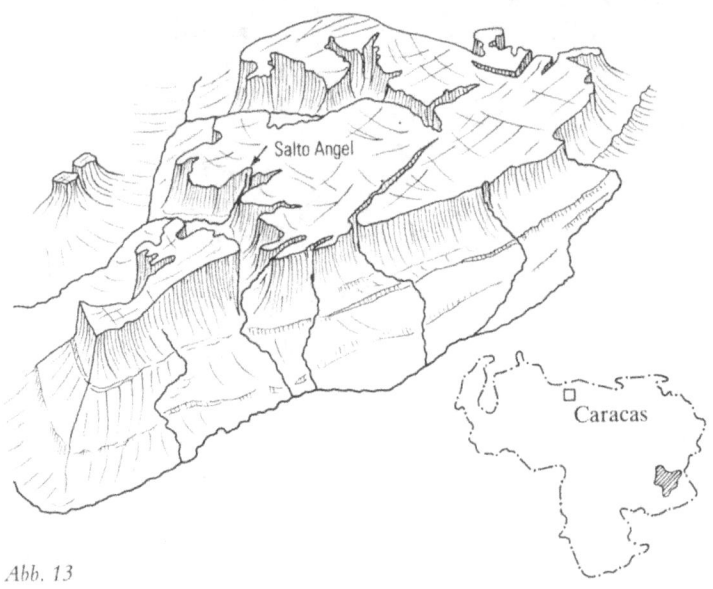

Abb. 13

Abb. 14. Der Auyan Tepui südlich von Canaima (Flugaufnahme 1973)

Abb. 12. Die Zerlegung der Roraima-Tafelberge in einzelne Zeugenberge (Tepuis) mittels sich durchpausender Verkarstung. Blick von Canaima auf die Vorberge des Auyan Tepui (fotografiert 1973)

Abb. 13. Der Tafelberg des Auyan Tepui bei Canaima (nach einer Zeichnung bei George 1989). Links die isolierten Zeugenberge der Abb. 12; Pfeil: der Salto Angel

Abb. 15. Der Salto Angel am Auyan Tepui, mit 806 m freiem Fall der höchste Wasserfall der Erde (nach einer käuflichen Ansichtskarte)

1.2 Das Amazonas-Paläozoikum

Die vielen Erdölbohrungen der staatlichen Erdölgesellschaft Petrobrás in dem früher noch als ein Becken aufgefaßten Niederungsgebiet (Amazonas-Becken: Morales 1959) haben deutlich gemacht, daß es sich nicht um ein mit Sedimenten angefülltes Durchhängebecken handelt, sondern um eine grabenähnliche Struktur, in die paläo- und mesozoische Ablagerungen eingebrochen und dadurch erhalten geblieben sind (Abb. 18, 19). Diese Gesteinsserien zeigen deutlich, daß die heutige Begrenzung des Amazonas-Grabens keineswegs die ursprüngliche Verbreitung des dortigen Paläozoikums abzeichnet, sondern eine durch die Graben-Tektonik willkürlich erzeugte, tektonische Begrenzung besitzt. Das Amazonas-Paläozoikum ist also keineswegs in einem auch paläozoisch entstandenen Amazonas-Senkungsgebiet, einem Vorläufer des Amazonas-Grabens, abgelagert worden. Die Faunenprovinzen z. B. des Devons (Abb. 20) zeigen im Gegenteil recht enge Beziehungen zu weit entfernten Vorkommen.

Paläozoische Ablagerungen streichen beidseits am Rande des unteren Amazonas-Grabens aus, die begleitenden Staffelbrüche haben sie in die Tiefe verworfen. Vom Paläozoikum nachgewiesen sind bisher silurische und devonische sowie karbonische Schichten. Es bleibt offen, ob nicht auch kambrische Sedimente, die an anderen Stellen von Südamerika (z. B. marines Kambrium bei San Juan und Mendoza/Argentinien) nachgewiesen worden sind, auch im Amazonas-Graben vorhanden sind; bisher deutet aber nichts darauf hin. Ebenfalls nur aus den Anden sind ordovizische Grobklastika (›Zappla-Tillit‹) bekannt, die aus Vorkommen des brasilianischen Paläozoikums (Amazonas, Maranhão; Paraná) nicht bekannt sind. Erst das Silur ist durch Fossilien (Graptolithen: Climacograptus innotatus Nich) eindeutig nachgewiesen. Solche fossilführenden Schichten stehen im Flußbett des Rio Trombetas, einem linken Nebenfluß des unteren Amazonas, an und sind schon von Derby (1878, 1897, 1898) Clarke (1899), Katzer (1903) und Sommer u. van Boekel (1967) untersucht und beschrieben worden. Durch den Fund des oben genannten Graptolithen (Ruedemann 1929; Maury 1929) ist die Zuordnung zum silurischen Llandovery möglich; Schlußfolgerungen über die paläogeographische Situation

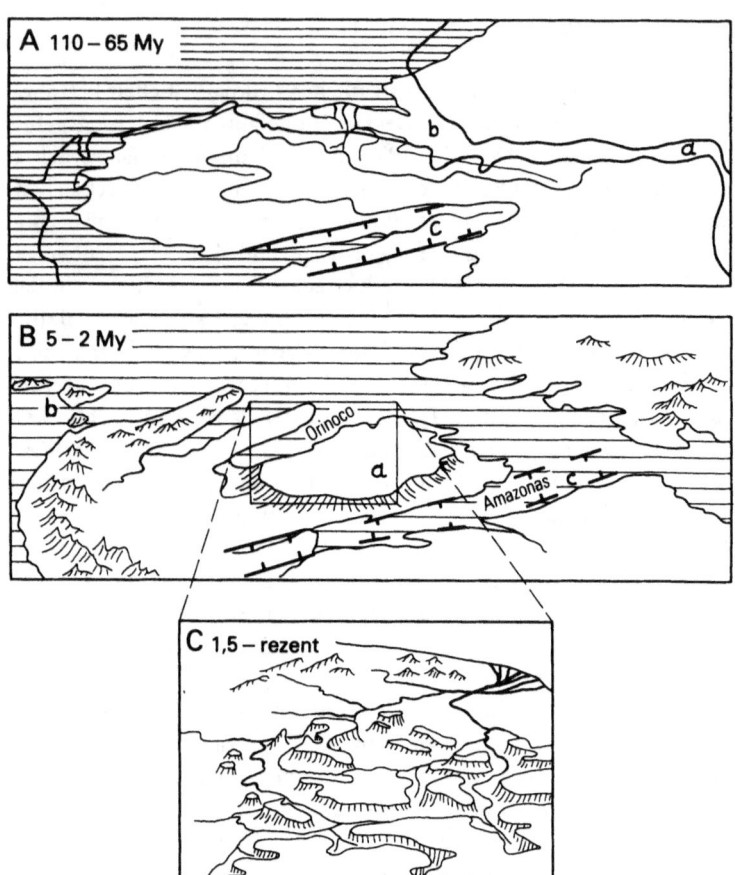

Abb. 16. Die Entwicklung des nördlichen Südamerikas seit der Ablagerung der oberkretazischen Roraima-Schichten, mit der Trennung Südamerikas von Afrika und der Herausbildung des Anden-Orogens (nach einem Entwurf von George 1989, S. 543). *A* Gondwana-Afrika und Gondwana-Südamerika (starke Linie: heutige Umgrenzung der Kontinente). *a* Noch zusammenhängend bis vor ca. 110 Mio. J. *b* Beginnende Trennung ab Unterkreide (*Elobiceras*-Schichten des Alb, marin) mit Ablagerungen der fluvio-limnischen Roraima-Schichten (Oberkreide) vor ca. 100 bis 65 Mio. Jahre in einem intrakontinentalen Becken. *c* Der am Pazifik endende Amazonas-Graben (bei Guayaquil). *B* Auseinanderdrift der südamerikanischen und der afrikanischen

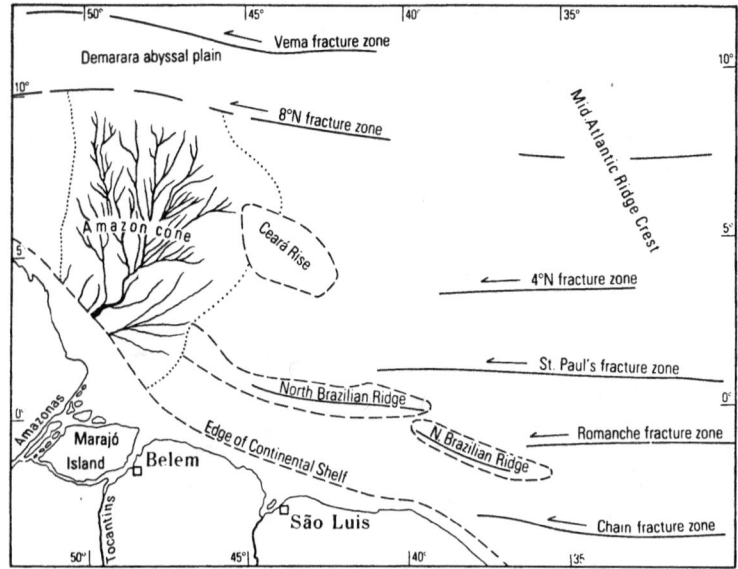

Abb. 17. Die Amazonas-Mündung mit dem Deltakörper und dem atlantischen Schersystem

Platte mit beginnender Heraushebung des Anden-Orogens. *a* Gleichzeitige Hebung der oberkretazischen Roraima-Schichten und Herausbildung eines Hochplateaus. *b* Die mittelamerikanische Landbrücke existierte damals noch nicht und wurde erst – infolge der Ost-Bewegung der Cocos-Platte (Abb. 30) – im Pliozän durch vulkanische Tätigkeiten vor ca. 2 bis 5 Mio. Jahren geschlossen. *c* Der Amazonas-Graben im Bereich der heutigen Amazonasmündung. C Die Roraima-Tafellandschaft wird durch Erosion infolge der hohen Niederschläge im Pleistozän (beginnend vor ca. 1,5 Mio. Jahren) in eine Zeugenberg-Landschaft umgewandelt. Es bilden sich die isolierten Tepuis mit ihren extremen Endemismen (›Inseln in der Zeit‹) heraus

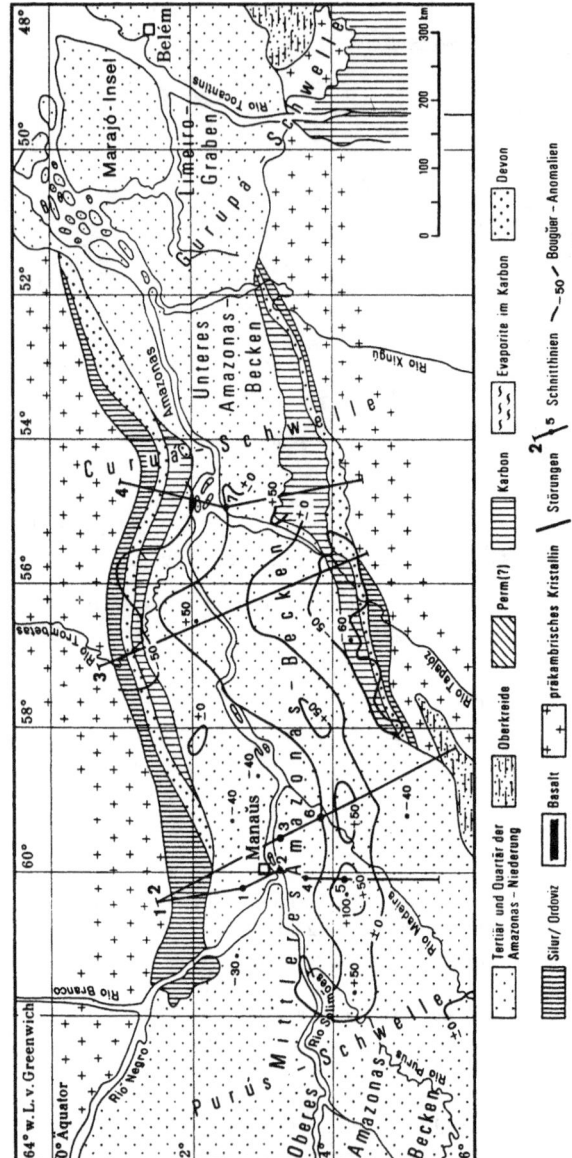

Abb. 18. Der Amazonas-Graben mit seiner Querglierung und dem verdeckten basaltischen Störkörper

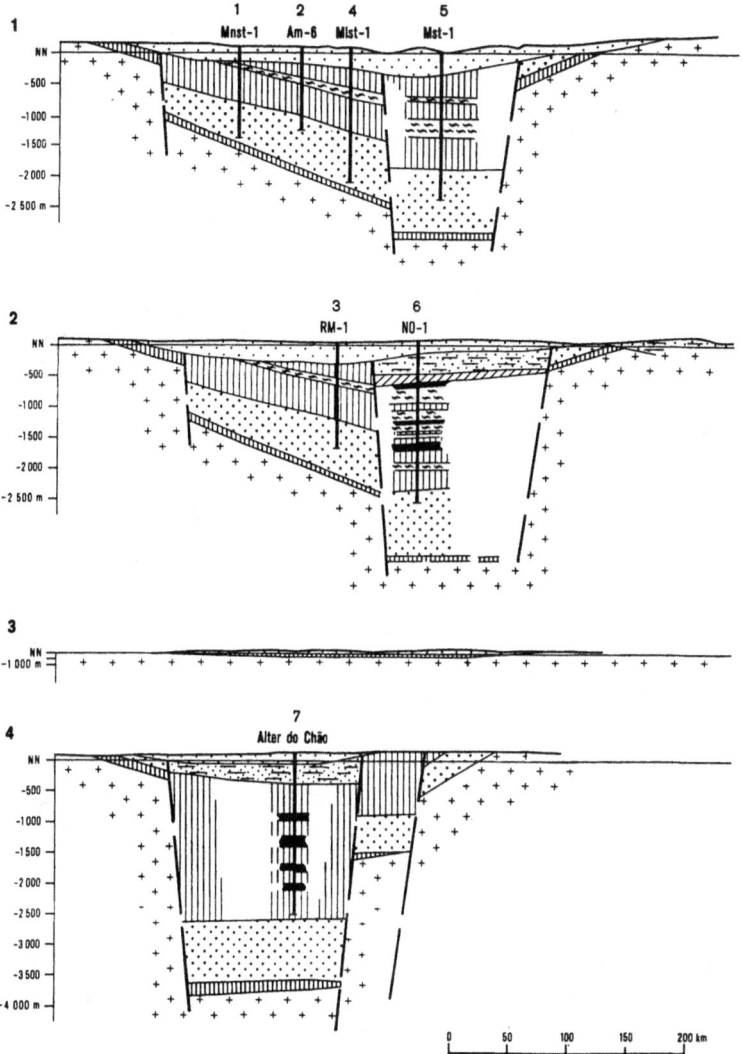

Abb. 19. Vier geologische Profile durch den mittleren Amazonas-Graben (Zur Lage vgl. Abb. 18. Das Profil 3 – nach *Krömmelbein* 1967 – ist nur unwesentlich überhöht)

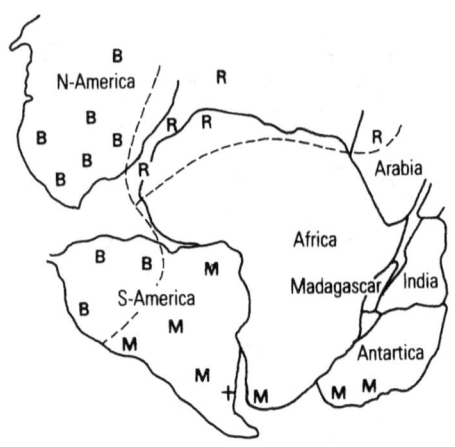

Abb. 20. Die Faunenprovinzen des marinen Devon. *M* Malvino-Kaffrische Provinz. *B* Boreale (›Nördliche‹) und Ostamerikanische Provinz. *R* Rheinisch-Böhmischer Bereich der Altwelt-Provinz (in Südamerika nicht vorhanden)

zur Zeit dessen Ablagerung sind jedoch aus diesem bisher einzigen Vorkommen nicht zu ziehen.

Wesentlich besser sehen die Aufschlußverhältnisse für die nachfolgenden devonischen Schichten aus. Derartige Ablagerungen streichen zwar ebenfalls randlich des Amazonas-Grabens aus (Abb. 18), sind aber infolge der Grabenbildung auch in größere Tiefe verworfen (Abb. 19). Viele der im Amazonas-Graben niedergebrachten Erdölbohrungen haben die paläozoischen Schichten durchsunken und das präkambrische Kristallin erreicht; interessanterweise sind silurische Ablagerungen durch Bohrungen bisher noch nicht nachgewiesen worden.

Das Amazonas-Devon enthält sehr viele marine Einschaltungen (die übrigens als die Erdölmuttergesteine des geringen Erdölvorkommens Amazoniens angesehen werden), wesentlich mehr, als das mit ihm einst verbundene Maranhão- und Paraná-Devon. Das Maranhão-, gelegentlich auch Paranaíba-Becken genannte Ablagerungsgebiet nimmt hier bei der angenommenen Verbindung eine Vermittlerstellung ein. Im Maranhão-Becken sind zwar noch relativ viele marine Einschaltungen vorhanden, doch überwiegen schon die fluviatilen bis limnisch-terrestrischen Sedimente, von denen einige (fluvio-)glazigene Einflüsse zeigen, die dann im Paraná-Becken wesentlich häufiger sind (Maack 1969).

Bis heute ist unbekannt, ob zwischen den einzelnen marinen Ingressionsräumen echte, durchgehende Meeresverbindungen bestanden (Grabert 1970). Es sieht zwar so aus, als ließen sich faunistische Gegensätzlichkeiten feststellen, die auf abgeschlossene, zumindest abgetrennte marine Ablagerungsräume schließen lassen. Aufgrund älterer Untersuchungen hat Krömmelbein (1967) für die devonischen Ablagerungen klimatisch beeinflußte Faziesprovinzen ausgeschieden; die nördliche, ›boreale‹ Provinz, zu der die Vorkommen von Amazonien und Bolivien gehören; sie weist auf Ablagerungsbedingungen in einem wärmeren Milieu hin (Abb. 20) und die südliche, ›malvinokaffrische‹ Provinz (Falkland-Inseln, südliches Afrika sowie die Vorkommen von Paraná und Santa Catarina in Brasilien (vgl. M in Abb. 20); sie zeigt ein kaltes Klima an (Wolfart 1968). Zwischen beiden Provinzen vermittelt, wenn auch nicht in Südamerika, die rheinisch-böhmische Fazies (Abb. 20).

Die devonischen Serien, besonders auch die des Amazonas-Gebietes, genießen ein besonderes Interesse durch die Annahme, daß sie als Muttergesteine der wenn auch bisher nur geringfügigen Erdölanreicherungen gelten müssen. Selbstverständlich sind auch die wenigen oberkarbonischen marinen Ablagerungen als potentielle Muttergesteine anzusehen. Die silurischen Schichten kommen wohl wegen ihrer geringen Verbreitung dafür nicht in Frage.

Warum es in den Sedimenten des Amazonas-Gebietes nicht zu einer größeren Anreicherung von Kohlenwasserstoffen gekommen bzw. diese heute nicht mehr vorhanden ist, kann hier nicht näher diskutiert werden. Es sei nur darauf verwiesen, daß zwischen der Ablagerung der paläozoischen Sedimente als den potentiellen Muttergesteinen und den transgredierenden Oberkreide-Schichten, in denen sehr wohl mögliche Speichergesteine eingeschaltet sind, zu viel Zeit verstrichen ist, in der die mobilen Kohlenwasserstoffe auswanderten und dadurch das Muttergestein weitgehend entölten. Altmesozoische Schichten, wie sie z. B. im benachbarten Maranhão-Becken auftreten, sind im Amazonas-Gebiet nicht abgelagert worden. Ob überhaupt akkumulationsfähige Erdöl-Sammelstrukturen, in denen sich das wandernde Erdöl fangen konnte, ausgebildet worden sind, ist bei der sehr flachen Lagerung recht fraglich. Erst die Basalt-Lagergänge der Jurazeit, welche als Sille in die paläozoischen Schichten eingedrungen sind (Abb. 19), haben speicherfähige Strukturen gebildet. In solchen Strukturen haben sich dann noch Reste von Kohlenwasserstoffen gefangen, die bei der intensiven Bohrtätigkeit der staatlichen Erdölgesellschaft Petrobrás angezapft und nach kurzer Zeit leergepumpt worden sind.

Die nachfolgende jungpaläozoische Sedimentation lief nicht wesentlich anders ab als die vorangegangene des Devon, obwohl zwischen den devonischen Ablagerungen (Mitteldevon) und dem Karbon (Oberkarbon) eine erhebliche Lücke besteht. Es wird angenommen, daß die fehlenden Schichten im Amazonas-Gebiet primär nicht abgelagert worden sind und nicht etwa, daß sie durch eine vor-oberkarbonische Orogenese wieder abgetragen worden sind.

Die oberkarbonischen Sedimente sind vorwiegend auf das untere Amazonas-Gebiet beschränkt; dort scheinen Beziehungen zum südlich sich anschließenden Maranhão-Becken vorhanden zu sein. Dennoch bestehen beträchtliche Unterschiede zwischen beiden Ablagerungsräumen: im Maranhão-Becken sind auch noch permische sowie triadische Sedimente abgesetzt worden, die im Amazonas-Gebiet fehlen. Dort, im Maranhão-Becken, ist eine fast lückenlose Überlieferung der Sedimentation vom Unterdevon bis in die Oberkreide hinein zu verzeichnen.

1.3 Der mesozoische Rahmen

Am Ende des Paläozoikums scheint, wie in Europa und in anderen Erdteilen, auch im Gebiet der Anden – oder besser gesagt, an der Westseite des damals noch zusammenhängenden Gondwana-Kontinentes – eine ›variszische‹ Orogenese gewirkt zu haben; es gibt viele Anzeichen dafür. An einigen Stellen, besonders im Nordwesten Südamerikas (Kolumbien), ist das präkarbonische Grundgebirge sehr stark metamorphisiert, so daß ihr genaues Alter wegen des Mangels jeglicher Altershinweise, z.B. Fossilien, nicht angegeben werden kann.

Die Westküste Südamerikas blieb bis zum Ende des Mesozoikums auch immer die Westküste des damaligen Gondwana-Kontinentes. Das bedeutet, daß auch immer im Westen ein – pazifischer – Ozean bestand und daß diese Westküste auch immer dem Einfluß dieses Ozeans ausgesetzt war. Und das bedeutet wiederum, daß durch das ganze Mesozoikum hindurch unterschiedlich starke Meeresvorstöße, Transgressionen, in Richtung auf das Festland, also den Gondwana-Kontinent, zu verzeichnen sind. Die Ablagerungen dieser Transgressionen sind heute in das Anden-Orogen einbezogen.

Das Mesozoikum, insbesondere die Oberkreide, ist für die geologische Entwicklung des Amazonas-Entwässerungssystems von besonderem Interesse, da in deren Ablagerungen die ersten Zeugen dieses Systems zu erkennen sind. Die weltweit zu beobachtende Oberkreide-(Cenoman-)Transgression hat auch hier, an der südamerikanischen Westküste sowie im Amazonas-Gebiet, ihre vielfältigen Zeugnisse hinterlassen. Vorausgegangen war ein sehr aktiver Vulkanismus, der schon im Rhät (Obertrias) einsetzte (z. B. im Maranhão-Becken), seinen Höhepunkt im Jura fand und sein Ende mit dem Beginn der Tertiärzeit hatte. Dieser Vulkanismus ist basischer Natur, entstammt daher größeren Tiefen und steht in enger Beziehung zum Zerfall des Gondwana-Kontinentes; er ist ganz auf den kontinentalen Bereich des Gondwana-Kontinentes beschränkt. Seinen typischen Ausdruck findet er in den deckenförmigen Basaltergüssen, die wegen ihrer treppenförmigen Aufeinanderfolge auch als Trapp-Basalte bezeichnet werden. Die ebenfalls basischen Andesite des südamerikanischen Cordilleren-Gürtels entstammen hingegen dem Subduktionsbereich (Abb. 21), sind weitgehend aufgeschmolzene Ozeangesteine und somit nicht mit den kontinentalen Trapp-Basalten verwandt.

Dieser Trapp-Vulkanismus setzt in Südamerika zu unterschiedlichen Zeiten ein, so daß daraus auf das tektonische Geschehen des Gondwana-Zerfalls rückgeschlossen werden kann (Matsui et al. 1974).

Im Maranhão-Becken treten, wie schon erwähnt, die ersten Basalte im Rhät auf (Macdonald u. Opdyke 1974). Der Schwerpunkt der vulkanischen Förderung lag im südlich gelegenen Paraná-Becken. Ein jurassisches Alter haben auch die in den paläozoischen Ablagerungen des Amazonas-Grabens eingedrungenen Lagergänge (Sille; Abb. 19).

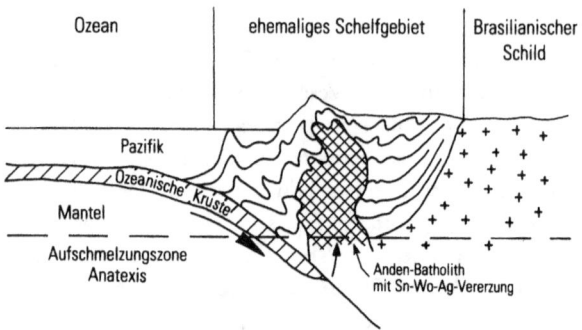

Abb. 21. Der Unterschub der ozeanischen Pazifik-Platte unter die kontinentale von Südamerika (Brasilianischer Schild) längs der Benioff-Zone. Die ehemalige Schelfzone des pazifischen Ozeans wird dabei zusammengestaucht und gefaltet: Beginn einer Orogenese. In dieses Faltengebirge (Orogen) dringt zuletzt der Anden-Batholith ein. Dieser hat in der Anatexis-Zone kontinentales Lithosphären-Material mit darin enthaltenen Metallen (z. B. das präkambrische Zinn von Rondônia) aufgeschmolzen und mit Metallen aus den ebenfalls aufgeschmolzenen Schelfsedimenten vermischt und eine neue ›hybride‹ Metall-Vergesellschaftung (Zinn/Silber/Wolfram) gebildet

Mit dem Ende des Mesozoikums, wahrscheinlich an der Wende von der Unter- zur Oberkreide, verlagert sich die Aktivität des Gondwana-Zerfalls aus dem Inneren des südamerikanischen Kontinentes (Amazonas-Graben, Paraná- und Maranhão-Becken) in den heutigen Küstenbereich, und hier setzt sich der begonnene Zerfallsprozeß in der Atlantischen Spalte fort. Die ersten marinen Ablagerungen des frühen Atlantiks treten an der Küste mit der *Elobiceras*-Fauna des Apt/Alb auf. In der Oberkreide dringt dann das Meer vollständig in die Atlantische Spalte zwischen Afrika und Südamerika ein. Ablagerungen der marinen Oberkreide sind in der Amazonas-Mündung (Katzer 1903), an der Küste von Alagôas und Sergipe (Bender 1959) vorhanden, das Meer dringt aber auch an der pazifischen Seite in den damals dort noch offenen Amazonas-Graben ein: bei Guayaquil sind ebenfalls marine Oberkreide-Sedimente anstehend.

Die weltweite Oberkreide-Transgression hat also in Südamerika beträchtliche Ablagerungen hinterlassen. Für unsere Betrachtung ist es aber wichtig zu wissen, was während dieser Zeit im Inneren des südamerikanischen Gondwana-Teiles geschah, was also in diesen Gebieten ablief, auf die der marine Einfluß keinen Zugriff hatte. In diesen Räumen, also im zentralen Amazonien, entstanden riesige fluviatillimnische Ablagerungen, die sich aus dem Verwitterungsschutt der benachbarten Kristallin-Gebiete herleiten lassen. Aus dieser Zeit stammen mächtige Sandsteinfolgen; sie bilden den mesozoischen Rahmen des Amazonas-Gebietes.

Die vorangegangenen basaltischen Förderungen der Jurazeit haben mit ihren riesigen Flächenergüssen ein vollkommen neues morphologisches Relief geschaffen, das natürlich auch ganz neue Drainagesysteme und intrakontinentale Auffangbecken schuf. Diese entwickelten sich weitgehend in der Unterkreide. In diese einzelnen, wohl kaum ständig miteinander in Verbindung stehenden Becken wurden tonige und siltige bis feinsandige Absätze eingebracht, in denen eine oft reiche Süßwasserfauna aus Fischen und Ostracoden erhalten geblieben ist; diese machen das Unterkreide-Alter deutlich.

Die nachfolgende Oberkreide-Sedimentation setzt mit starken Sandschüttungen ein. Diese mögen schon im höheren Teil der Unterkreide beginnen, wobei sie dabei weit über die einzelnen, bisher isolierten limnisch-fluviatilen Becken hinausgriffen (Petri u. Campanha 1981) und zu einer sehr einheitlichen sandigen Sedimentation kamen.

Diese starken Sandschüttungen fallen zusammen mit der weltweiten Cenoman-Transgression. Der damalige Meereshochstand führte zu einem Rückstau in den Drainagesystemen im Inneren der Kontinente, wobei dann gröberes Material, also vorwiegend Sand, nicht mehr zum Ozean transportiert werden konnte und darum in den intrakontinentalen Becken zurückgehalten wurde. In diese limnisch-fluviatilen Auffangbecken, besonders also im zentralen Amazonas-Gebiet, wurden enorme Schuttmassen aus dem verwitternden Kristallin der bloßliegenden Alten Schilde eingebracht. Zu diesen Sandschüttungen zählen auf der südlichen, brasilianischen Seite die Parecís-Schichten (Guimarães 1971 b) und auf der nördlichen, Guayana-Seite die Roraima-Schichten. Diese bedürfen nun einer besonderen Betrachtung. Das Alter dieser Roraima-Schichten war nämlich lange Zeit umstritten und ist auch heute noch nicht endgültig geklärt. Folgende

Beobachtungen standen in einem fast unlösbaren Gegensatz zueinander und haben zum Problem der Altersgliederung beigetragen.

Die relativ flache und wenig gestörte Lagerung der Roraima-Schichten hat schon früh für ein mesozoisches Alter gesprochen; auf älteren geologischen Karten ist daher dieses Alter angegeben. Gestützt auf eingeschaltete Fossilien und auf stratigraphische Vergleiche mit ähnlich entwickelten Schichtenverbänden anderer und benachbarter Vorkommen wurde die Hauptmasse der Roraima-Formation als eine lithologisch recht einheitlich ausgebildete, sandige Fazies der Oberkreide angesehen (Beurlen 1971 a). Dies gilt besonders für den oberen Teil, in dem aus eingeschalteten Kieselbänken ›tetraktinellide Spongien-Spiculae‹ nachgewiesen wurden, die auf ein eindeutiges mesozoisches, wahrscheinlich kretazisches Alter hinweisen. Andererseits werden aber die Roraima-Schichten von Dolerit-Gängen durchschlagen, deren radiometrisches Alter auf Präkambrium hindeuten (Snelling 1963; Snelling u. McConnell 1969; Priem et al. 1973). Mit dem Durchschnittsalter des Dolerit-Ganges von 1,7 Mrd. Jahren wären dann die von ihm durchschlagenen Roraima-Schichten mittelpräkambrisch.

Mesozoische Fossilien einerseits und ein radiometrisch beglaubigtes Alter von mehr als 1,7 Mrd. Jahren – das paßt nicht zusammen. Doch wie die Lösung dieser so widersprüchlichen Datierungen aussehen mag, ist eben noch immer umstritten und keineswegs bekannt. Es bietet sich aber doch eine Möglichkeit an, die beiden so gegensätzlichen Alterswerte befriedigend auszudeuten.

Es handelt sich nämlich bei den Roraima-Schichten nicht um eine einheitliche, in eine einzige Altersstufe einzuordnende Abfolge, sondern um zwei zwar lithologisch recht ähnliche, jedoch unterschiedlich alte Gesteinsserien. Der so eindeutig präkambrische Dolerit-Gang durchschlägt nur Schichten der unteren Folge, während die mesozoischen Fossilien aus einer Einlagerung der oberen Formation stammen (Abb. 7).

Damit ist es nun möglich, eine untere, jetzt präkambrische Abfolge, die älter als der sie durchschlagende Dolerit-Gang ist, gegen eine jüngere, mesozoische Fossilien führende abzugrenzen. Die jüngere wird aufgrund der schon früher erfolgten regionalen Vergleiche, z. B.

mit den oberkretazischen Parecís-Sandsteinen (Guimarães 1971 b) nun ebenfalls der Oberkreide zugeordnet. Bei einer genauen Aufnahme beider Roraima-Abfolgen ist sogar deutlich ihre Grenze auszumachen: ein gut zu verfolgender Rotschiefer-Horizont wurde als eine fossile Bodenbildung erkannt (Rios u. Benaim 1974) und kennzeichnet so eine erhebliche Zeitlücke zwischen diesen beiden Abfolgen (Abb. 7). Beide haben also nichts gemein, nur in ihrer lithologischen Entwicklung weisen sie gewisse Ähnlichkeiten auf. Dieses ist jedoch nicht verwunderlich, weil beide Abfolgen das gleiche – kristalline – Ausgangsmaterial aufbereitet haben bzw. sich das oberkretazische Sedimentmaterial aus aufbereitetem Präkambrium herleiten läßt. Dadurch ergibt sich nun eine befriedigende Zweiteilung der Roraima-Schichten:

- die obere Roraima-Abfolge mit mesozoischen Fossilien; sie wird in die Oberkreide gestellt (Vergleich mit den ähnlichen Parecís-Schichten). Diese Abfolge soll weiterhin den Namen Roraima-Schichten tragen, weil der Monte Roraima aus diesen Gesteinen gebildet wird (Abb. 8);
- die untere Roraima-Abfolge mit dem sie durchschlagenden präkambrischen Dolerit-Gang (1700 Mio. Jahre); ihr Alter ist mittelpräkambrisch. Für diese Abfolge wird als neuer Name Guayana-Schichten vorgeschlagen, da wesentliche Aufschlüsse in Guayana liegen (Gansser 1954; Choubert 1974). In vorliegendem Buch werden die Guayana-Schichten in dieser Deutung verwendet.

Nur die oberkretazischen Roraima-Schichten haben für den mesozoischen Rahmen des Amazonas-Gebietes eine Bedeutung. In diesen Schichten sind nämlich die ersten Anzeichen einer Entwässerung des nördlichen Südamerika zu erkennen und damit auch die ersten Hinweise auf eine frühe Drainage des Amazonas gegeben. Es stellt sich nun folgendes Bild dar: das die oberen Roraima-Schichten füllende Oberkreide-Becken wurde aus dem freiliegenden Kristallin des Guayana-Schildes gespeist und deren grobklastisches Verwitterungsmaterial in den neu gebildeten und/oder wieder aktivierten Amazonas-Graben transportiert und dort abgesetzt. Zentral-Amazonien wurde dabei mit einer mehrere hundert Meter mächtigen Decke aus sehr eintönigen

Sandsteinen eingedeckt. Die aus diesen Sedimenten entstandenen Sandsteine wurden dann durch tropische Verwitterungs- und geochemische Umwandlungsprozesse bei niedriger Höhenlage in Quarzite umgewandelt. Spätere Hebungen, die wohl mit der Anden-Orogenese in der Tertiärzeit zusammenhängen, haben dann diese Quarzite (und quarzitische Sandsteine) bis auf über 3000 m Meereshöhe gehoben (Abb. 8–15). Die damals geschlossene Sandstein- und Quarzit-Decke wurde anschließend durch die infolge der hohen Niederschläge energiereiche Erosion zerlegt und in einzelne Zeugenberge und Zeugenberggruppen aufgelöst (Abb. 8 und 12).

Ein Phänomen dieser Tafelberglandschaft sind die eigenartigen Hohlraumbildungen, die eigentlich nur auf wasserlösungsfähige Einschaltungen in den Roraima-Schichten hindeuten. Es wurde gerätselt, ob Quarzite – in dieser Meereshöhenlage – wasserlöslich sein könnten; es scheinen jedoch in den Roraima-Schichten karbonatische Einschaltungen vorhanden zu sein, die zu den beobachteten Karsterscheinungen führen können. Diese sind in den letzten Jahrzehnten, seitdem man diese bisher absolut unzugänglichen Berge mittels Helikoptern erkunden konnte, näher untersucht worden (Grabert 1976; White et al. 1966; Szczerban u. Urbani 1974; Zadwidzki et al. 1976; Sczerban et al. 1977; Urbani 1977; George 1988). Die heute hoch gelegenen ›hängenden Galerien‹ (Abb. 11) sind nicht mehr aktiv, aus ihnen tritt kein Wasser mehr aus und in ihnen finden auch keine Lösungen, Verkarstungen und Erosionen mehr statt. Diese liefen jedoch ab, als die verkarstungsfähigen Gesteine in einem tieferen Niveau noch Kontakt zur aktiven Entwässerung hatten. Das hat in der frühen Tertiärzeit so noch gewirkt, da angenommen wird, daß die Hebung in die heutige Seehöhe mit der Anden-Orogenese stattgefunden hat (Abb. 16); seit dieser Zeit sind die ›hängenden Galerien‹ hydrologisch nicht mehr aktiv.

Diese Zeugenberge werden nach einer örtlichen Indianer-Bezeichnung Tepuí, die Götterberge, genannt; sie bilden im Süden der Großen Savanne von Venezuela eine wegen ihrer Endemismen so außerordentlich interessante Landschaft, die bisher kaum erkundet ist und wohl zu den wenigen noch unbekannten Gegenden unserer Erde zählt (George 1988).

Auch die Zerlegung der einstmals zusammenhängenden Sandsteintafeln aus Roraima-Schichten ist ein langandauernder, sicher seit der Heraushebung dieser Tafel wirkender Prozeß. Er lief und läuft noch heute ab an großen Störungen, die die Sandsteintafel intensiv durchziehen, aber anscheinend keine horizontalen Verwürfe herbeigeführt haben. Es entstand dadurch eine Zeugenberglandschaft (Abb. 8), in der bei extremen Auflösungsvorgängen Felstürme mit fast senkrechten Wänden entstanden (Abb. 12, 13). Relativ gut erforscht ist das Gebiet um Canaima am Rio Caroni; dort bildet der Auyan Tepui und der Chimanta-Acapan Tepui eine Gruppe von Zeugenbergen (Abb. 14). Von steilen Wänden fällt der höchste Wasserfall der Erde, der Angel Fall.

Der Salto Angel – nach seinem Entdecker, dem in Venezuela berühmten Sportflieger James Angel genannt – wird durch den Rio Churuni gebildet, welcher von der Tafelberghochfläche über die Steilkante des quarzitischen Mataui-Sandsteines (Abb. 14) im freien Fall 807 m in die Tiefe stürzt (Abb. 15) und nach kurzem Lauf in den Rio Carao mündet, der dann in den Rio Caroni fließt, einem der großen Nebenflüsse des Rio Orinoco. Gespeist werden die Wassermassen durch die hier extrem hohen Niederschläge, die im Bereich der meist wolkenverhangenen, maximal 2950 m hohen Auyan-Tepui-Massives niedergehen; es sollen dort lokal bis zu 7000 mm/Jahr Niederschläge fallen!

Abb. 16 faßt den Werdegang der in einem intrakontinentalen Becken – bei Meereshochstand durch die Cenoman-Transgression – gebildeten Roraima-Schichten über eine sich im Gefolge der Anden-Faltung hebenden Tafellandschaft zu einer sich in einzelne ›Inseln‹ auflösenden Zeugenberglandschaft, den Tepuis, noch einmal zusammen.

Der deutsche Geograph und Ethnologe Theodor Koch-Grünberg (1934) hat den 2640 m hohen Monte Roraima am 8. Oktober 1911 bestiegen. Die fremde Welt, die ihn auf diesem Tepui, dem Götterberg der Taulipang-Indianer umgab, hat ihn außerordentlich fasziniert; sein Bericht lautete: ›Soweit wir schauen können, ist der Gipfel abgeflacht und mit Felsen in grotesken Formen bedeckt. Erosionsgebilde, die bald wie riesige Pilze aufsteigen, bald vielfach verzackt und zerklüftet Tier- und Menschenfiguren oder den verwitterten Mauern einer

Bergruine ähneln. Die Gipfelfläche des Roraima, die ein kümmerliches, aber großenteils einzig dastehendes Pflanzenleben aufweist, ist stellenweise vertieft und bildet, sich nach Norden erstreckend, ein gewaltiges Sammelbecken, das zahlreiche Wasseradern hinabsendet zu den drei großen Flußgebieten des Amazonas, Orinoco und Essequibo. Die Hochfläche in ihrer ganzen Ausdehnung zu beschreiben, sei sehr gefährlich, sagen die Indianer, weil man sich in dem Felsenwirrwarr leicht verirrt und den Rückweg nicht mehr findet‹.

Ein dreiviertel Jahrhundert später erlagen die modernen Forscher der gleichen Faszination: ›Dies ist die Welt der Tepuis, der Berge der Götter in der Mythologie der Indianer, aber auch eine Verheißung für die moderne Wissenschaft: Können sich hier in der Abgeschiedenheit dieser natürlichen Formationen evolutionäre Vorgänge vollzogen haben, wie Charles Darwin sie vor mehr als hundert Jahren für seine Theorie von der Entstehung der Arten auf Galapagos entdeckte? Sind diese Felsenberge, seit Jahrmillionen von der Entwicklung des Lebens in der Ebene abgeschnitten, Refugien überlebender Arten längst vergangener Erdzeitalter: ›Inseln in der Zeit?‹ (George 1988).

Auf vielen dieser hochgelegenen Zeugenberge verlaufen regionale und lokale Wasserscheiden. Das Roraima-Bergland trennt das Orinoco- vom Amazonas-Einzugsgebiet (und dem des Essequibo der Guayana-Länder). Es werden somit auch durch dieses Bergland zwei floristische Provinzen, die des Amazonas-Tieflandes und die des Guayana-Berglandes getrennt (Kubitzki 1989). Weiterhin verläuft weiter im Süden bzw. Südwesten eine derartige Wasserscheide auf ähnlichen, gleichalten Gesteinen: auf der Serra de Parecís und der Serra dos Pacaás Novos verläuft die Wasserscheide zwischen dem das bolivianische Tiefland entwässernden Rio Guaporé und dem zentralamazonischen Rio Tapajóz.

Diese Wasserscheiden sind geologisch alt, sie trennten vor der Anden-Faltung vor vielleicht 65 Mio. Jahren das pazifische vom atlantischen Einzugsgebiet. Sie wurden erst am Ende der Tertiärzeit, vielleicht im Miozän (26 Mio. Jahre) beginnend, sicher aber im Pliozän (7 Mio. Jahre) vollendet, in rückschreitender Erosion überwunden und das sich zwischen ihnen und dem entstehenden Anden-Gebirge erstreckende subandine Gebiet zum Atlantik hin umorientiert.

Dieser Prozeß der Okkupation fremder Einzugsgebiete ist auch heute noch nicht für den Amazonas abgeschlossen. Das spektakulärste Beispiel hierfür ist die latente Wasserverbindung zwischen dem Rio Orinoco und dem Rio Negro: der Brazo Casiquiare (Kap. 4.2).

Zum mesozoischen Rahmen des Amazonas-Gebietes gehört auch das Maranhão-Becken; es enthält ebenfalls oberkretazische Sandsteine. Weiterhin bestehen über dieses Becken hinweg Beziehungen zum südlich gelegenen Paraná-Becken. Erst in späterer Zeit, wahrscheinlich erst im mittleren Tertiär, wurde das vermutlich einmal zusammenhängende intrakontinentale Oberkreide-Becken durch tektonische Bewegungen an horstartigen Strukturen zerlegt, so daß diese Becken heute als getrennte Ablagerungsräume erscheinen. Einzelne Oberkreide-Vorkommen wie die von Apodí zwischen dem Maranhão-Becken und dem Recôncavo-Graben (Kap. 2.2) lassen die ehemalige Zusammengehörigkeit erkennen (Beurlen 1971 a, b) und zeigen, daß hier diese südlichen Vorkommen sich an ein anderes, diesmal Nordsüd gerichtetes Senkungsgebiet, das São-Francisco-Lineament, anfügen; der Amazonas-Graben hat ja, wie erwähnt, eine Westost-Richtung.

Folgender Schluß ist daraus zu ziehen: Nur zur Zeit der Oberkreide, also bei Meereshochstand infolge der weltweiten Cenoman-Transgression, haben die beiden Becken von Maranhão und vom Amazonas eine durchgehende Verbindung gehabt, waren also zu einem zusammenhängenden Ablagerungraum verbunden. Weder zur paläozoischen, noch zur neogenen (Tertiär und Quartär) Zeit war eine solche Verbindung zwischen den auch unterschiedlich ausgerichteten Ablagerungsräumen vorhanden. Sehr deutlich ist das z. B. in der Entwicklung der weitgehend marinen Abfolge der Devonzeit (Abb. 20). Das Devon Amazoniens weist eine andere Fazies auf als das von Maranhão: in Amazonien ist die boreale Fazies entwickelt, das Maranhão-Becken wird von der malvino-kaffrischen Fazies beherrscht (Kap. 1.2). Das deutet auch für die Devonzeit auf eine primäre Trennung beider Ablagerungsräume hin. Hier wird eine landfeste Barriere angenommen, die im Bereich des zentralen Teils des Alten Schildes von Brasilien, im Block von Mato Grosso-Goiás, gelegen hat. Es zeichnet sich damit eine Amazonas- und eine Maranhão-Entwicklung in der paläozoischen wie auch in der mesozoischen Sedimentation ab; sie werden als Westprovinz bzw. als Ostprovinz bezeichnet.

Zu den Oberkreide-Vorkommen der Westprovinz gehören:
- der obere Teil der Roraima-Schichten;
- der Azucar-Sandstein von Acre. Dieser nimmt nach Westen – in Richtung auf den früheren pazifischen Sedimentationsraum – an Mächtigkeit zu, bei gleichzeitig stärker werdendem marinen Einfluß;
- der Parecís-Sandstein zwischen dem Rio Guaporé und den südlichen Zuflüssen des Amazonas (Tapajóz-Einzugsgebiet);
- die Ereré-Schichten des unteren Amazonas-Gebietes (vgl. Katzer 1903).

Zu den Oberkreide-Vorkommen der Ostprovinz gehören:
- der Itapecurú-Sandstein (mit den unterlagernden Corda- und Codó-Schichten der Unterkreide) des Maranhão-Beckens;
- der Calumbí-Sandstein von Sergipe. Dort liegen unter ihm noch (oberkretazische) Plattenkalksteine mit mächtigen Bioherm-Einschaltungen (Turon), die wiederum von Ton-, Silt- und Sandsteinen der Unterkreide (Maruím-, Riachuelo- und Muribeca-Schichten des Mittel-Alb) sowie den Japoatá-Sandsteinen (Neokom) unterlagert werden. Die Küstennähe erklärt die starken marinen Einschläge, die aber für den mesozoischen Rahmen des Amazonas-Gebietes nicht typisch sind;
- die São-Sebastião-Schichten des Recôncavo-Grabens von Bahia mit dem unterlagernden erdölführenden Wealden;
- der Baurú-Sandstein des Paraná-Beckens, das in südlicher Fortsetzung des Maranhão-Beckens liegt.

Zusammenfassend lassen sich folgende Eigenheiten der Oberkreide-Vorkommen abgrenzen:

Westprovinz: deutlich sichtbares Auflager (›Transgression‹) grobkörniger, vielfach schräg geschichteter, gelegentlich quarzitischer Sandsteine; Konglomerat-Lagen sind nicht selten. Ein mariner Einfluß ist von beiden Ozeanen in den Amazonas-Graben zu beobachten, im Inneren des Kontinentes sind sonst nur limnisch-fluviatile Ablagerungen bekannt. Das Unterlager besteht entweder aus präkambrischem Kristallin oder aus paläozoischen Sedimenten; die Unterkreide fehlt immer. Die jurassischen Vulkanite (Trapp-Basalte) sind an Westost verlaufende Strukturen (Amazonas-Graben) gebunden und treten als Sille (Lagergänge) in den paläozoischen Schichten auf.

Ostprovinz: Hier liegt stets ein kontinuierlicher Übergang aus den jungpaläozoischen Schichten (Unterkarbon) über Perm und Trias in die unterkretazische Schichtenfolge vor. Eine starke vulkanische Tätigkeit führt im Jura zum Absatz riesiger Trapp-Basalte. Die stets vorhandene Unterkreide führt limnisch-fluviatile Ton- und Siltsteine, nur in Künstennähe gehen sie in marin beeinflußte Wealden-Ablagerungen über. Die abschließenden Oberkreide-Sandsteine sind schräggeschichtet und haben siltig-tonige Einschaltungen; diese setzen schon früher, im Neokom, ein.

Als vor der Trennung von Afrika und Südamerika der Gondwana-Kontinent noch seine ursprüngliche Gestalt hatte, war die Entwässerung seines westlichen Gebietes, in das sich der Amazonas-Graben eingesenkt hatte, zum Pazifik hin ausgerichtet gewesen. Weder gab es damals, also bis zur Kreidezeit, einen Atlantischen Ozean, noch ein Hochgebirge wie die Anden. Dieses Gebirge entstand erst – nach einigen kleineren Vorphasen – an der Wende von der Oberkreide- zur Tertiärzeit. Seine tektonische Aktivität, die sich aus den Platten-Bewegungen erklären läßt, ist noch heute nicht abgeklungen; der daraus resultierende Vulkanismus ist in den Anden heute noch aktiv. Die westwärts zum Pazifik hin ausgerichtete Entwässerung jenes Gondwana-Teiles ist aber wegen der orogenen Überprägung der pazifischen Schelfsedimente, der vulkanischen Intrusionen und der tektonischen Veränderungen im heutigen Subandin kaum noch zu rekonstruieren.

2 Der Zerfall des Gondwana-Kontinents

Der Zerfall des Gondwana-Kontinents setzte an der Wende von der Jura- zur Kreidezeit ein; ihm ging ein starker basaltischer Vulkanismus voraus. Die Datierung des Trennungsvorganges ist durch die ersten marinen Ablagerungen an der heutigen Atlantikküste gegeben: im Arandis-Kalk des Camamú-Beckens südlich von Salvador/Bahia ist der Ammonit *Elobiceras bahiense* von Maury nachgewiesen worden, der ein Alb-Alter (Unterkreide) sicherstellt.

Die starke, länger als die gesamte Jurazeit andauernde vulkanische Tätigkeit zeigt, daß der Prozeß des Auseinanderreißens des Gondwana-Kontinentes schon recht früh im Mesozoikum einsetzte. Nimmt man noch die weitgehend linear angelegten paläozoischen Senkungszonen im Bereich des Brasilianischen Schildes (Maranhão- und Paraná-Becken) hinzu, dann macht sich der Zerfall Gondwanas schon bemerkbar, als er gerade mit der letzten präkambrischen Orogenese, der assyntischen, seine Konsolidation erreicht hatte. Die scheinbare Stabilität einer derart großen Landmasse bedingte nämlich auch schon wieder ihren Zerfall: die ständig im Erdmantel erzeugte radiogene Zerfallswärme wird unter der schlecht wärmeleitenden Lithosphäre gestaut, kann nicht ausreichend abgegeben werden und zerreißt durch Aufbau eines Wärmedomes den Gondwana-Kontinent (Bischoff 1987). Dabei entstanden Konvektionszellen mit horizontalen Dimensionen zwischen 3000 und 4000 km (Zeil 1986, S. 25), welche eine erhebliche Dehnung der überlagernden Lithosphäre hervorriefen, die zu der Ausbildung eines zentralen Grabens, ähnlich dem des Ostafrikanischen Grabensystems, führte, der dann durch weitere Dehnung tiefer einbrach und schließlich dem bisher fernen Ozean den Weg in die grabenähnliche Zerrspalte vorzeichnete (Abb. 22).

Stoßen nun auseinandertreibende Platten aufeinander, werden die vorgelagerten Schelfgebiete aufgestaucht und gefaltet – eine Oroge-

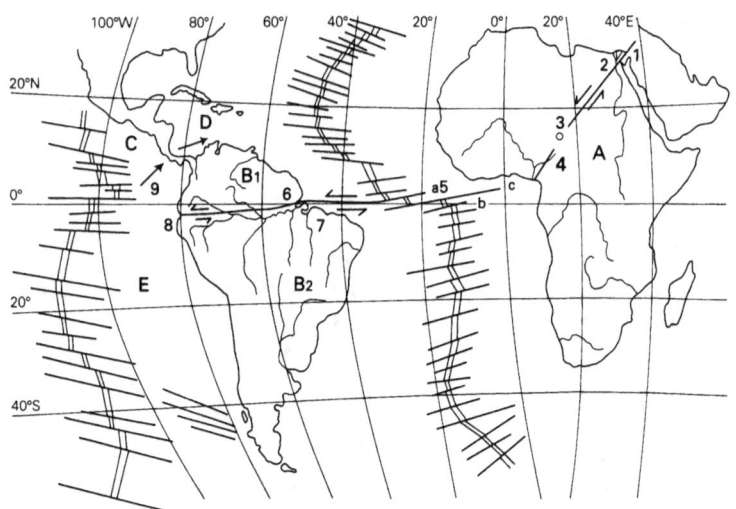

Abb. 22. Das globale Zerfallsmuster des Gondwana-Kontinentes. Die kontinentalen Platten: *A* Afrikanische Platte, *B* Südamerikanische Platte (*B1* Guayana-Schild, *B2* Brasilianischer Schild). Die ozeanischen Platten: *C* Cocos-Platte, *D* Karibische Platte, *E* Nazca-Platte. Großstrukturen: *1* Levante-System mit Totem Meer, *2* Pelusium-Schersystem, *3a* Tibesti, *3b* Chad-See, *4* Bénoué-Graben, *5* Mittelatlantisches Riftsystem (mit *5a* Romanche- und *5b* Chain fracture zone), *6* Amazonas-Graben und Amazonas-Schersystem, *7* Störungszonen vom Typ Patos/Remanso, *8* Bucht von Guayaquil, *9* Galapagos-Inseln

nese setzt ein. Bei einem stärkeren Zusammenschub erfolgt ein Unter- oder Überschub der Platten (Abb. 21). Nun treffen diese Platten nicht immer frontal aufeinander, sondern oft schiefwinklig. Dabei werden sogar Störungsbahnen ausgebildet, sog. Paraphore, an denen einzelne Schollen, oft ohne nennenswerte Einengungen, aneinander vorbeigeführt werden. Solche Paraphore bilden auch Schersysteme, und eine dieser Störungszonen verläuft als Amazonas-Schersystem durch das nördliche Südamerika.

Später erfuhr dann die kontinentale Lithosphäre längs der passiven Kontinentalränder Südamerikas unterschiedliche Vertikalbewegungen als Ausgleich auf die Veränderungen der isostatischen Verhältnisse.

Einerseits traten starke Hebungen auf, die sich in Verstellungen junger Terrassenflächen äußern, zum anderen aber auch Absenkungen, die zu einem Eindringen des Meeres in vorhandene Buchten und Flußmündungen führten (Kap. 2.3 und 5.1.5).

Mit dem Apt (Unterkreide) vor etwa 110 Mio. Jahren drang von Süden her der Atlantische Ozean in die aufreißende Spalte ein. Im Alb (Unterkreide) erreichte er die heutige Küste von Camamú und dem Recôncavo (Kap. 2.2). Der Atlantik erreicht weiter im Norden bei Sergipe das heutige Küstengebiet in der tieferen Oberkreide (Cenoman, ›Turon‹) (Bender 1959), während im Amazonas-Mündungsgebiet erst die höhere Oberkreide (›Senon‹) eine vollmarine Entwicklung erfährt (Katzer 1903; Krömmelbein 1970).

Nun hat sich aber der Zerfall des Gondwana-Kontinentes nicht nur auf die südatlantische Trennfuge beschränkt, sondern hat den gesamten kristallinen Sockel ergriffen. Der kontinentale Unterbau wurde durch den aufsteigenden Wärmediapir aufgelockert und es wurden Paraphore angelegt. In diese neuen Fugen stieg aus großer Tiefe basaltisches Magma auf, drang entweder als Lagergänge seitlich in ältere, meist paläozoische Sedimente – wie im Amazonas-Graben – ein, oder gelangte bis an die damalige Oberfläche, wo es als riesige Ergüsse, oft in vielen Decken übereinandergestapelt zu den Trapp-Basalten ausfloß (Mesner u. Wooldridge 1964).

Mit dem Zerfall des Gondwana-Kontinentes blieb für das frühe Südamerika nur noch ein kleiner Teil übrig. Dieser setzt sich aus den drei kristallinen Alten Schilden zusammen, also aus dem Guayana- und dem Brasilianischen Schild sowie aus dem hier nicht weiter behandelten Patagonischen Schild (Abb. 6). Das heutige Südamerika ist dann erst viel später, in der Tertiärzeit, um die Anden-Cordilleren erweitert worden und so zu einem neuen Kontinent Südamerika geworden.

Diese drei kristallinen Gondwana-Reste bildeten nach der Trennung von Afrika zuerst noch einen einheitlichen, tektonischen Block. Seine Auflösung in die drei Alten Schilde Guayana, Brasilia und Patagonia erfolgte noch später, wobei anscheinend die Trennfugen den im kristallinen Basement schon lange vorhandenen tektonischen Störungszonen folgten. Dieser Zergliederungsprozeß ist jedoch weniger durch zerrende, also weitende Bewegungen begleitet, als durch aneinander vorbeigleitende, scherende.

Solche Seitenbewegungen erklären sich ebenfalls aus der globalen Plattentektonik. Die von Westen her ansetzende pazifische Nazca-Platte sowie die nördlich von ihr liegende, kleinere Cocos-Platte (Jordan et al. 1983) führten gegenüber der kontinentalen Gondwana-Platte (Guayana-, Brasilianischer und Patagonia-Schild) unterschiedliche Bewegungen aus. Dabei kam es im Bereich von Südamerika zu einem Unterschub der beiden ozeanischen Platten (Nazca- und Cocos-Platte) unter die kontinentale. Bei dieser Vorwärtsbewegung wurden die vorgelagerten Schelfsedimente der kontinentalen Platten zusammengeschoben und aufgefaltet; das Anden-Orogen wurde gebildet.

2.1 Amazonas-Graben und Amazonas-Schersystem

In oder am Amazonas-Graben (Abb. 18) verläuft ungefähr parallel zu dessen Längsachse das große Schersystem des Amazonas, das Amazonas-Schersystem (de Loczy 1968 b; Beurlen 1974; Grabert 1983). Dieses System versetzt die Nordscholle (Guayana-Schild) gegenüber der Südscholle (Brasilianischer Schild) um ca. 110 km nach Westen (s. auch Kap. 1.1). Bisher ist jedoch noch nicht deutlich zu erkennen, in welcher Beziehung beide tektonischen Elemente zueinander stehen, besonders ist noch die Frage offen, welches tektonische Element eigentlich älter ist: der Amazonas-Graben oder das Amazonas-Schersystem. Um diese Frage beantworten zu können, muß man die beiden tektonischen Elemente in einem größeren Zusammenhang sehen. Wenn nicht alles täuscht, bestehen interessante Beziehungen zum Aqaba-Levante-System (Bayer 1988), das nach Neev u. Hall (1982a, b) als ›Pelusium Megashear System‹ durch Afrika verläuft und über den Chad-See in den Bénoué-Graben einmündet; dieser hat dann wiederum enge tektonische Beziehungen zum Amazonas-Graben (Grabert 1983).

Die Aqaba-Levante-Struktur liegt im Norden des Arabisch-nubischen Schildes, welcher wiederum den nordöstlichen Vorsprung des afrikanischen Teils des Gondwana-Kontinentes bildet. Anscheinend wurde schon im Präkambrium dieser Schildbereich an Nordsüd- sowie NW/SE verlaufenden Störungen zerlegt und durch scherende Beanspruchung lateral versetzt (Bayer 1988). Hier zeichnen sich deutliche Parallelen zum Amazonas-Schersystem ab, wo auch de Loczy (1968b) schon präkambrische Scherbewegungen annimmt.

An der Wende Jura/Kreide kommt es, wahrscheinlich im Gefolge des nun sich verstärkenden Zerfalls des Gondwana-Kontinentes, auch im Bereich der Aqaba-Levante-Struktur zu Dehnungen und damit zum Aufreißen von Spalten, die von sauren bis intermediären Massen zum Aufsteigen benutzt werden. Auch im Bereich des Amazonas-Schersystems steigen aus der Tiefe in die Amazonas-Grabenstruktur basaltische Magmen auf, die in die eingesunkenen paläozoischen Schichten als Sille eindringen.

Das Grabensystem wird dann an der Wende Mio-/Pliozän von einer Blattverschiebung mit einer mehrere Zehnerkilometer breiten Störungszone überprägt. An den Versatzstellen der Hauptblattverschiebung öffnen sich rhombisch begrenzte Dehnungsbecken wie z. B. das Tote Meer oder der Tiberias-See. An der Wende Plio-/Pleistozän tritt dann eine verstärkte Norddrift der östlichen, der Arabischen Platte auf, die gegen die Ostanatolischen Ketten gerichtet ist (Walley 1988). Infolge des Kollosionsdruckes gegen das schräge Widerlager Anatolien kommt es zu einer Schrägdehnung. Dieses Dehnungsbecken vergrößert sich unter dem weiterhin anhaltenden Nordschub der Arabischen Platte ständig in Nordsüd-Richtung (Garfunkel 1981). Den Vorschub an diesem Blattverschiebungssystem rekonstruierte Quennel (1959) auf 107 km. Dieser Seitenverschub läßt sich errechnen aus den heute getrennten Vorkommen gleichalter Kupfervererzungen: von Timna auf der Westseite der Störungszone (die ›Kupfergruben von Salomo‹) und vom Wadi Feinan auf der jordanischen Ostseite. Von diesen Erzvorkommen wird angenommen, daß sie einmal eng benachbart waren und zu gleicher Zeit an einem einzigen Ort gebildet worden sind, daß sie dann aber erst durch Bewegungen an diesem Blattverschiebungssystem in die heutige Position, 107 km entfernt, gebracht worden sind.

Entscheidend wird dann in der Oberkreidezeit die Entwicklung der Aqaba-Levante-Struktur durch die Herausbildung eines Senkungsgebietes beeinflußt. Eine Sedimentationsmulde (Bayer 1988, S. 35) entsteht längs des heutigen Wadi Araba und des Jordan-Tales. Im Alttertiär, hauptsächlich im Oligozän, bricht dann längs des heutigen Golfs von Suez ein zunächst terrestrischer Graben ein, wobei es dann etwas später (oberes Oligozän/Miozän) zu marinen Ingressionen aus dem sich aufdehnenden Graben des Roten Meeres kommt. Die fortschreitende Dehnung in diesem Graben erzeugt dann im Wadi-Araba-Jordan-Tal die Anlage einer Y-förmigen Abschiebung, was wiederum eine erste keilförmige Einsenkung und damit einfache Grabenbildung bewirkt.

Die Ähnlichkeiten beider Strukturen, der Aqaba-Levante-Struktur und der des Amazonas-Grabens sowie des Amazonas-Schersystems sind in der Tat verblüffend, so daß sie nicht einfach als Zufall abgetan werden können. Eine weitere, sehr wichtige Übereinstimmung ist nämlich noch in dem fast identischen Versatzbetrag von ca. 110 km (Amazonas-Schersystem, vgl. Grabert 1983, S. 333) bzw. 107 km (Aqaba-Levante-Struktur) sowie dem Versatzsinn, im sog. Links-Verwurf, gegeben: die südamerikanische Nordscholle (Guayana-Schild) ist gegenüber der benachbarten Südscholle (Brasilianischer Schild), bzw. die Westscholle (Palästina) ist gegenüber der Ostscholle (Jordanien) um diesen Betrag nach Westen bzw. nach Süden versetzt, also im gleichen Sinne.

In den Amazonas-Graben läuft aus dem ozeanischen Bereich das Schersystem mit einem Bündel sehr eng beieinanderliegender und beträchtliche Seitenverschiebungen aufweisender Störungen ein, die darum auch alle einen Namen haben. Chaine, Romanche, St. Paul's und 4°N fracture zone erreichen an der Amazonas-Mündung den Amazonas-Graben (oder das Amazonas-Schersystem; Abb. 17). Der Amazonas-Deltakörper (Kap. 5.1.4) scheint sich teilweise über diese Scherstörungen zu legen, so daß sie – oder zumindest einige von ihnen – älter als jener Deltakörper sind.

Das Amazonas-Schersystem wird nun als Teil eines größeren tektonischen Systems aufgefaßt, das nach Westen über die Anden bei Guayaquil bis zum Galapagos-Archipel reicht, und nach Osten über die intensive Zerscherungszone des Mittelatlantischen Rückens in den Bénoué-Graben (Grani 1971; Ofoegbe 1984; Moreau et al. 1987) einlenkt. Sein östliches Ende findet das nun weitergezogene Amazonas-Schersystem im Chad-See-Gebiet. Die Verbindung zur Aqaba-Levante-Struktur (Bayer 1988) stellt dann das ›Pelusium Megashear System across Africa‹ dar (Neev 1977; Neev u. Hall 1982a, b), das aus dem Jordan-Graben über die pelusische Küste des Sinai ebenfalls bis zum Chad-See zu verfolgen ist.

2.2 São-Francisco-Lineament und Recôncavo-Graben

Grabenähnliche Strukturen oder Senkungszonen durchziehen auch den südlichen Teil des Brasilianischen Schildes, nur sind die tektonischen Erscheinungen nicht ganz so spektakulär, wie das eben geschilderte intrakontinentale Gondwana-System (›Levante-Galapagos-Schersystem‹). Die nachstehend zu beschreibenden Strukturen des São-Francisco-Lineaments sowie des Recôncavo-Grabens stehen nicht nur wegen ihrer strengen Nordsüd-Richtung im Gegensatz zum Westost ausgerichteten Amazonas-Graben, sondern weisen auch keine Horizontalbewegungen (107–110 km!) wie am Levante-Galapagos-Schersystem auf. Das São-Francisco-Lineament ist eher eine über einer tektonischen Schwächezone einsinkende Beckenstruktur ohne begleitende Randstörungen. Beiderseits dieser Strukturen tritt das kristalline Basement zutage, in beiden sind ältere, paläozoische Sedimente eingebrochen und erhalten geblieben, beide Strukturen werden von jüngeren Querzonen durchzogen, an denen ebenfalls das kristalline Basement horstartig herausgehoben worden ist. Auch die vulkanische Tätigkeit äußert sich in den beiden Gebieten – Amazonas-Graben und São Francisco-Lineament unterschiedlich, wenngleich sie gleichaltrig (Jura) sind. Während im Amazonas-Graben die jurassischen Vulkanite als Lagergänge in die paläozoischen Schichten eingedrungen sind und in der Längsachse des Amazonas-Grabens ein vulkanischer Störkörper noch in der Tiefe sitzt (Abb. 18), sind im Bereich des São-Francisco-Lineamentes solche Vulkanite als riesige Basaltdecken an der damaligen Landoberfläche ausgeflossen. Dabei wurde das Aufbringen der Basaltdecken durch ein ständiges Absinken des Beckens kompensiert, so daß sich die Oberfläche dieser Senkungszone, des São-Francisco-Lineamentes, immer in der gleichen Meereshöhenlage befand. Während Zeiten nachlassender vulkanischer Förderung setzte sich die damals klimatisch vorherrschende terrestrische Wüstensedimentation wiederum durch. Äolisch sedimentierte Dünensande, die heute als Intratrapp-Sandsteine zwischen den Basaltlagen eingeschaltet sind, sind die Ablagerungen jenes ariden Klimas. Vom Permokarbon ab fand im Amazonas-Graben keine Sedimentation mehr statt, im Maranhão-Becken hingegen sowie im ganzen Ablagerungsraum des São-Francisco-Lineamentes bis hin zum Paraná-Becken ging die Sedimentation kontinuierlich weiter: es wurden Sedimente der Trias, des vulkanischen Jura (s. oben) und der limnisch-fluviatilen Unterkreide abgesetzt. Erst in der Oberkreide bestehen zwischen dem Ablagerungsraum des Amazonas-Gebietes und dem des São-Francisco-Lineamentes wieder direkte Verbindungen, die zur eintönigen und gleichförmigen Sandsedimentation führten. Diese sind, wie schon in Kap. 1.3 erwähnt wurde, auf den globalen Meereshochstand zur Cenomanzeit zurückzuführen.

Mit der dann in der Tertiärzeit verstärkt einsetzenden Anden-Orogenese wurde dieser globale Einfluß aufgehoben und – so im São-Francisco-Lineament – eine Zerstückelung an Westost gerichteten Störungsbahnen herbeigeführt. Im Hochland von Minas Gerais hob sich das kristalline Basement an solchen Störungen und trennte das Paraná-Becken vom Maranhão-Becken ab. In Nordost-Brasilien wurde an ähnlichen Störungen (Patos, Remanso; s. Nr. 16 in Abb. 2) das kristalline Basement ebenfalls horstartig herausgehoben. Der bis dahin das São-Francisco-Lineament als Erosionsrinne nutzende Rio São Francisco konnte sein altes Mündungsgebiet bei São Luis/Maranhão nicht mehr erreichen (Abb. 23) und mußte vor dieser Horststruktur ausweichen und einen neuen, anderen Weg zum Atlantik suchen. Der Fluß wurde nach Osten abgelenkt und erreicht nun zwischen Aracajú/Sergipe und Maceió/Alagôas die atlantische Küste. Dabei mußte er noch das durch den Gondwana-Zerfall emporgehobene Rand-Kristallin überwinden und fällt nun mit einem mehr als 90 m hohen Wasserfall bei Paulo Afonso östlich von Petrolândia über diese Steilstufe (Abb. 24).

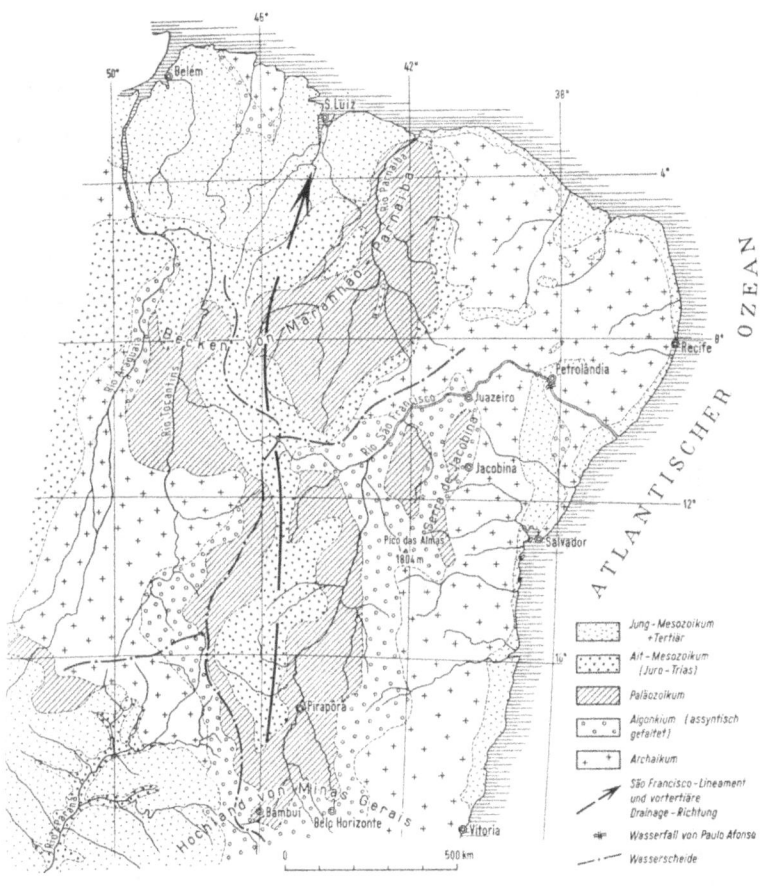

Abb. 23. Das São-Francisco-Lineament mit dem Rio São Francisco und dem Maranhão-Becken

Nicht ganz so spektakulär, wesentlich kürzer und anscheinend auch nicht so alt, ist der Recôncavo-Graben. Mit dem São-Francisco-Lineament hat er die Nordsüd-Richtung gemein (Abb. 25).

Der Recôncavo-Graben ist wegen seiner Erdölführung schon relativ früh und intensiv erforscht worden (Murphy u. Schlanger 1962).

Abb. 24. Der Wasserfall von Paulo Afonso am Rio São Francisco. Oberer Teil des nicht vollständig genutzten, mehr als 90 m hohen Wasserfalls, der sich durch rückschreitende Erosion in das präkambrische Kristallin einschneidet (fotografiert 1957)

Die Grabenfüllung besteht aus einer brackisch beeinflußten Unterkreide-Sequenz, die als Wealden-Fazies beschrieben wird. In einem Auffangbecken werden vom nahen kristallinen Einzugsgebiet Klastika unterschiedlichster Korngrößen eingebracht. Es überwiegen fluviatile, z. T. auch limnische Ablagerungen. Dieser Ablagerungsraum stand unter temporärem Einfluß des sich gerade bildenden Südatlantiks. Je nach der Stärke des Absenkungsvorganges innerhalb dieser Grabenstruktur griffen vom Meer her unterschiedlich dauernde und unterschiedlich weit in die Grabenstruktur hineingreifende marine Ingressionen ein, die brackische bis marine Sedimente in der sonst limnisch-fluviatilen Abfolge als Einschaltungen hinterließen. Die marinen Ablagerungen gelten als Erdölmuttergesteine, doch müssen auch die siltig-tonigen Wealden-Ablagerungen als potentielle Muttergesteine

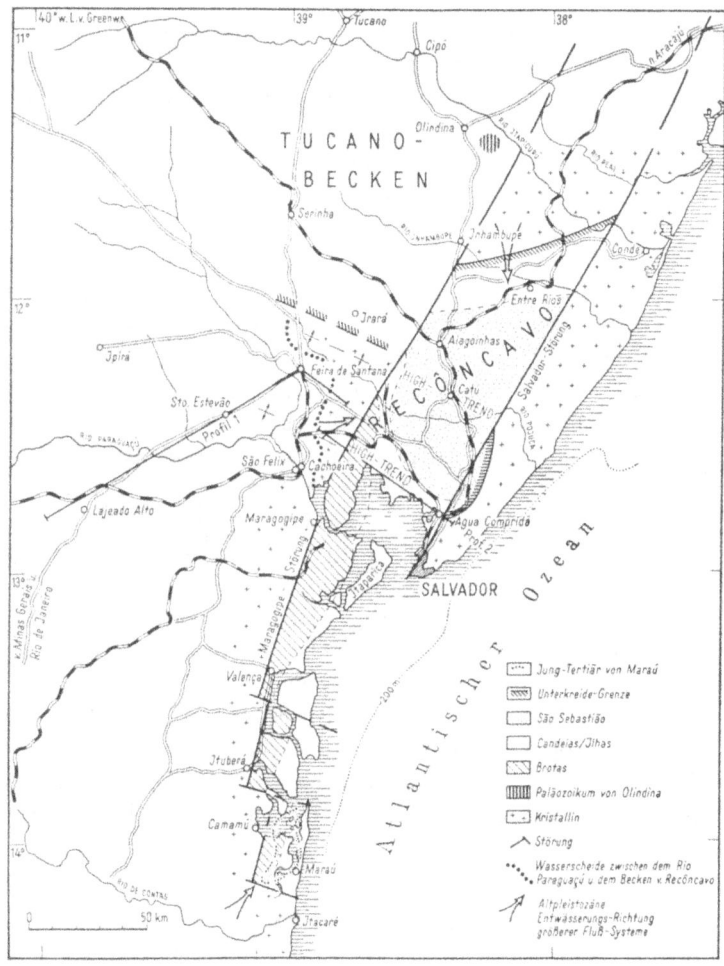

Abb. 25. Der Recôncavo-Graben mit unterkretazischen Wealden-Schichten sowie das ebenfalls unterkretazische Camamú-Becken (die pliozänen Barreiras-Schichten sind nicht dargestellt)

angesehen werden. Aus dem Wealden des Recôncavo stammt der überwiegende Teil der brasilianischen On-shore-Förderung. In Küstennähe sind daher die brackischen Einschaltungen häufiger, im Landesinneren treten sie zurück. Das bedeutet, daß das Randkristallin an der Küste niemals vom Meer überflutet gewesen ist. Erst wenn dieses durchziehende Grabensystem bei Fortaleza wieder auf die atlantische Küste stößt, schalten sich – wiederum vom Meer her beeinflußt – brackische bis marine Sedimente in die bisher limnisch-fluviatil geprägten Unterkreide-Schichten des Grabensystems ein.

Zum Ablagerungsraum des São-Francisco-Lineamentes bestehen, wie schon erwähnt, zeitliche Unterschiede. Die ältesten Ablagerungen im Recôncavo-Graben sind tief-unterkretazisch, sie können – vielleicht die fossilfreien rotgefärbten Aliança-Schichten – noch in den höchsten Jura hinabreichen; darunter folgt aber, wie die vielen Erdölbohrungen ergeben haben, stets das kristalline Basement. Der Recôncavo-Graben ist also jünger als das São-Francisco-Lineament, in dem die kontinuierliche Gesteinsfolge seit dem Paläozoikum auf eine alte Anlage schließen läßt.

Betrachtet man die Anlage dieser beiden Senkungsbereiche (São-Francisco-Lineament und Recôncavo-Graben) und beachtet dabei die zeitliche Differenz in ihrer Entstehung und setzt diese wiederum zur Bildung der Atlantischen Spalte in Beziehung, so meint man, ein ›Wandern‹ tektonischer Aktivitäten im östlichen Südamerika von Westen aus dem Gebiet des São-Francisco-Lineamentes nach Osten in den Bereich des Recôncavo-Grabens bis zur heutigen Mittelatlantischen Spalte feststellen zu können.

2.3 Hebungen und Senkungen der atlantischen Küste

Der seit der Oberkreide durchgehend vorhandenen Atlantikküste ist bis zum Kontinental-Abhang Südamerikas ein bis zu 200 km breites Schelfgebiet vorgelagert. In diesem aus Küstenregion und Schelf zusammengesetzten Streifen spiegelt sich die Geschichte des Gondwana-Zerfalls wider (Abb. 17).

Noch in der Kreidezeit beginnt das Meer des Atlantischen Ozeans seinen Kampf um den Küstenstreifen, folgt dort ein Aufsteigen und ein Absinken des Kontinentalrandes. Deutlich wird dieser Prozeß durch Trans- und Regressionen, durch die Aufeinanderfolge von marinen und fluviatilen Sedimenten, durch Schichtlücken und Diskontinuitäten. Davon ist besonders die Tertiärzeit betroffen, aber auch die Quartärzeit zeigt viele Beispiele solcher Bewegungen, obwohl anscheinend Hebungen überwiegen. Das läßt sich besonders deutlich an den übereinanderliegenden Terrassenbildungen und Terrassenablagerungen ablesen (Kap. 5.1.5; vgl. auch Bigarella 1965 und Abb. 26). Das Widersprüchliche im oft engen Beieinander von Hebungs- und Senkungsküsten findet seine Erklärung darin, daß im Zuge des Gondwana-Zerfalls und der nachfolgenden globalen Plattentektonik zwar eine Hebung im Küstenbereich infolge der Aufwölbung im zentralen Teil des neuen Kontinentes zu verzeichnen ist, dieser aber – Südamerika – im Mündungsbereich seiner aus dem Inneren entwässernden Flüsse, durch den postglazialen Meeresspiegelanstieg (Fairbridge 1961, 1962) auch Transgressionen erhielt. Was also als eine junge Absenkung zu erklären wäre, kann auch durch einen Meeresspiegelanstieg gedeutet werden.

Untersuchungen am Gezeitenhub längs der atlantischen (und der pazifischen sowie der karibischen) Küste haben sehr unterschiedliche

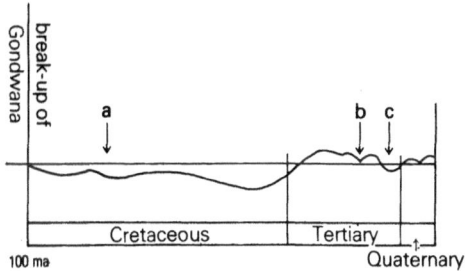

Abb. 26. Die Meeresspiegelschwankungen an der brasilianischen Atlantikküste seit dem Gondwana-Zerfall. *a* Cenoman-Transgression, *b* Miozän-Sedimentation in Zentral-Amazonien. *c* Die pliozänen Belterra- und Barreiras-Ablagerungen

Werte gebracht, die keine einheitliche Tendenz der Küstenbewegungen erkennen lassen (Aubrey et al. 1988). Es überwiegen zwar an allen Küsten negative Werte, die einen Meeresspiegelanstieg anzeigen, es treten aber auch vereinzelt positive Werte auf, d. h. die Küste hebt sich. Diese Werte lassen auf eine verstärkte tektonische Aktivität schließen, die zwar an der pazifischen Küste durch die noch anhaltende Hebungstendenz der Anden zu erklären ist, nicht aber die an der Atlantikküste.

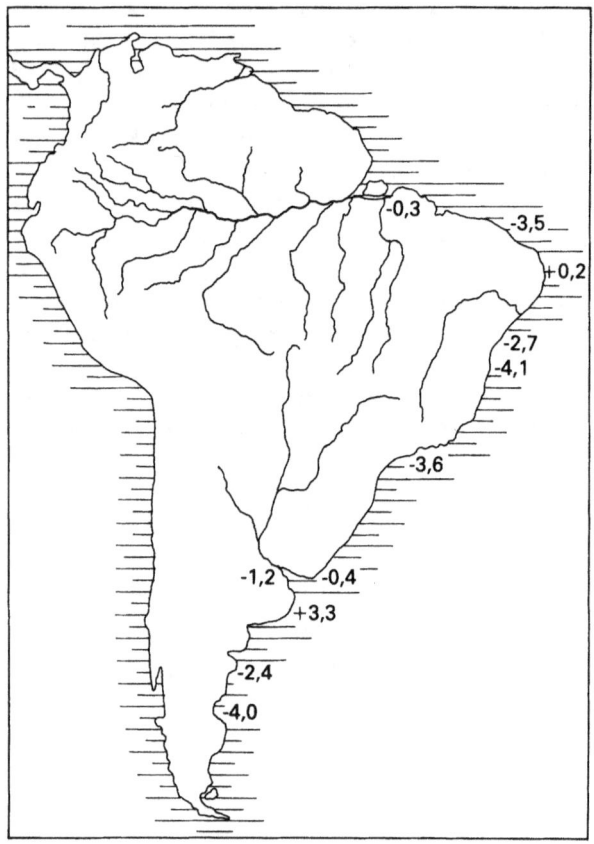

Abb. 27. Die rezenten Hebungs- und Senkungsraten des Meeresspiegels längs der brasilianischen Atlantikküste (nach: Aubrey et al. 1988)

Abb. 28. Subfossiles Brandungskonglomerat (›Sandriff‹) auf der marinen Abrasionsfläche des präkambrischen Kristallins an der Barra de Salvador/Bahia (Recôncavo) (fotografiert 1956)

Die überwiegend negativen Werte (−0,4 −−4,1 mm/Jahr), besonders auch an der Atlantikküste (Abb. 27), stützen die Annahme eines noch heute wirkenden pleistozänen Meeresspiegelanstieges infolge des Abschmelzens pleistozäner Eismassen. Von diesen ›Transgressionen‹ ist das Gebiet um Buenos Aires bis Bahia Blanca ausgenommen, wo Positivwerte (+0,1 − +3,3 mm/Jahr) zu verzeichnen sind; ebenfalls positive Werte weist das Gebiet um Recife/Pernambuco auf (+0,2 mm/Jahr). Da der Meeresspiegelanstieg global, also auch an diesen Küstenabschnitten, wirksam ist, hebt sich hier die Küste rascher, als der Meeresspiegelanstieg ausgleichen kann.

So dicht auch das Beobachtungsnetz für die Meeresspiegelschwankungen gelegt sein mag (Aubrey et al. 1988), so ungenau ist doch eine Tendenz bestimmter Küstenabschnitte aufzuzeichnen und geotektonisch zu interpretieren. Das dichte Beieinanderliegen von Hebungen

Abb. 29. Die Gezeitenlandschaft (›Maré‹) im südlichen Recôncavo-Gebiet (Luftaufnahme zwischen Ituberaba und Camamú, 1957)

und Senkungen macht eine Deutung schwierig. An der Steilküste von Bahia, wo das präkambrische Kristallin dicht an die Küste tritt, fallen heute subrezente Brandungskonglomerate trocken (Abb. 28); sie zeugen von einer Küstenhebung. Nur wenige Zehnerkilometer weiter im Süden, im Gebiet der anscheinend tektonisch noch immer sich abwärts bewegenden südlichen Fortsetzung des Recôncavo-Grabens, im Gebiet von Camamú, zeugen die weiten, von Mangroven bestandenen Wattflächen von einer sinkenden Tendenz im Küstenbereich (Abb. 29). Hier wie dort, an der Steilküste von Bahia und in der Bucht von Camamú, überlagern tektonische Erscheinungen die eustatischen des sich global hebenden Meeresspiegels.

3 Der Neubau des südamerikanischen Kontinentes

Der sich vom zentralen Gondwana-Kontinent lösende südamerikanische Teil vollzog – infolge des ›Ocean Spreading‹ – eine scheinbare West-Bewegung. Dabei kollidierte die sialische Kontinentalplatte des Guayana- und des Brasilianischen Schildes (sowie des Patagonischen Schildes) mit der ozeanischen Pazifik- und Nazca-Platte. Von dieser löste sich im Norden die kleine Cocos-Platte ab, welche das tektonische Geschehen im nördlichen Südamerika und besonders die Herausbildung der dortigen Cordilleren beeinflußte. Bei der Kollision wurden zuerst die an der damaligen pazifischen Küste entstandenen Schelfsedimente zusammengeschoben und zu den Cordilleren aufgefaltet. Später, bei zunehmendem Kollisionsdruck, schob sich die schwerere Pazifik- und Nazca-Platte unter die leichtere kontinentale, tauchte an der Benioff-Zone (Abb. 21) abwärts in den Aufschmelzungsbereich und schickte von dort vulkanische Schmelze – Andesite – auf sich öffnenden Spalten nach oben.

Diese Vulkanite stammen also entweder aus der tief gelegenen Subduktionszone, also aus dem Bereich des Unterschubes und sind überwiegend basischer Natur (Andesite), oder sie rekrutieren sich aus aufgeschmolzenen kristallinen Gesteinen der sialischen Unterkruste des südamerikanischen Kontinentes. Hierzu zählen die hybriden Zinn-Wolfram-Silber-Erze der bolivianischen Erzprovinz, die an den tertiären ›Anden-Batholithen‹ geknüpft sind; seine weltberühmten Zinnerze lassen sich aus den präkambrischen Zinnerz-Graniten von Rondônia herleiten.

Der Zinnerz-Gürtel im präkambrischen Kristallin ist durch den ganzen Gondwana-Kontinent hindurch zu verfolgen und reicht von Liberia/Afrika bis nach Rondônia, wo er auf das Anden-Orogen trifft – gerade an dieser Stelle, wo in den Cordilleren der Anden-Batholith steckt.

Die ältesten Ketten des Anden-Orogens entstanden dort, wo die Kollision der beiden Platten zuerst wirksam wurde: im Osten der heutigen Cordilleren. Mit Zunahme des Kollisionsdruckes fügten sich dann weitere Ketten im Westen an die schon bestehenden an. Damit wurde aber das bisherige, besonders das zum Pazifik hin ausgerichtete Entwässerungsnetz grundlegend verändert. Das alte, pazifisch orientierte Sytem ist infolge der Überwältigung durch die Anden-Cordilleren nicht mehr sicher zu rekonstruieren. Gewisse Hinweise lassen sich aber aus dem faziellen Aufbau der dortigen mesozoischen Ablagerungen ablesen. Je mehr man sich während der oberkretazischen Sedimentation der damaligen Küste näherte, desto feinkörniger werden die Ablagerungen; dies ist eine Funktion des Transportes.

Nach einigen Vorphasen setzt die Hauptfaltung des pazifischen Schelfgebietes von Südamerika mit der laramischen Phase an der Wende Kreide/Tertiär ein. Da der Atlantik infolge des Gondwana-Zerfalles inzwischen schon eine Breite von ca. 4000 km erreicht hatte, ist die scheinbare Westwanderung von Südamerika um den halben Betrag, also um ca. 2000 km, erfolgt. Der Faltungsvorgang ist noch keineswegs abgeschlossen, wie aus der rezenten Seismik und dem noch aktiven Vulkanismus zu schließen ist.

Der Prozeß der Angliederung jüngerer Anden-Cordilleren an schon bestehende vollzog sich kontinuierlich. So kam es, daß marine Küstenfaunen in den langsam sich hebenden Inselketten, den späteren Cordilleren, in den ›Molasseseen‹ zurückblieben (Kap. 4.1, 4.3 und 5.2) und nach dem endgültigen Verschluß infolge zusammenwachsender Faltenstränge sich an die zunehmend Süßwasser führende Umwelt anpassen mußten (Kap. 5.2.6). Es ist darum nicht verwunderlich, wenn am heutigen Osthang der Anden-Cordilleren aquatische Faunen vorkommen, deren nächste Verwandte als marine Küstenbewohner noch im Pazifik leben.

Die rekonstruierbare kontinentale Wasserscheide zwischen dem Pazifik und dem Atlantik (Kap. 3.2) wurde erst durch die Anden-Orogenese weit nach Westen auf den Cordilleren-Kamm verlegt. Diese Verlegung hat natürlich zu weitreichenden Veränderungen im Entwässerungsnetz geführt und dabei das Amazonas-Systsem in seiner heutigen Form entstehen lassen.

3.1 Die Anden-Orogenese

Wie in Nordamerika, so zieht sich auch längs der Westküste von Südamerika von Venezuela im Norden bis nach Feuerland im Süden ein gewaltiges Hochgebirge entlang – die Cordilleras de los Andes. Die Kammhöhe dieses mächtigen, in seinem zentralen Teil bis 800 km breiten Gebirgsgürtels beträgt vielerorts 4000 m, und die auch in Äquatornähe mit Eis bedeckten Gipfel ereichen Höhen von über 6000 m. Dennoch sind die Anden nicht die direkte südliche Fortsetzung der nordamerikanischen Cordilleren, sondern weisen eine eigene, charakteristische Gliederung auf. Die Anden sind ein vom Vulkanismus stark geprägtes Gebirge.

Die Anden sind nicht aus einer Geosynklinale entstanden, wie die mediterranen Faltengebirge (Alpen, Pyrenäen, Apennin), sie zeigen auch eine wesentlich geringere Faltungsintensität, insbesondere fehlen in den Anden die großen Deckenüberschiebungen. Die andine Gebirgsbildung setzt in der Kreide ein, hat einen ersten Höhepunkt in der laramischen Phase (Wende Kreide/Tertiär) und ist verstärkt wirksam seit dem mittleren Tertiär. Im Plio- und im Pleistozän erfolgten dann starke Blockhebungen, die heute noch nicht abgeklungen sind.

Für die vulkanogen geprägte andine Gebirgsbildung hat das Modell der Plattentektonik eine befriedigende Deutung gefunden. Nach diesem Konzept wird am Westrande von Südamerika die schwerere ozeanische Platte unter die leichtere kontinentale Südamerika-Platte ›heruntergezogen‹, subduziert (Abb. 21). Die Subduktionszone ist identisch mit den Herdtiefen der Erdbeben (= Benioff-Zone). In der Benioff-Zone sind die Erdbebenherde im Grenzbereich vom Ozean zum Kontinent auf einer geneigten Fläche angeordnet. Auf ihr liegen die flachen Erdbeben im Küstenbereich, die tieferen hingegen weiter nach Osten unter dem Kontinent. In einigen Gebieten der zentralen Anden läßt sich aus radiometrischen Daten ein Wandern der tiefenmagmatischen Tätigkeit von der Küste nach Osten postulieren.

Es ist noch nicht geklärt, warum sich die einheitliche Pazifik-Platte in kleinere Einheiten aufgelöst hat, warum sich insbesondere auf der Höhe von Mittelamerika die Cocos-Platte abgetrennt hat. Das kann damit zusammenhängen, daß zwischen Nord- und Südamerika lange

Zeit ein unterschiedlich gegliederter und unterschiedlich aktivierter Meeresraum, die Karibik, existierte.

Die dem südamerikanischen Kontinent vorgelagerte Pazifik-Platte ist einheitlich groß und kompakt ausgebildet. Die kleineren Nazca- und Cocos-Platten waren und sind auch heute noch beweglicher und können anscheinend auch ihre Bewegungsrichtung und Bewegungsintensität ändern. Besonders die Beweglichkeit der Cocos-Platte hat dazu geführt, daß im nördlichen Südamerika die lange bestandene und immer wieder aktivierte Struktur des Amazonas-Grabens nicht mehr oder nur noch wenig tätig ist. Durch den Vorschub der Nazca-Platte nach Osten wurde das Westende des Amazonas-Grabens von den sich heraushebenden Anden überwältigt und in das Faltengebirge einbezogen. Nur die heutige Bucht von Guayaquil ist mit ihren eingebrochenen Oberkreide-Vorkommen als Rest des Amazonas-Grabens noch zu erkennen. Durch die sehr aktive kleinere Cocos-Platte wurden bei deren Ostdrift die venezolanischen Anden in eine Westost-Richtung ›umgebogen‹, sowie auf dazu parallel verlaufenden Paraphoren neue Zerlegungsmuster – auch im kristallinen Basement – [z. B. die Störungen von Nacupay (Abb. 9), Remanso, Patos] angelegt. Nur ein altes Strukturelement, das ähnlich wie die Cocos-Platte starke horizontale Bewegungen ausführte, behielt seine Aktivität bei und hat sich – im Bereich der Nazca-Platte – anscheinend noch gesteigert: das superkontinentale Schersystem von der Levante bis zum Galapagos-Archipel (Levante-Galapagos-Schersystem). Der die Galapagos-Inseln aufbauende ozeanische Vulkanismus ist relativ jung (tertiärzeitlich) und heute noch aktiv. In fünf Zustandsbildern (Abb. 30) wird der Bewegungsablauf der Cocos-Platte in Zeit und Raum geschildert.

Die Längsgliederung der Anden ist zwar das auffälligste morphologische Element dieses Gebirges, doch zeigt sich auch eine Quergliederung. Diese ist immer auf besondere geologische Ursachen zurückzuführen, die aus dem tieferen, älteren Untergrund sich bei der Tektogenese störend und verändernd bemerkbar machten. Auffallend sind die Richtungsänderungen im Verlauf der Cordilleren-Stränge. Keineswegs setzen sich nämlich die kolumbianischen Anden in der mittelamerikanischen Landbrücke fort, sondern biegen in Kolumbien über die Sierra de Mérida nach Osten in die venezolanischen Cordilleren,

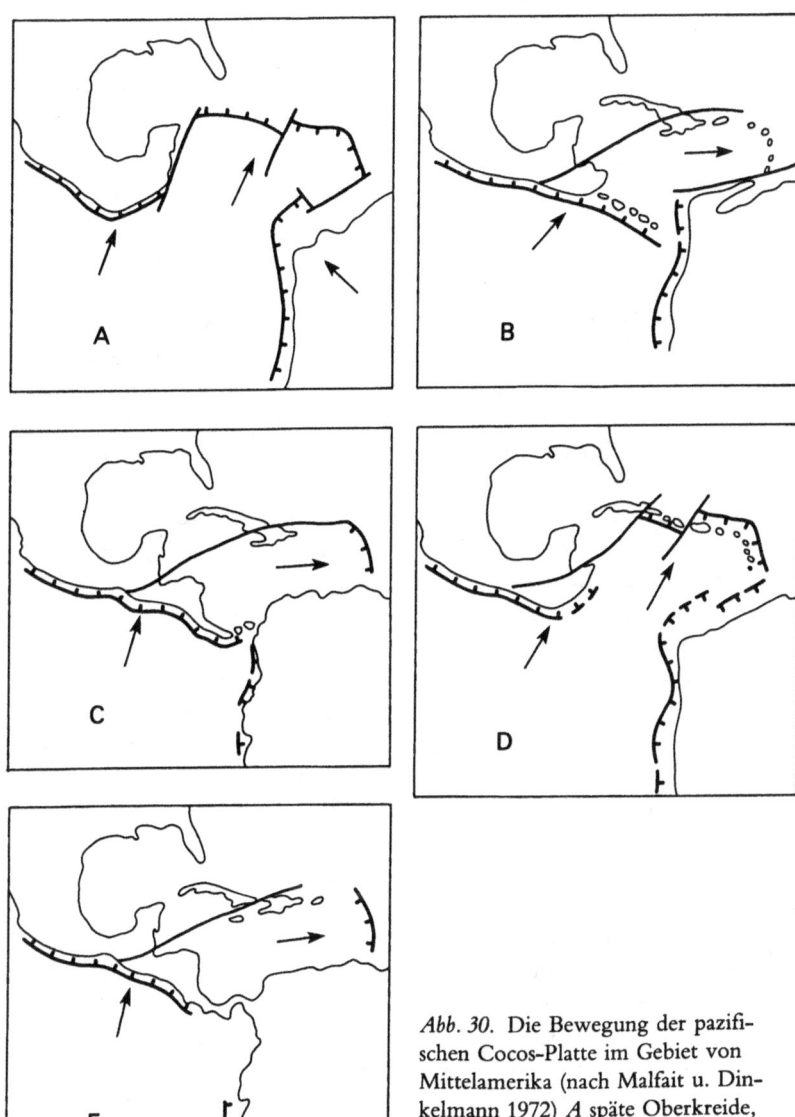

Abb. 30. Die Bewegung der pazifischen Cocos-Platte im Gebiet von Mittelamerika (nach Malfait u. Dinkelmann 1972) A späte Oberkreide, B frühes Oligozän, C mittleres Miozän, D Pliozän, E rezent

die Caribanden, ein. Diese enden abrupt bei Trinidad, wo sie in den Atlantik hinein abzutauchen scheinen.

Die Sierra de Mérida geht nach Süden in die Cordillera Oriental Kolumbiens über und nimmt dort die NNW/SSW-verlaufende andine Richtung an. Dieser Andenteil endet bei Guayaquil. In diesem Gebirgsabschnitt treten einzelne paläozoische Aufbrüche auf, die dann im weiteren Verlauf nach Süden in den peruanischen und den bolivianischen Cordilleren ebenfalls häufig sind; in allen anderen Anden-Abschnitten treten solche paläozoischen Kerne nicht auf.

Diese paläozoischen Kerne gehören zu einem älteren, sich in den jüngeren Gebirgskörpern der Anden durchpausenden variszischen Faltenbau. Sie treten interessanterweise auch in anderen jungen Faltenzügen des Gondwana-Kontinentes auf, so daß der südafrikanische Geologe Du Toit diese variszischen Aufbrüche zu einem ›Samfrau-Orogen‹ (s. weiter unten) zusammengezogen hat (nach: Doumani u. Long 1962). Das Gebiet um Guayaquil ist zwar für den Bereich der Anden-Cordilleren relativ klein, doch weist es eine geologische Besonderheit auf, die für die Entwicklung des Entwässerungsnetzes im nördlichen Südamerika von großer Bedeutung ist. Hier endet nämlich an der pazifischen Küste der Amazonas-Graben und das Amazonas-Schersystem, das Westende des größeren Levante-Galapagos-Systems.

In der Bucht von Guayaquil sind marine Sedimente der Oberkreide abgelagert worden. Südlich daran schließen die peruanischen Anden (Peruanden) an, die in die bolivianischen Anden übergehen, die ungefähr bei La Paz/Bolivien enden. In diesem Gebirgsabschnitt herrscht eine andere, abweichende Streichrichtung der Faltenzüge vor: nun verlaufen die Cordilleren in NNW/SSE-Richtung. Im äußersten Westen, teilweise noch unter Meeresbedeckung des Pazifik, haben sich die Küsten-Cordilleren herausgebildet. Parallel dazu schließt sich nach Osten die Cordillera Occidental an. Durch ein stark gegliedertes Zwischengebirge, aus dem sich im Nordabschnitt die Cordillera Blanca (Cordillera Central) erhebt, die oft höher als die begleitenden und parallelen Cordilleren ist, ist die West- von der Ost-Cordillere getrennt. In ihnen treten, wie schon eben erwähnt, alte Faltungskerne aus meist paläozoischen Schichten auf. Bekannt und berühmt wegen ihres Fossilreichtums sind die Devon-Ablagerungen

Boliviens (Wolfart 1968). Daraus und aus anderen Beobachtungen leitet sich die Vorstellung einer variszischen, am Ende des Paläozoikums wirkenden Gebirgsbildung (Orogenese) ab. Sie steht aber in keinem direkten Zusammenhang mit der späteren andinen Faltung; die paläozoischen Aufbrüche wurden nur passiv in den jungen Gebirgskörper der Anden einbezogen.

Die Aufreihung jener paläozoischen Faltenkerne biegt nämlich in Bolivien nicht etwa in die chilenischen Anden ein, sondern läuft über den Ostrand der Anden-Cordilleren hinweg, quert den Gran Chaco im Untergrund und endet, auf südamerikanischem Boden, im Bergland südlich von Buenos Aires. Als ›Samfrau-Orogen‹ hat Du Toit dieses verborgene variszische Faltengebirge bezeichnet, das er nach den paläozoischen Aufbrüchen in den anderen Gondwana-Teilen (South America – Africa – Australia) nannte (vgl. Abb. 6).

Das Subandin ist geologisch die jüngste Einheit des andinen Orogens; es umfaßt das Grenzgebiet zum Kristallin der Alten Schilde von Guayana und Brasilien. Diese Einheit ist als Senkungszone ausgebildet, die mit ganz jungen Sedimenten der sich auffaltenden und emporhebenden Cordilleren gefüllt worden ist. Noch im Oligozän war das Subandin ein weitgehend marin beeinflußtes Becken (›Meeresmolasse‹), das noch Verbindung zum pazifischen Ozean aufwies; ein entsprechender Faunenaustausch konnte noch stattfinden. Im Miozän wurden dann die Verbindungen durch die fortschreitende Orogenese immer stärker eingeschnürt, bis diese endlich ganz verschwanden; nun bestand keine Verbindung mehr zwischen dem Subandin und dem Pazifik. Die hohen Niederschläge, die am Ostrande der neu entstandenen Cordilleren aus den feuchtigkeitsbeladenen Passatwolken abgefangen wurden, führten bald zu einem Aussüßen des Molassetroges. Es entstand die Süßwassermolasse, in die der Abtragungsschutt der emporwachsenden Cordilleren eingebracht wurde. Die in den übriggebliebenen Molasseseen noch verbliebenen, ehemals ›pazifischen‹ Faunen mußten sich anpassen – oder aussterben. Schließich wurden diese im subandinen Becken vorhandenen Seen zu einem großen Binnensee zusammengeschlossen. Nun konnte das schon zum Atlantik hin ausgerichtete Entwässerungssystem in rückschreitender Erosion diesen Binnensee anzapfen, ihn trockenlegen und zum Atlantik hin umorientieren (Kap. 4.1). Mit dem Pliozän war dieser Prozeß abgeschlossen.

Das auffällige Verschwenken der andinen Cordilleren in einer Art von Zickzack-Muster ist weitgehend durch die unterschiedlichen Bewegungen der in Einzelplatten zerlegten Pazifik-Platte verursacht worden. Die karibischen Anden (Caribanden) sowie die kolumbianischen Anden wurden erzeugt und werden beherrscht von den Bewegungen der Cocos-Platte (Abb. 30). Sie grenzt im Süden an die Nazca-Platte, von der sie durch den Galapagos-Rücken getrennt ist. Dieser findet seine geotektonische Fortsetzung in der Bucht von Guayaquil, die wiederum zum Amazonas-Graben und zum Amazonas-Schersystem enge tektonische Beziehungen aufweist. Das Galapagos-Element entspricht der ›Huancabamba Deflection‹ von de Loczy (1968–1971) und stellt, wie das Amazonas-Schersystem, eine Blattverschiebung dar. Die peruanischen Anden gehen südlich von Lima in die bolivianischen Anden über. Hier bilden sie einen bis 800 km breiten Gebirgskomplex, bevor die Cordilleren in eine Nordsüd-Richtung einbiegen. Geologisch wird diese Umbiegungszone durch einen großen Batholithen, einen nicht bis zur damaligen Oberfläche durchgebrochenen magmatischen Störkörper, bedingt; dieser weist eine noch für die nördlichen Peruanden charakteristische NNW/SSE-Richtung auf.

3.2 Die präandine kontinentale Wasserscheide

Erst durch die andine Orogenese wurde die kontinentale Wasserscheide auf den Kamm der Anden-Cordilleren verlegt, dort verläuft sie seit der Pleistozänzeit. Die präandine kontinentale Wasserscheide lag wesentlich weiter im Osten und benutzte weitgehend die infolge der beginnenden Anden-Faltung hochgehobenen oberkretazischen Sandsteine. Wo jedoch vor der Trennung Südamerikas von Afrika, also im frühen Mesozoikum, die Wasserscheide im Gondwana-Kontinent verlief, ist heute naturgemäß nicht mehr auszumachen. Für die Entwicklung des Amazonas-Entwässerungsnetzes spielt jedoch nur die präandine, nach dem Gondwana-Zerfall auf Südamerika wirkende, kontinentale Wasserscheide eine wichtige Rolle.

Auf seinem weiten Weg bis zur Mündung in den Atlantik besitzt der Amazonas mit seinen Nebenflüssen ein außergewöhnlich geringes Gefälle. Noch bei Manaus, ca. 1600 km landeinwärts, liegt das hochwasserfreie Ufer, die Terra Firme, etwas über 100 m NM (= Nível do Mar, Meeresspiegelniveau), das Niedrigwasser des Amazonas liegt dort bei 14 m NM. Ähnlich liegen auch die Verhältnisse am Oberlauf. Bei Pôrto Velho am Rio Madeira, also weitere ca. 1000 km oberhalb Manaus, liegt das Niedrigwasser erst bei 106 m NM. Doch oberhalb dieses Ortes dehnt sich eine ca. 400 km lange, 20 Wasserfälle und Stromschnellen umfassende Felsenstrecke, die wiederum weiter oberhalb, im Flußgebiet des Rio Guaporé, ein weiteres, ruhiges Flußbett besitzt. Diese Wasserfallstrecke ist der Rest der präandinen kontinentalen Wasserscheide zwischen dem Atlantik und dem Pazifik.

Die Felsenpassage stellt verkehrstechnisch ein außerordentliches Hindernis dar. Seit alters her sind nämlich die Flüsse die einzigen Verbindungswege zwischen den einzelnen Regionen. Auf ihnen wickelte sich – bis zum Zeitalter des Flugverkehrs – der Verkehr und der Warenaustausch ab. Der Straßenbau, der erst in der Mitte des 20. Jahrhunderts einsetzte, beginnt erst jetzt sich wirtschaftlich bemerkbar zu machen. So war also die Wasserfallstrecke oberhalb von Pôrto Velho (Abb. 31) ein böses Hindernis, insbesondere zur Zeit des Gummibooms, als auch im bolivianischen Anden-Vorland Gummi gezapft wurde, aber eben wegen der Wasserfälle des Rio Madeira schlecht und nur zeit- und kostenaufwendig abtransportiert werden konnte. Damals kam zur Überwindung dieser fatalen Barriere nur der Bau einer Eisenbahn in Frage. Die Erkundung zur Führung einer Eisenbahntrasse nahmen die beiden Ingenieure Keller (-Leuzinger) (Vater und Sohn) vor (Keller-Leuzinger 1874), die ihren umfangreichen Bericht 1869 in portugiesischer Sprache vorlegten.

Auch wenn die beigegebenen Abbildungen der damaligen Zeit entsprechend romantisch verklärt erscheinen (Abb. 32), zeigen sie doch eine erstaunliche Realität, wenn man sie mit heutigen Augen betrachtet (Abb. 33). Es hat schon vorher, wie auch nachher, verschiedene Vorschläge über die Trassenführung der Eisenbahn gegeben, doch folgte man schließlich dem auf den Untersuchungen von Keller basierenden Vorschlag von Morsing (1884). Die Strecke sah eine Ver-

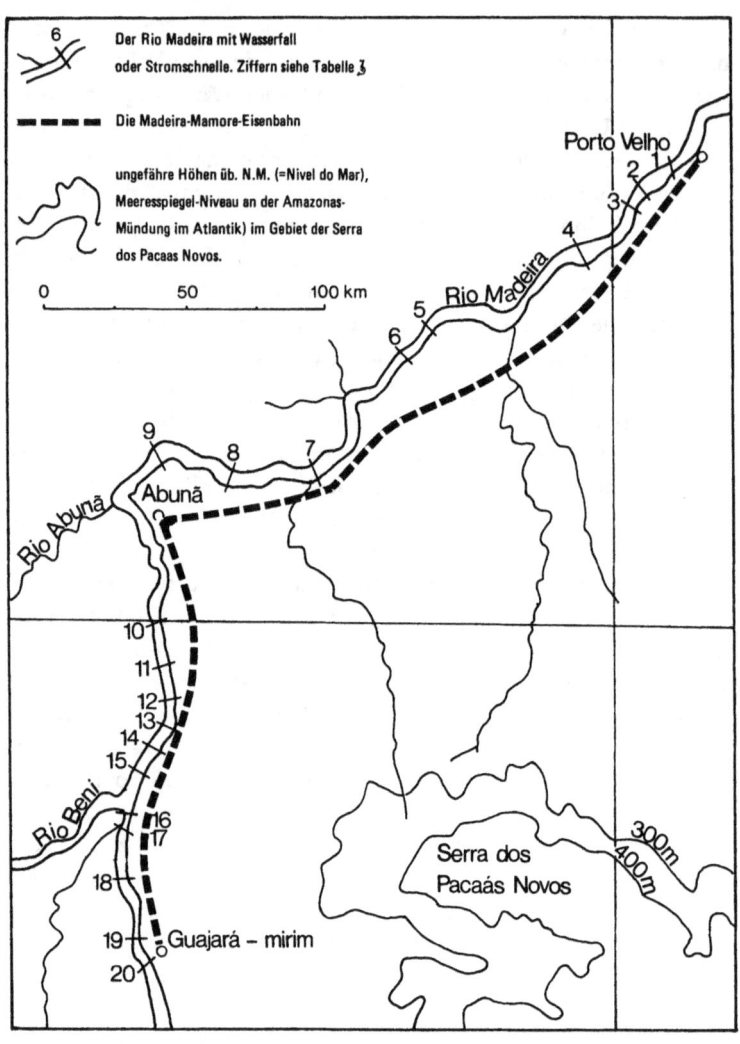

Abb. 31. Die Wasserfall- und Stromschnellenstrecke des Rio Madeira zwischen Pôrto Velho und Guajará-mirim sowie der Trasse der Madeira-Mamoré-Eisenbahn

Abb. 32. Der Wasserfall Teotônio am Rio Madeira oberhalb von Pôrto Velho (aus: Keller-Leuzinger 1874)

Abb. 33. Der Wasserfall Teotônio am Rio Madeira oberhalb von Pôrto Velho. Die im August (Luftaufnahme 1982) bei Niedrigwasser freiliegenden Felsen aus präkambrischem Kristallin werden bei Hochwasser überflutet, so daß sich dann Strudellöcher bilden können

bindung zwischen Pôrto Velho und Guajará-mirím vor, unter Einbeziehung der kleinen Siedlung Abunã an der Einmündung des gleichnamigen Flusses in den Rio Madeira, von wo aus nämlich eine Verbindung zum neugewonnenen Territorium Acre (1903 im Vertrag von Petrópolis, der auch den Bau der Madeira-Mamoré-Bahn regelte) angestrebt wurde. Die Madeira-Mamoré-Bahn hat eine Länge von insgesamt 362 km (Abb. 31).

Tabelle 2. Wasserfälle und Stromschnellen am oberen Rio Madeira zwischen Pôrto Velho und Guajará-mirim/Rondônia, sowie die Deutung der Namen (nach: Keller-Leuzinger 1874)

Porto Velho

1. Macacos	= Affen
2. Santo Antonio	
3. Teotônio	= nach dem Polizeiposten Theotônio Guzmão 1735
4. Morrinhos	= kleine Felsen
5. Calderão do Inferno	= Höllenkessel
6. Jiraú	= Indianer-Name, früher Girão
7. Três Irmões	= ›Drei Brüder‹, nach drei Felsspitzen
8. Paradão	= Mauer (wegen der steilen Wände)
9. Pederneiras	= Feuersteine

Einmündung des Rio Abunã

10.Ararás	= Indianer-Name (Papagei?)
11. Periquitos	= kleine Frösche (nach rundlichen Felsformationen)
12. Chocolatal	= Indianer-Name
13. Riberão	= Flußufer
14. Misericôrdia	= Barmherzigkeit
15. Madeira	= Holz (nach dem vielen Schwemmholz des Rio Beni)
16. Lajes	= Felsplatten
17. Pau Grande	= ›Großes Holz‹ (Baumstamm)
18. Bananeiras	= Bananen-Anpflanzung
19. Guajará-açú	= Indianer-Name

Guajará-mirim (Siedlung)

20. Guajará-mirim	= Indianer-Name

Die Wasserfallstrecke wird von 20 Wasserfällen (saltos) und Stromschnellen (cachoeiras) gebildet. Davon entfallen 14 auf den subandinen Bereich im Westen der Umbiegungsstelle bei Abunã (Abb. 31), die restlichen 9 liegen unterhalb Abunã. Die Felspassagen tragen Namen, welche die Gefährlichkeit und Schwierigkeit erkennen lassen und auf die noch vor 100 Jahren dort lebenden Caripuna-Indianer zurück gehen. Die Zählung der Felsenstrecken beginnt am Unterwasser bei Pôrto Velho und endet bei Guajará-mirím (Tabelle 2).

Der Höhenunterschied zwischen dem Ober- und dem Unterwasser ist bei den einzelnen Felsenstrecken unterschiedlich, Beträge um 7 m sind nicht selten (Abb. 33).

Der Rio Madeira ist reich an Geschieben, die er aus den überströmten Felsen herauslöst. Diese haben in den durch das bei Hochwasser besonders hohe hydraulische Potential stark beanspruchten, harten Felsen Strudellöcher eingebohrt, die bisher aus anderen Flüssen des Amazonas-Niederungsgebietes nicht bekannt sind.

Strudellöcher entstehen, wenn Geschiebe in Unebenheiten des Felsuntergrundes hängen bleiben und zu rotieren beginnen. Dieser Vorgang wiederholt sich ständig und langsam entsteht eine Vertiefung (Abb. 34 A). Das rotierende Geröll wird natürlich bald fortgerissen oder zerrieben, doch neue Steine fallen in die Vertiefung und setzen die Rotation fort. Schließlich entstehen über 1 m tiefe, oft dicht beieinander liegende Löcher, die seitlich von anderen aufgebohrt werden können (Abb. 34 B). Strudellöcher sind an vielen Felsenstrecken dieses Abschnittes am Rio Madeira vorhanden.

3.3 Die Sedimentation in der Tertiärzeit

Die tertiärzeitliche Sedimentation im Amazonas-Gebiet wird geprägt durch limnische und fluviatile Ablagerungsbedingungen in einem anscheinend verstärkt absinkenden, großflächig sich ausdehnenden Raum. Der tektonisch wirksame Amazonas-Graben hatte an seinen beiden Enden, am pazifischen sowie am atlantischen Ende, noch eine offene Verbindung zu den beiden Ozeanen, so daß dort marine Einflüsse möglich waren. Im zentralen Teile Amazoniens hingegen herr-

schen fluviatile bis limnische Bedingungen, wenn nicht sogar in einigen Zeitabschnitten des Tertiärs Abtragungen vorhanden waren. Bisher sind nämlich alttertiäre Sedimente im Amazonas-Gebiet nicht nachgewiesen worden, und auch die intensive Bohrtätigkeit auf Erdöl hat keine Hinweise auf ihr Vorkommen gebracht. Es fehlen also Ablagerungen des Paläozän bis zum unteren Oligozän. Mit dem oberen Oligozän und besonders mit dem Miozän setzt eine großflächige und mächtige Sedimentation ein; insbesondere ist das Miozän fazies- und fossilreich sowie in großer Mächtigkeit ausgebildet. Zwischen den oberkretazischen Sandsteinen und den Sanden, Silten und Tonen des Miozän besteht also eine Ablagerungslücke. Daraus ist zu folgern, daß die klastische Sedimentation des Miozän nicht die Fortsetzung der Sandsteinentwicklung der Oberkreide ist.

Das Miozän des Amazonas-Gebietes zeigt eine auffällige Faziesdifferenzierung. In dieser spiegelt sich auch der wechselnd starke Einfluß der beiden Ozeane sowie der sich heraushebenden Anden-Cordilleren wider. Die eingeschalteten gröberklastischen Ablagerungen geben wiederum einen Hinweis auf eine stärkere Zulieferung und eine stärkere Absenkung im Bereich des Amazonas-Grabens. Drei größere Fazieseinheiten lassen sich für die miozänen Schichten des Amazonas-Gebietes ausscheiden, zwischen denen es alle Übergänge gibt (Tabelle 3). Am oberen Amazonas liegt das Verbreitungsgebiet der Pebas-Schichten, im zentralen, mittleren Amazonas sind die Manaus- und die Alter do Chão-Schichten abgelagert worden, und am unteren Amazonas liegen die Pirabas-Schichten.

Die Pebas-Schichten sind Ablagerungen eines limnisch-fluviatilen Milieus. Sie sind durch ihre Einschaltungen von Braunkohleflözen (Lignit) als Miozän zu erkennen, dafür sprechen die pflanzlichen Fossilien, aber auch die weltweiten Braunkohlebildungen im Miozän. Es hat häufig Versuche gegeben, diese ›Amazonas-Kohle‹ zu explorieren

---

Abb. 34 a, b. Wassererfüllte Strudellöcher auf trockengefallenen Felsen auf der Wasserfall-Strecke von Pôrto Velho bis Guajará-mirim/Rondônia – Zur Lage der Wasserfälle siehe Abb. 31. *a* Einzelstrudellöcher längs einer Störung (Wasserfall Teotônio, fotografiert 1982). *b* Aufgerissenes Strudellochfeld am Wasserfall von Riberão (fotografiert 1982)

Tabelle 3. Die miozänen Schichten des Amazonas-Gebietes und deren Parallelisierung

Formation	Azogues-Biblián Provinz Cañar/Ecuador	Oberer Amazonas	Mittlerer Amazonas	Unterer Amazonas
Pliozän	Andesite mit Aschen und Agglomeraten	Belterra	Belterra	Barreiras
Miozän	*Azogues-Sandstein* Helle Sandsteine, kreuzgeschichtet und vulkanisch beeinflußt; 650 m	*Sanozama-Schichten* Sande und Tone und Linsen von fossilreichen Kalksandsteinen	*Alter do Chão-* und *Manaus-Schichten* Sand-, Silt- und Tonsteine, schräggeschichtet	*Pirabas-Schichten* Kalkige Sandsteine, marin mit Fossilien; Pflanzenreste
	Cuenca-Tonsteine Weißgraue Tonsteine, sandig, bituminös, Lignit-Lagen, Süßwasserfauna 850 m	*Pebas-Schichten* Sand- und Tonsteine mit fossilreichen Kalksandsteinen; Sande und Tone mit Lignit; Reptilien und Säuger		
	Biblián-Konglomerat Sandsteine und Konglomerate; 250 m			
	Limnisch-fluviatil	Limnisch-fluviatil	Limnisch-fluviatil	Brackisch-marin selten fluviatil

und sogar abzubauen (vgl. Kap. 5.4.4). Die Braunkohleflöze sind auf die unteren Pebas-Schichten beschränkt (Abb. 35). Die heute vielfach als Sanozama-Schichten abgetrennten oberen Pebas-Schichten sind kohlefrei, führen dafür aber andere, sehr interessante Fossilien. Aus diesen Schichten mögen die vom Rio Juruá/Acre bekanntgewordenen vielen Vertebratenreste stammen, z. B. eine 1,75 m lange Krokodil-Mandibula (*Purussaurus brasiliensis* Barb. Rodr. 1892 [s. Price, Zit. in Lent 1967]) sowie die Reste eines Süßwasserdelphins (*Plicodontinia mourai* Mir.Rib. 1938). Aus möglicherweise noch höheren, vielleicht schon dem (unteren) Pliozän zuzurechnenden Schichten stammen Säugetierreste (Mastodonten, Taxodonten). Die oberen Pebas-Schichten (Sanozama-Schichten) reichen wahrscheinlich schon in das Pliozän hinein, wodurch sich die vielfach geäußerte Zuordnung der Pebas-Schichten zum Pliozän erklärt. Die eigentlichen Pliozän-Ablagerungen des Amazonas-Gebietes sind aber die Belterra-Tone; diese greifen weit über ältere, also auch über die miozänen Schichten hinaus. Für die Belterra-Tone wurde sogar gelegentlich ein plio-pleistozänes Alter angenommen.

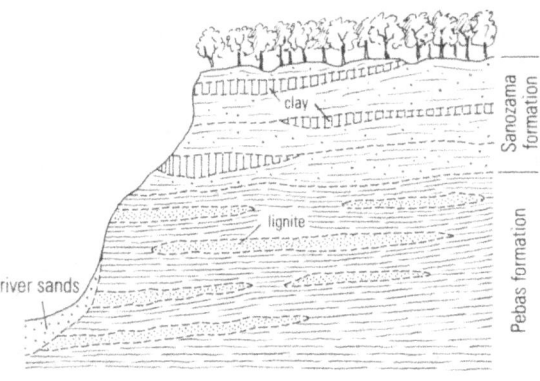

Abb. 35. Die miozänen Pebas-Schichten am Rio Javarí im oberen Amazonas-Gebiet (Pebas formation = Pebas-Schichten, Sanozama formation = Sanozama-Schichten, river sands = Flußablagerungen, lignite = Braunkohle, clay = Ton)

Die Braunkohle führenden Pebas-Schichten werden mit den intraandinen Miozän-Vorkommen von Cañar/Ecuador verglichen. Auch diese haben nämlich beträchtliche Braunkohleeinschaltungen, die dort sogar abgebaut werden (Putzer 1968); ihr limnisch-fluviatiler Charakter ist unbestritten. Der die Braunkohle führenden Cuenca-Schichten (850 m mächtig) überlagernde Rio-Azogues-Sandstein (650 m) ist wiederum frei von Braunkohle, was den Verhältnissen in den Pebas-Schichten des oberen Amazonas entspricht. Eingeschaltete vulkanische Ablagerungen deuten hingegen auf veränderte Sedimentationsbedingungen hin. Die miozäne (vielleicht wie die Sanozama-Schichten auch noch in das Pliozän hineingehende) Abfolge von Cañar wird von der andinen Orogenese ergriffen und anschließend mit Vulkaniten eingedeckt.

Das Interessante an diesem Vorkommen ist seine Lage zum Amazonas-Graben; dieser verläuft nämlich in diesem gefalteten Anden-Teil im Untergrund. Der Graben ist zwar durch die jüngere Anden-Orogenese überwältigt worden, scheint aber im Miozän hier noch wirksam gewesen zu sein, so daß es bei einem angenommenen hohen Grundwasserstand in einem relativ sinkenden Grabenteil zu Vermoorungen gekommen ist, die später zu Braunkohle umgewandelt worden sind.

Am mittleren Amazonas schließen an die Pebas-Schichten ohne spürbare Abgrenzung die Manaus- und noch etwas weiter unterhalb die Alter do Chão-Schichten an. Diese Schichten sind meist fossilarm und – bisher – auch frei von Braunkohle. Das kann aber auch daran liegen, daß im zentralen Amazonas-Gebiet immer nur der obere, kohlefreie Teil angeschnitten ist (vgl. Abb. 36) und der – möglicherweise – flözführende Teil noch darunter ansteht.

Am unteren Amazonas wird das Miozän durch die Pirabas-Schichten vertreten. Sie führen Pflanzen und Süßwasserfossilien (z. B. Reste von Sireniden) und zeigen damit einen limnisch-fluviatilen Charakter an, doch enthalten sie, je mehr man sich der Küste nähert und damit in den Einflußbereich des Atlantiks gerät, karbonatische Einschaltungen sowie Kalksteine, die eine reiche marine Fauna enthalten (Foraminiferen, Seeigel, Gastropoden, Lamellibrachier, Kalkalgen) (vgl. hierzu Paula-Couto, Ferreiro, Santos, Sommer, Zit. in Lent 1967).

Abb. 36. Das Hochufer (Terra Firme) am Rio Cuieiras, einem linken Nebenfluß des Rio Negro oberhalb von Manaus (fotografiert 1982)

Zwischen diesen Miozän-Ablagerungen des Amazonas-Gebietes und dem jüngeren Pliozän besteht, wie schon angedeutet, eine Schichtlücke, da die pliozänen Belterra-Tone weit über das Verbreitungsgebiet der miozänen Ablagerungen Amazoniens hinausgreifen. Die Belterra-Schichten sind Absätze eines flächenhaft sehr ausgedehnten Binnensees, der entstanden ist, als die letzten Verbindungen zum Pazifik, aber auch über mögliche Ableitungen durch das Orinoco- und das Laplata-System, nicht mehr gegeben waren. Es kam zu einem riesigen Aufstau im zentralen Amazonien, zur Bildung eines flachen, kaum ein Gefälle aufweisenden Binnensees, wo die feinkörnigen Belterra-Tone sich absetzen konnten. Da anscheinend auch ein globaler Meereshochstand im Pliozän bestand, der zusätzlich den Abfluß zum Atlantik verzögerte, wurden auch in Küstennähe weitflächig Sande, die Barreiras-Sande, abgesetzt.

3.4 Belterra- und Barreiras-Ablagerungen

Die Belterra- und die Barreiras-Ablagerungen sind Bildungen des Pliozän, es sind weitgehend Feinsedimente, Tone und Silte, die einer fluviatil beeinflußten, jedoch weitgehend limnischen Ablagerungsphase entstammen. Abgesetzt wurden sie bei einem Meereshochstand, als ein Abfluß aus dem zentralen Amazonas-Gebiet nur sehr zögernd erfolgen konnte. So bildete sich ein wohl über 2 Mio. km² großer Binnensee aus, der Belterra-See. Dabei wurde das Feinmaterial der aus den Anden und dem Anden-Vorland zufließenden Weißwasserflüsse (Kap. 5.3.1) über weite Strecken verteilt und als Tone, die Belterra-Tone, abgesetzt.

Der eustatische Meeresspiegelanstieg und die aufgebrachten Feinsedimente haben sich in einem sedimentologischen Gleichgewichtszustand befunden. Das bedeutet, daß der Wasserstand in diesem Binnensee immer ungefähr die gleiche Höhenlage aufwies und der See immer flach blieb. Der geringe Abfluß aus diesem See, vielleicht noch verbunden mit einer hohen Verdunstungsrate, verhinderte das Eindringen von Meerwasser aus dem hochstehenden Atlantik. Gleiches geschah auch in Küstennähe, wo es auch zu einem verzögernden

Abfluß kam, dort aber sich mehr sandiges Material absetzte, die Barreiras-Sande. Diese Sande brachte der wasser- und gefällereichere Rio São Francisco aus dem Kristallin des innerbrasilianischen Hochlandes. So entstanden die längs der brasilianischen Küste sehr eintönigen und mächtigen Barreiras-Sande (Schnitzler et al. 1981). Ihre limnischfluviatile Natur ergibt sich aus eingeschalteten pflanzenführenden Tonlinsen, die ein pliozänes Alter deutlich machen (Krasser 1903).

Der Belterra-See des zentralen Amazonien wird zwar hauptsächlich durch einen Meereshochstand erklärt, wie er für das vorglaziale Pliozän anzunehmen ist, doch wird auch ein ständiges Absinken weiter Teile des Amazonas-Grabens angenommen. Dazu bedarf es zusätzlich noch eines stark verzögerten Abflusses an bestimmten Engstellen, z. B. bei Obidos. Wenn dann noch, wie am Casiquiare oder durch eine ständige Verbindung zu den subandinen Binnenseen (Kap. 4.1) fremde Einzugsgebiete angezapft werden und dadurch mehr Wasser

Abb. 37. Seit einigen Jahren durch ständiges Hochwasser absterbender Überflutungswald am Rio Cuieiras, einem linken Nebenfluß des Rio Negro oberhalb von Manaus (fotografiert 1982)

dem zentralen Amazonien zufließt, wenn also viele Faktoren – tektonisch bedingtes Absinken des Amazonas-Grabens, Meereshochstand mit vermindertem Abfluß zum Atlantik und ein zusätzliches Wasserangebot aus bisher fremden Einzugsgebieten – zusammentreffen, kann im zentralen Amazonien ein Binnensee entstehen – so geschehen zur Pliozän-Zeit im Verbreitungsgebiet der Belterra-Tone.

Würde der Rio Amazonas erneut aufgestaut werden und weitere Einzugsgebiete angezapft werden (z. B. der Oberlauf des Rio Orinoco über den Casiquiare), dann könnte bei dem heute vorhandenen (nachpleistozänen) Meereshochstand innerhalb eines Jahres (!) wiederum ein Gebiet von der Größe von 2 Mio. km² überflutet werden. Die mit den Weißwässern herantransportierte Trübe würde bei gleichmäßiger Verteilung eine Schicht von jährlich 6 mm ablagern. Es genügen dann nur noch 10 000 Jahre, um eine Schichtmächtigkeit von der der Belterra-Tone zu erreichen (Fittkau 1974, S. 110).

Diese Vorstellung ist so abwegig nicht. Seit einigen Jahren ist im zentralen Amazonien zu beobachten, daß über einen längeren Zeitraum hinweg das Hochwasser aus den überfluteten Várzea-Gebieten (Kap. 5.1.3) nicht mehr oder nur sehr zögernd während der Trockenheit abfließt, sondern stehenbleibt, so daß die Wälder ständig bedeckt sind. Das Absterben großer Teile des Überflutungswaldes wird darauf zurückgeführt (Abb. 37).

4 Die Herausbildung des heutigen Gewässernetzes

Wer in Südamerika reist, ist immer wieder beeindruckt von der Jugendlichkeit, der Unausgeglichenheit und der Unreife des morphologischen Reliefs und des Gewässernetzes. Dieses ist schon deswegen verwunderlich, weil der Untergrund aus sehr alten Gesteinen besteht, die ihre Geschichte schon erlebt haben und dadurch geotektonisch zur Ruhe gekommen sind. Dennoch läßt sich aber zeigen, daß die starke tektonische Aktivität, die in der Kreidezeit mit dem Zerfall des Gondwana-Kontinentes einsetzte, während der gesamten Tertiärzeit anhielt (und auch heute noch wirksam ist) und damit auf die kontinentale Entwässerung einen stets wechselnden, noch nicht zur Ruhe gekommenen Einfluß ausübt. So hat sich das heutige Gewässernetz in seinen Grundzügen erst in der Tertiärzeit herausgebildet und dann in der Quartärzeit gefestigt. Daß auch heute noch beträchtliche Veränderungen im Gewässernetz geschehen, zeigt in sehr eindrucksvoller Weise das durch A. v. Humboldt berühmt gewordene Beispiel einer Wasserverbindung zwischen zwei großen Stromsystemen: der den Rio Negro (Amazonas) mit dem Rio Orinoco verbindende Casiquiare. Die Abb. 38 gibt die Entwicklung des Amazonas-Flußnetzes in fünf zusammenfassenden Zustandsbildern wieder.

Mit dem Verlust der pazifischen Erosionsbasis durch die Anden-Hochfaltung erfolgte zwangsläufig eine Umorientierung der Entwässerung bestimmter Regionen zum Atlantik hin. Aus den brackischmarinen Molasseseen des Oligozän wurden im Miozän die Süßwassermolassenseen, und aus diesen im Pliozän die subandinen Binnenseen. Diese wurden mit den Niederschlägen der an der Anden-Ostseite aufgehaltenen Passatwolken während des Pliozän und des Pleistozän gefüllt. Meteorologische Veränderungen durch die im Pleistozän auch stark vergletscherten Anden-Cordilleren steuerten natürlich ebenfalls den Wasserzufluß der Binnenseen, im verstärkenden wie auch im

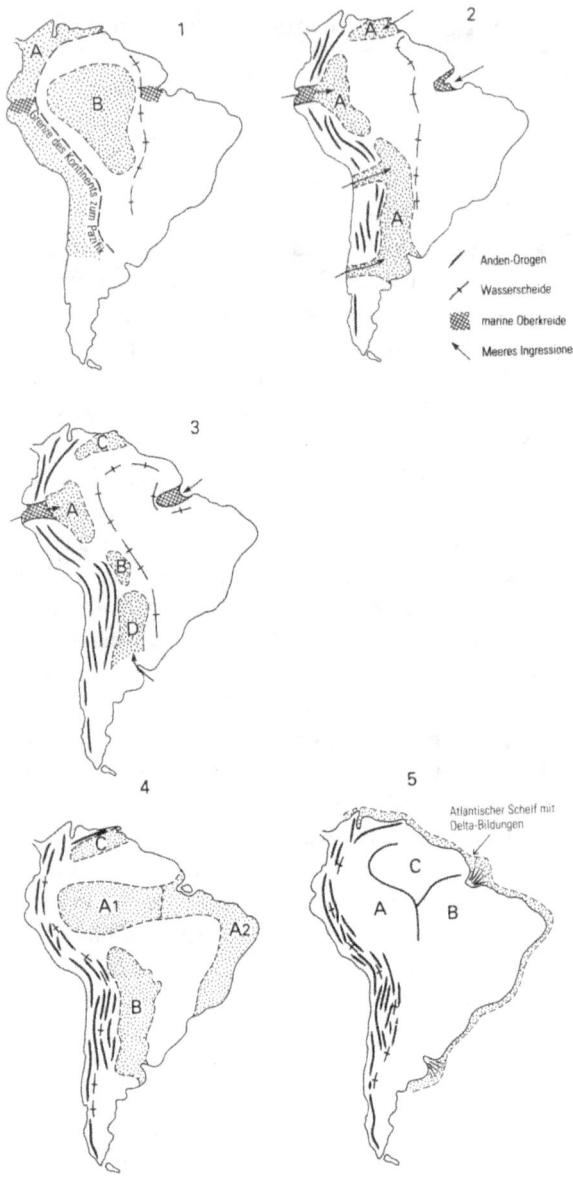

abschwächenden Maße, je nach den Glazial- und den Interglazialzeiten.

Die alte präandine Wasserscheide war im Pliozän noch nicht vollständig überwunden, sonst hätte es nicht zu dieser Zeit den Belterra-Stausee gegeben. Die Anzapfung dieses Sees sowie der subandinen Binnenseen durch schon zum Atlantik entwässernde Flüsse setzte erst im späten Pleistozän ein, als der global tiefliegende Meeresspiegel die Erosionskraft dieser Flüsse erhöhte. Einer dieser großen subandinen Binnenseen war der Beni-See im bolivianisch-peruanischen Subandin, der heute durch den Rio Beni zum Rio Guaporé und zum Rio Madeira entwässert wird.

Die bedeutendste Phase in der Entwicklung des Amazonas-Flußnetzes lag also im Pliozän und im Pleistozän.

4.1 Die subandinen Binnenseen

Im Gebiet von Iquitos hatte sich wegen des im Untergrund angelegten und wirksamen Amazonas-Grabens wahrscheinlich am längsten noch eine Verbindung zum Pazifik gehalten. In diesem Gebiet wird daher für eine marine Faunenwanderung auch die am längsten noch offene Pforte zum Pazifik vorhanden gewesen sein, die dann z.B. für die Vorläufer der heutigen Süßwasserdelphine *Inia* die günstigste Einwanderungsstelle in das Amazonas-Gewässernetz gewesen sein mag. Immerhin dürfte diese Verbindung schon im Miozän verschwunden sein, da Braunkohle im intramontanen Becken von Cañar abgelagert

---

Abb. 38. Die Entwicklung des Amazonas-Flußsystems in Zeit und Raum. *1* Oberkreide: *A* Schelf des pazifischen Ozeans; *B* Fluviatil-limnische Sandablagerungen der Oberkreide im zentralen Südamerika. *2* Oligozän: *A* Molasseablagerungen im marin-brackischen Subandin. *3* Miozän: Ablagerungen der Süßwassermolasse im Subandin. *A* Iquitos-See; *B* Beni-See *C* Orinoco-See; *D* Pantanal-Chaco-See. *4* Pliozän: *A1* Belterra-See (Belterra-Tone), *A2*: Barreiras-Aufschüttungen (Barreiras-Sande); *B* Pantanal-Chaco-Subandin; *C* Orinoco-Senkungsgebiet. *5* Pleistozän: *A* Weißwasserbereich (andines Einzugsgebiet); *B* Klarwasserbereich (Einzugsgebiet mit kristallinen Gesteinen); *C* Schwarzwasserbereich (Bleicherde-Gebiet)

wurde. Trotz der Überwältigung des Westendes des Amazonas-Grabens durch die andine Orogenese dürfte aber die Senkungstendenz im übrigen Grabengebiet nicht vollständig ausgelöscht worden sein – es wird angenommen, daß sie auch heute noch vorhanden ist.

Unter den oben skizzierten Bedingungen dürfte also ein großer Binnensee entstanden sein. Dieser wird, eben wegen der Absenkung des Grabens, auch eine Verbindung zum Belterra-See gehabt haben, wenn er, der Iquitos-See, nicht sogar der westliche Teil jenes zentralen Binnensees Amazoniens gewesen ist.

Ein weiterer subandiner Binnensee entstand im bolivianischen Anden-Vorland: der Beni-See. Der Rio Beni ist dort der zentrale Entwässerungsfluß und bildet mit dem ihm von Norden zufließenden Rio Madre de Dios und dem ihm von Süden zueilenden Rio Mamoré den Rio Guaporé. Nach Aufnahme des Rio Abunã beim gleichnamigen Ort heißt der Fluß dann Rio Madeira.

Es wird nun angenommen, daß der Beni-See mit dem Iquitos-See im Pliozän noch zusammengehangen hat und daß die heutige Entwässerung dieses Subandins erst recht jungen Datums ist. Dafür spricht, daß die alte präandine Wasserscheide, die auf dem Kamm der Serra de Parecís verlief, lokal noch wirksam war, also eine direkte Verbindung des Beni-Sees zum Unterlauf des Rio Madeira noch nicht bestand. Dazu mußte die Wasserscheide überwunden werden. Bei den im Pliozän anzunehmenden hydrologischen Verhältnissen – Meereshochstand mit Ausbildung des Belterra-Sees – war einfach nicht genügend Energie vorhanden, um diese Felsenbarriere der präandinen Wasserscheide überwinden zu können. Dazu bedurfte es eines stärkeren Gefälles zum Atlantik hin, das einem Ur-Madeira die Kraft verlieh, sich in rückschreitender Erosion bis zur Wasserscheide hin durchzutasten, um dann den Beni-See anzuzapfen und direkt an das Entwässerungsnetz des Amazonas anzuschließen.

Die Jugendlichkeit dieser Verbindung ergibt sich auch aus den vielen Wasserfällen und Stromschnellen des Rio Madeira (Abb. 29–31) und der Unreife des Flußbettes (Strudellöcher, Abb. 34a, b).

Im Gebiet des Beni-Sees blieben bis in die Postglazialzeit hinein einzelne Seen zurück, deren Umgrenzungen und Erscheinungsformen noch heute sichtbar sind (Campbell u. Frailey 1984; Campbell et al.

1985; Allenby 1988). Ihre Entwässerung wies teilweise noch eine Verbindung zum Pantanal und damit zum La-Plata-System auf (Campbell 1990). In ihnen und den benachbarten Flüssen überlebte die noch heute in diesen Gewässern vorkommende, relativ ursprüngliche Delphinpopulation *Inia boliviensis*.

Die im Iquitos-See lebenden Verwandten dieser Delphine wanderten jedoch über den Belterra-See in das viel größere und differenziertere Gewässernetz des Amazonas ein und wandelten sich dort unter veränderten Umweltbedingungen in die moderne Art *Inia geoffrensis* um (Kap. 5.2.6).

4.2 Der Casiquiare

In ähnlicher Position wie die subandinen Binnenseen, Beni- und Iquitos-See, liegt das den venezolanischen Caribanden südlich vorgelagerte Orinoco-Becken. Wurden die Binnenseen in pleistozäner Zeit von einem Ur-Madeira und von einem frühen Rio Solimões durch rückschreitende Erosion angezapft und zum Atlantik hin umorientiert, versuchte nun das Amazonas-Entwässerungssystem durch den Rio Negro ein weiteres fremdes Einzugsgebiet zu okkupieren und zum Amazonas umzuleiten (Vareschi 1963): Im Gebiet des Casiquiare findet ein wechselvoller ›Kampf um die Wasserscheide‹ statt zwischen dem Rio Orinoco und dem Rio Negro; dabei scheint auf die Dauer das Amazonas-Flußnetz das stärkere zu sein. Der ›Kampf‹ findet heute noch und an verschiedenen Stellen statt, doch ist die spektakulärste Anzapfstelle die des Casiquiare (Perfetti u. Noguerol 1985).

Der Casiquiare ist seit A. v. Humboldts Reisen (›Voyage aux régions équinoxiales de Nouveau Continent‹, 1799–1804, zusammen mit Aimé Bonpland; Humboldt u. Bonpland 1805–1834) die bekannteste Verbindung zweier Stromsysteme und das spektakulärste Beispiel einer aktiven Anzapfung eines fremden Einzugsgebietes durch rückschreitende Erosion (Abb. 39). Der ›Kampf um die Wasserscheide‹, die im Gebiet des Casiquiare ständig verlegt wird, ist noch heute nicht abgeschlossen und äußerst heftig. Es wird noch lange Zeit verstreichen, bis ein ausgeglichener Zustand zwischen beiden Stromsystemen eingetreten ist.

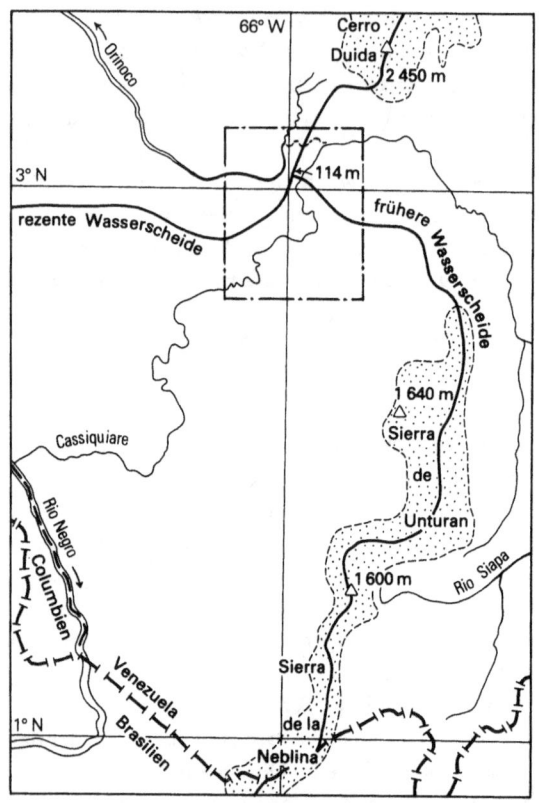

Abb. 39. Die Verbindung des Amazonas- mit dem Orinoco-Flußnetz über den Brazo Casiquiare mit der früheren und der heutigen Wasserscheide zwischen beiden Systemen (Umgrenzt: Abb. 40 a–c)

Der wichtigste Unterschied der Anzapfungsstellen zum Iquitos- und zum Beni-See, wo der ›Kampf‹ entschieden ist (wenn auch die Wasserfälle und Stromschnellen des Rio Madeira die Unreife und damit auch die Jugendlichkeit dieser Anzapfungsstelle dokumentieren), besteht darin, daß der Rio Orinoco im Gegensatz zu den subandinen Binnenseen eine eigene und für die Entwässerung sehr wirksame Mündung in den Atlantik hat. Das war eben bei den subandinen

Binnenseen nicht der Fall, auch wenn es temporäre Verbindungen dieser Seen zum südlichen La-Plata-System mit dessem eigenen Anschluß an den Atlantik gegeben hat (Kap. 4.3).

Der Casiquiare verbindet bei Hochwasser die beiden Stromsysteme des Amazonas und des Orinoco. Für die Waserscheide wird eine Meereshöhe von 114 m NM (= Nivel do Mar) angegeben (Stern 1970), das Hochwasser kann um 9 m bis auf 123 m NM steigen. Der Casiquiare wird dann zu einem Nebenfluß des Rio Pamoni, der dem Amazonas-System über den Rio Negro tributär ist. Die Wasserscheide des Casiquiare wurde angelegt und war wirksam im mittleren Pleistozän, also zur Zeit vor dem Beginn der glazialen Meeresspiegelschwankungen. Im späteren Pleistozän, besonders zur Zeit des Wisconsins- (Weichsel-, Würm-) Glazial, begann der Rio Negro diese Wasserscheide aktiv anzuzapfen. Das Ausgangsrelief war im Altquartär (vor 700000–800000 Jahren) schon vorhanden, also nach der weitflächigen pliozänen Aufschüttung durch die Belterra- oder Barreiras-›Transgression‹ (Kap. 3.4), wo hier im Casiquiare-Gebiet bis auf 180 NM Lockersedimente aufgeschüttet wurden. Das damalige Gewässernetz war ein Netzwerk aus verwilderten, in sich verflochtenen Gerinnen. Als dann die Drainage in der anschließenden altquartären Regression – durch die Tieferlegung des globalen Meeresspiegels – sich in diese Lockersedimente einschnitt, haben sich die primären Muster der Entwässerungsgerinne gebildet und bis heute erhalten. Mit der im Hochglazial besonders verstärkten Tiefenerosion bildete sich das eigentliche Hauptgerinne aus: ein früher Casiquiare (Klammer 1978). Heute ist der Casiquiare zu einem fast ständig schiffbaren, zum Amazonas-System ausgerichteten ›Canal‹ entwickelt, und sein Bett ist weitgehend fixiert. Dadurch sind aber nun große Teile des ehemals zum Rio Orinoco ausgerichteten Drainagesystems zum Amazonas umorientiert worden. Das ist noch gar nicht so lange her und hat sich in einem recht kurzen, historischen Abschnitt abgespielt. Noch A. v. Humboldt hat am Casiquiare eine andere Situation vorgefunden als z. B. Stern (1970), und anders war sie wiederum noch in den ersten Jahrzehnten dieses Jahrhunderts; Abb. 40 verdeutlicht dies.

Stern (1970) stellte fest, daß der Rio Orinoco von der Abzweigung des Casiquiare bis Santa Barbara del Orinoco ein geringes Gefälle

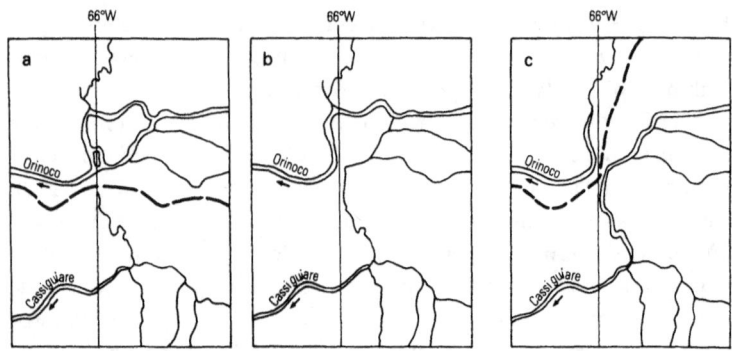

Abb. 40 a–c. Die Verlagerung der Wasserscheide am Brazo Casiquiare (nach: Stern 1970). *a* Früher; *b* Zeit A. v. Humboldt; *c* heute

aufweist (10 cm auf 1609 m, das sind 6 cm pro km). Er vermutete daher, daß der Casiquiare früher einmal nur ein kleiner Nebenarm des Rio Orinoco war, der ihm etwas südlich der Gallo-Insel wieder zufloß. In diesem Falle wäre der Casiquiare wirklich nur ein Nebenarm, der eine große flache Insel umfloß, um sich dann mit dem Rio Orinoco wieder zu vereinen. Stern fand dann eine Wasserscheide in einer Hügelkette, die sich vom Cerro Cariche bis zu den Quellen des Rio Pamoni zieht. Diese kleinen Hügel sah Stern als die eigentliche Wasserscheide zwischen den beiden Stromsystemen an. Einer dieser Hügel, die meist aus Granitblöcken bestehen, befand sich in der Nähe der kleinen Ortschaft Buenos Aires. Während der Regenzeit wurde diese Erhebung vom Hochwasser überschwemmt. Mit der Zeit aber bildete es einen kleinen Nebenfluß zum Rio Pamoni aus, der durch rückschreitende Erosion einen Kanal zum Nebenarm des Rio Orinoco entstehen ließ. Der Kanal zapfte diesen vorerst nur während der Regenzeit an, später aber, als das Material des Hügels durch Erosion entfernt worden war, begann die kleine Verbindung immer mehr Wasser zu führen; dieses entstammte nun weitgehend dem Rio Orinoco (Abb. 40).

A. v. Humboldt sah den Casiquiare nur als eine zeitweilige Wasserverbindung zwischen den beiden Stromsystemen an und die Wasserscheide noch weitgehend wirksam. Doch dann, in der Mitte der 40er Jahre unseres Jahrhunderts, wurde die damalige Wasserscheide durch Erosion abgetragen und zerstört, so daß sie das ganze Jahr hindurch überflutet und dadurch schiffbar wurde. Eine neue Wasserscheide bildete sich im Norden aus, und das bedeutet die Abtrennung eines ca. 300 · 100 km (= ca. 30000 km²) großen Gebietes aus dem Einzugsbereich des Rio Orinoco und damit den Anschluß an das des Amazonas.

4.3 Die Beziehungen zwischen Amazonas, Orinoco und La Plata

Das Amazonas-Becken zeigt sich als eine nach Westen sich öffnende, bei Obidos, ca. 800 km oberhalb von Belém do Pará an der Amazonas-Mündung, sich schließende trichterförmige Flußniederung. Sie setzt bei Obidos in einer Meereshöhe von 18 m NM (für das hochwasserfreie Ufer) mit einer nur 1800 m breiten Öffnung im heutigen Amazonas-Tal ein und endet am Anden-Fuß auf einer Breite von ca. 2000 km ungefähr mit der 200-m-Isohypse (z. B. Pongo de Maseriche mit 180 m NM, Pucallpa mit 170 m NM). Dieses so widersinnig erscheinende Bild einer in das Innere des Kontinentes sich öffnenden Niederung ist aber durch geologische Faktoren bedingt: durch den frühen Verlust der pazifischen Erosionsbasis, durch die Senkungstendenz des Amazonas-Grabens, durch die Bildung subandiner Binnenseen und des Belterra-Sees Zentral-Amazoniens und dessen spätere, pleistozäne Anzapfung. Die im Pliozän entstandenen Iquitos- und Belterra-Seen haben wahrscheinlich einmal zusammengehangen, so daß deren östliche Begrenzung bei Obidos lag. Während im Pleistozän der bolivianische Beni-See durch einen Ur-Madeira über die präandine Wasserscheide an das atlantische System angeschlossen wurde, geschah der Anschluß des Iquitos- und des Belterra-Sees – vielleicht etwas früher – durch einen Ur-Amazonas bei Obidos.

Auch das Orinoco-System hat noch nicht seine endgültige hydrographische Abgrenzung erreicht, wie dies der ›Kampf um die Wasserscheide‹ am Casiquiare deutlich macht. Fixiert hat sich anscheinend die Wasserscheide zwischen dem Orinoco-Becken und dem ehemaligen subandinen Iquitos-See. Nach dessen Trockenfallen durch die Entwässerung zum Atlantik über die Enge bei Obidos hat sich im Bergland östlich von Bogotá eine stabile Wasserscheide herausgebildet. Eine Besonderheit weist noch das Orinoco-Becken auf, die wahrscheinlich einen größeren Einfluß auf die Herausbildung des dortigen Gewässernetzes hat, als es bisher anzunehmen war. Der Rio Orinoco hat in seinem mit jungen Sedimenten gefüllten Becken (Rod 1981) eine exzentrische Lage eingenommen, er fließt nämlich ganz im Süden dieses Beckens und nicht, wie eigentlich anzunehmen wäre, im Zentrum (Schubert et al. 1986). Der Fluß benutzt dabei eine große Westost-Störung, an der anscheinend noch immer vertikale Bewegungen stattfinden. Entweder sinkt das Orinoco-Becken weiterhin ein, so daß der Fluß stets in seiner exzentrischen, tiefsten Position ablaufen kann, oder an solchen und anderen parallelen Störungen hebt sich im Süden das Gebiet der Gran Sabana mit dem Roraima-Bergland (Abb. 8); vermutlich spielen beide Bewegungen eine Rolle.

Eine geologisch ähnliche Ausbildung und Entwicklung zeigt das La-Plata-System mit seinem oberhalb entwickelten Pantanal. Unter diesem Namen, La-Plata-System, wird das Einzugsgebiet des sich im Mündungsästuar des Rio de la Plata vereinigenden Flußnetzes des Rio Paraná und des Rio Paraguay verstanden; der aus dem südbrasilianischen Bergland zufließende Rio Uruguay gehört zwar hydrographisch diesem System an, benutzt aber nicht das subandine Senkungsgebiet des Rio Paraná/Rio Paraguay; nur dieses wird hier betrachtet.

Das Pantanal (spanisch: pantano = Sumpf) ist eine ca. 100000 km^2 große Schwemmlandebene am oberen Paraguay. Es ist, wie das des Rio Orinoco, ein tektonisches Senkungsgebiet mit mächtigen tertiär- und quartärzeitlichen Ablagerungen. Eine Verbindung zum Beni-See war einmal, im Pliozän und im frühen Pleistozän, vorhanden und zwar zwischen dem oberen Rio Guaporé und den Quellflüssen des Rio Cuiabá, der zum Rio Paraguay entwässert. Die Wasserscheide zwischen dem Beni- und dem Pantanal-Gebiet liegt heute auf einem morphologisch wenig in Erscheinung tretenden Riegel mit einer durchschnittlichen Meereshöhe von 300 m NM. Dieser Riegel ist geologisch etwas kompliziert aufgebaut; er besteht im Osten aus tektonisch gehobenen Schollen eines kontinentalen Devons und im Westen aus den ersten Ketten der Ost-Cordilleren mit gefalteten Kreide- und

Tertiär-Schichten. Die höchste Erhebung dieses Riegels liegt mit 580 m NM östlich der bolivianischen Stadt Concepción, doch liegt die ehemalige Verbindungsstelle der beiden Systeme Beni-See und Pantanal kaum mehr als 100 m NM, zwischen den brasilianischen Orten Mato Grosso am Rio Guaporé (Beni-Gebiet) und dem Ort Porto Esperidão am Rio Jaurú (Pantanal).

Das Schwemmlandgebiet des Pantanal ist so eben und hat ein derart geringes Gefälle, daß während der Hochwasserzeiten im Mai bis September dieses Gebiet völlig unter Wasser steht, das dann äußerst zögernd abläuft. Diese Erscheinung erinnert sehr an das zentrale Amazonien mit seinen Überflutungsregionen und an den ehemaligen Belterra-See.

Seine Fortsetzung nach Süden findet das Pantanal im Chaco-Gebiet. Auch dieses ist noch sehr eben und bei Hochwasser überflutet. Im dortigen Untergrund stehen, wie im Pantanal und im Beni-Gebiet, stark gestörte Ablagerungen des Meso- und des Paläozoikums an. Heute ist das Pantanal und der Chaco von jungen Ablagerungen eines subandinen Sees bedeckt, die als Pampas-Formation bezeichnet werden und in das Pliozän sowie in das untere Pleistozän gestellt werden; hier liegen deutliche Parallelen zum Beni-See vor.

Das Pantanal- und das Chaco-Gebiet sind selbst niederschlagsarm, sie enthalten nur die reichen Wassermassen der aus den Anden zufließenden Flüsse. Die Niederschläge nehmen von Norden nach Süden ab, wo nur noch 500 mm/Jahr gemessen werden. Im Pleistozän herrschten hier sogar aride Klimaverhältnisse (Kap. 5.2.4). Im Holozän wurde dann die Dünenlandschaft des Pantanal humid überprägt.

4.4 Der Einfluß der andinen Orogenese

Der tiefgreifende Einfluß der andinen Orogenese auf die Gestaltung der Entwässerung des nördlichen Südamerikas ist schon mehrfach angedeutet worden. Sie unterband die bis in die Tertiärzeit hinein zum Pazifik hin orientierte Drainage und führte zu einer Umorientierung auf den Atlantik hin.

Nun ist die Gebirgsbildung der Anden auch heute noch keineswegs abgeschlossen (Lohmann 1970). Die zu beobachtenden seismischen wie auch vulkanischen Tätigkeiten machen dieses deutlich. Sie sind auf geotektonische Ereignisse zurückzuführen, die durch die Plattentektonik (Abb. 30) hervorgerufen wurden. Ihre damaligen und auch noch derzeitigen Herde liegen weitgehend im Bereich der Benioff-Zone (Abb. 21), an der sich die Platten nach einer ersten Kollision über- oder unterschoben. Die das Relief verändernden seismischen und vulkanischen Aktivitäten wirkten sich natürlich auch auf die Drainage aus, doch blieben sie – vorerst noch – auf das eigentliche, andine Orogen beschränkt. Erst später, als die Cordilleren zu einer Barriere gegen den Abfluß zum Pazifik hin entstanden waren, kam es zu einer grundlegenden Umorientierung der Gewässersysteme und natürlich auch zu lokalen Veränderungen im Entwässerungsnetz des Amazonas. Von großer Bedeutung für die limnologischen Verhältnisse im späteren Cordilleren-Bereich ist die Ausformung der heute im Subandin liegenden Molassebecken. Die Aussüßung, also die Umgestaltung der (oligozänen) Meeresmolasse in eine (miozäne) Süßwassermolasse (Kap. 4.1), hat natürlich auf die aquatische Fauna einen gravierenden, teilweise sogar katastrophalen Einfluß gehabt (Kap. 5.2.6).

Man stelle sich die Entstehung des andinen Orogens folgendermaßen vor: Zwei Platten, die ozeanische Pazifik-Platte und die kontinentale Südamerika-Platte, bewegen sich aufeinander zu; dabei ist es für unsere Betrachtung unwichtig zu wissen, welche Platte sich nun aktiv bewegt – es könnten auch beide sich aufeinander zu bewegen. Beide Platten sind tektonisch stabil und reagieren als starre, schwergewichtige Blöcke. Nur am Kontinentalhang zum Pazifik hin, wo unter Meeresbedeckung enorme Massen an (küstennahem) Sedimentmaterial aus der Entwässerung des kontinentalen Hinterlandes aufgestapelt worden sind, hat sich in den dadurch entstandenen Lockersedimenten eine in diesem Falle mechanisch wirkende ›Knautschzone‹ gebildet, die zusammengeschoben werden kann. Stoßen nun beide Platten aufeinander, werden – an den Berührungsstellen zuerst – die Lockersedimente zusammengeschoben und gefaltet: eine Gebirgsbildung, eine Orogenese, setzt ein. Die Gewalt dieses Zusammenpralls ist derart heftig, daß immer weitere, nun schon dem Kontinentalhang ferner liegende, mehrheitlich marine Sedimente ergriffen und gefaltet werden. Es entstehen – wie beim Zusammenschub eines Tischtuches –

aneinanderlagernde, parallele Faltenzüge. Da aber der Bewegungsablauf nicht gleichmäßig und frontal ist und die Sedimente (Tone, Sande, Kalke) – auch in ihrem mechanischen Verhalten – recht unterschiedlicher Natur sind, entsteht kein geometrisch einheitliches Faltenmuster nach Art des zusammengeschobenen Tischtuches. Die Faltenstränge, die Cordilleren, weisen Unterbrechungen auf, durch die der pazifische Ozean noch eine Verbindung mit den näher am Kontinent gelegenen Faltentälern, den Becken und/oder Mulden, besitzt. Dadurch können sich noch marin beeinflußte, aber schon durch eine Süßwasserzufuhr aus den Flüssen brackisch gewordene Molassebecken halten: die (oligozäne) Meeresmolasse. Mit zunehmender Ausfaltung der Sedimente am pazifischen Kontinentalhang werden später die Lücken zwischen den einzelnen Cordilleren-Ketten geschlossen und so die Verbindung zum Pazifik unterbrochen – und das für immer. Damit ist aber die Kollision der sich aufeinander zu bewegenden Platten noch nicht abgeschlossen, sondern nur gebremst worden. Der Faltungsprozeß geht weiter, auch heute noch.

Die weitere Plattenbewegung fand jetzt aber keinen mechanisch wirksamen Sedimentpuffer mehr vor, der ausgefaltet werden konnte. Der Ostrand der pazifischen Platte wurde nach unten abgebogen und schob sich unter die kontinentale Südamerika-Platte – oder die kontinentale Platte schob sich über die ozeanische. Die Über- oder Aufschiebung vollzog sich auf einer Fläche, die als Benioff-Zone bezeichnet wird (Abb. 21). Bei diesem Bewegungsvorgang wird das in die Tiefe abgleitende ozeanische Material aufgeschmolzen und dringt nun auf Bruchzonen und Störungen nach oben und tritt dort als Vulkanite mit einem für dieses Gebirge charakteristischen Chemismus zutage – die Andesite.

Die Umstellung aus der Meeres- in eine Süßwassermolasse dürfte an der Wende vom Oligozän zum Miozän abgeschlossen gewesen sein. Viele der aquatischen Faunen mögen noch rechtzeitig aus der Meeresmolasse wieder in den marinen Bereich des Pazifik zuzrückgewandert sein, andere jedoch nicht; diese mußten sich an das neue Süßwassermilieu anpassen – oder sie starben aus. Die schon damals sicher recht hohen Niederschläge im Bereich der Passatwinde süßten die Molassebecken rasch aus, und da die bisherige, präandine Wasserscheide (Kap. 3.2) noch als ein morphologisch wirksames Element vorhanden war, wurden die Molassebecken zu großen Binnenseen aufgestaut (Kap. 4.1).

Die Plattenbewegungen sind noch nicht abgeklungen. Hebungen und Senkungen machen sich als isostatische Ausgleichsbewegungen bemerkbar, auch im subandinen Vorland, das seine letzte Prägung noch heute erfährt. Es werden die in den tertiären Sedimenten auftretenden Salzlager, die in der Regel wohl oligozänen Alters sind, zusammengepreßt und diapirisch aufgefaltet. Diese Salze sind die Restsedimente einzelner abgeschnürter Meeresbecken (Molassebecken), die bei einem angenommenen ariden bis semiariden Klima ausgefällt wurden. Es besteht nämlich die Vermutung, daß schon zu damaliger Zeit ein Vorläufer des kalten Humboldt-Stromes an der damaligen Pazifik-Küste entlanglief, welcher ja heute für die außerordentliche Trockenheit der peruanischen Küste sorgt. Schließlich zeugen die immer wieder vorkommenden Bergstürze an den Flanken der rasch wachsenden, übersteilen Berge von der noch heute wirkenden tektonischen Aktivität des Faltungsvorganges. Nach der Überwindung der ehemaligen kontinentalen (präandinen) Wasserscheide im Pliozän und der Umorientierung der subandinen Binnenseen zum Atlantik hin war der größte und spektakulärste Umbruch in der Entwicklung des Amazonas-Entwässerungsnetzes abgelaufen. Von nun an spielen Erscheinungen aus dem Atlantik eine bestimmende Rolle für die Gestaltung des Amazonas-Gewässernetzes, und das am stärksten wirkende Ereignis waren die Meeresspiegelschwankungen in der Pleistozänzeit.

Abb. 41. Die Ausdehnung der letzten Vereisung (Weichsel, Würm, Wisconsin) auf der Nordhalbkugel und die landfest gewordenen neuen Schelfgebiete, dargestellt durch die rezente 200-m-Tiefenlinie. Die Skizze zeigt die Polarregion in einer entsprechenden Projektion, Südamerika hingegen, um die Verzerrung zu mindern, in einer äquatorparallelen. Die Grenze beider unterschiedlichen Projektionen verläuft ungefähr südlich der eingezeichneten Südgrenze des nordischen Inlandeises

	Schelfgebiete (bis max. −200 m)
	Verbreitung des Inlandeises (ohne die Vergletscherung der Anden)
	Amazonas-Delta

4.5 Der Einfluß der polaren Vereisungen

Während der verschiedenen Vereisungsperioden der Pleistozänzeit ist es zu beträchtlichen Meeresspiegelschwankungen gekommen. Sie erklären sich durch das Festlegen von Wasser als Eis in den polaren Gebieten (und untergeordnet auch in den Hochgebirgsregionen), das dadurch dem Wasserkreislauf entzogen war und den globalen Meeresspiegel um mehr als 100 Meter unter das heutige Niveau senkte. In den zwischengeschalteten Interglazialzeiten steigt der Meeresspiegel dann wieder an, doch scheinen sich die Amplituden bei jeder Zwischeneiszeit zu verringern (Abb. 26; vgl. auch Bigarella 1964; Bigarella u. Andrade 1965; Bigarella et al. 1965).

Die Entstehung des pleistozänen Glazialklimas wird erklärt durch die Vereisung der antarktischen Kontinentalmasse. Nur dort konnten sich viele hundert Meter an Eis stapeln und so dem Wasserkreislauf entzogen werden. Ein zugefrorener Ozean wie am heutigen Nordpol weist nur eine maximale Eisdicke von rund 3 m auf. Diese Eisfläche wird überdies durch jahreszeitlich veränderte Winde und Meeresströmungen aufgerissen und zu einem auseinandertreibenden Packeisgürtel umgewandelt. Nur auf der kontinentalen Antarktis blieb die Eisdecke immer geschlossen und hat inzwischen die rund 13 Mio. km^2 große antarktische Festlandsmasse mit einer bis 2400 m dicken Eiskappe überzogen. Eine weitere Voraussetzung für eine Eiszeitentstehung bilden benachbarte Ozeane, die relativ warmes Wasser in polare Breiten transportieren können, das dann auf den benachbarten Festländern als Schnee kondensiert wird. Der durch die mittelamerikanische Landbrücke an seiner eigentlichen Westbewegung gehinderte Golfstrom wird nach Osten abgelenkt und transportiert sein warmes Wasser längs der nordamerikanischen Küste polwärts. Die dort in Form von Eis erfolgenden Niederschläge bringen eine wesentlich größere Vereisung zustande als im skandinavischen Raum (Abb. 41). Ein gutes Beispiel ist die letzte, die Wisconsin-Vereisung in Canada.

Die Entstehung der Glazialzeiten steht also in einem Zusammenhang mit der Drift einer kontinentalen Landmasse in eine polare Position und damit unter Einfluß eines polaren Klimas.

Auch während des jüngeren Paläozoikums lag der geographische Südpol unter einem geschlossenen Festlandsgebiet, im Gondwana-Kontinent; und auch damals waren weite Teile jener noch zusammenhängenden Festlandsmasse vereist. Das Karbon aller Gondwana-Teile, also auch des südamerikanischen Teiles, zeigt die vielfältigen Zeugnisse eines glazialen bis glazigenen Klimas. Der damalige Südpol hat im südlichen Afrika gelegen.

5 Geomorphologie und rezente Geodynamik

Amazonien ist in vier größere geographische Regionen einzuteilen. Ihre Übergänge sind fließend. Man definiert sie nach Höhenlage, Klima und Vegetation (Abb. 42):

1. Die obere Amazonas-Niederung: Sie reicht im Westen bis an die Anden, geht im Norden ohne sichtbare Begrenzung in das Orinoco-Gebiet sowie im Süden in das Pantanal/La-Plata-Gebiet über.
2. Die zentrale Amazonas-Niederung: Sie ist weitgehend durch die Ablagerungen der Belterra-Formation (Kap. 3.4) geprägt (Mousinho 1971 a, b).
3. Das untere Amazonas-Gebiet: Seine Begrenzung wird im Norden durch den flachen Südrand des Guayana-Kristallins gegeben, im Süden durch den ebenfalls flachen Anstieg zum Kristallin des Brasilianischen Schildes.
4. Das Amazonas-Mündungsgebiet: Dieses Gebiet öffnet sich ab Obidos nach Osten zum Mündungsästuar des Amazonas. Es umfaßt noch den heute nicht mehr aktiven Deltakörper (Kap. 5.1.4).

Tektonisch wird das Amazonas-Becken im Untergrund noch durch Querelemente (›Schwellen‹) gegliedert (Abb. 18); so begrenzt die Purús-Schwelle das mittlere Amazonas-Becken im Westen gegen das obere Becken und die Curuá-Schwelle im Osten gegen das untere Becken. Zwischen dem unteren Becken und dem Mündungsgebiet liegt die Gurupá-Schwelle. Diese Schwellen sind jedoch morphologisch heute nicht mehr wirksam.

Weite Teile der Amazonas-Niederung liegen unterhalb der 200-m-Isohypse. Die flächenhaft größten, aber auch am tiefsten gelegenen Gebiete, vom eigentlichen Küstenstreifen und den Inseln im Mündungsgebiet abgesehen, liegen in der zentralen Amazonas-Niederung, also weitgehend im mittleren Amazonas-Becken. Der Niedrigwasser-

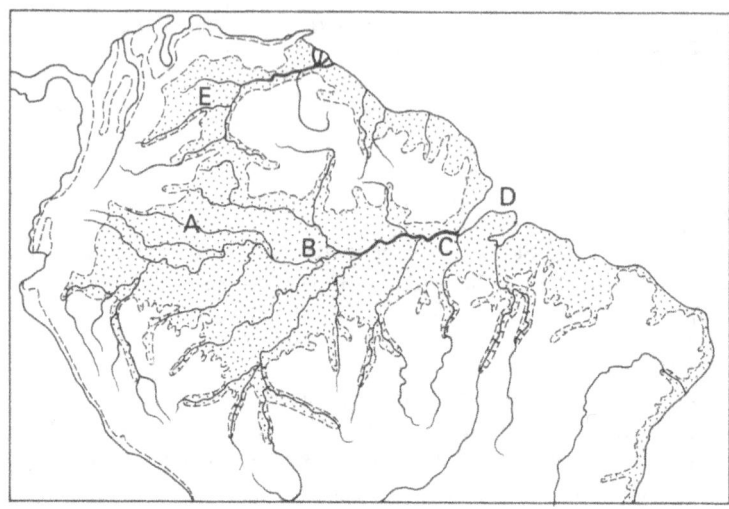

Abb. 42. Gliederung des Amazonas-Tieflandes, dargestellt an der 200-m-Höhenlinie. *A* Oberes Amazonas-Gebiet, *B* Mittleres Amazonas-Gebiet, *C* Unteres Amazonas-Gebiet, *D* Mündungsgebiet mit Ästuar und Deltakörper

pegel bei Manaus, rund 1200 km landeinwärts, hat eine Meereshöhe von nur 14 m NM!

Der Rio Marañon, der in den Rio Solimões übergehende Hauptfluß des Amazonas-Flußnetzes, tritt bei Pongo de Manseriche mit 180 m NM in die obere Amazonas-Niederung ein, der Rio Ucayali bei Pucallpa mit 170 m NM. Pucallpa ist der am weitesten westlich gelegene schiffbare Hafen des Amazonas-Flußsystems und ist in östlicher Richtung nur 150 km von den ersten Gebirgsketten der Anden entfernt. Diese obere Amazonas-Niederung zeichnet sich durch ein flachwelliges, seltener durch ein plateauartiges Relief aus, in das die Flüsse sehr breite Täler mit unterschiedlichen Terrassenbildungen entwickelt haben. Während der Hochwasserzeiten werden die Talungen oft weitflächig überflutet. Geotektonisch wird die obere Amazonas-Niederung noch von der nach Osten ausklingenden, jedoch noch heute anhaltenden Subandin-Faltung beherrscht; die erwähnten diapirischen Durchbrüche tertiärer (oligozäner) Salze sind auf dieses Gebiet beschränkt.

In der zentralen Amazonas-Niederung weitet sich das Überschwemmungstal auf fast 150 km Breite, teilweise mit seeartigen Ausweitungen. Für diese so amphibische Landschaft sind örtliche Bezeichnungen in Gebrauch, die in die Fachliteratur eingegangen sind. So bezeichnet man die oft monatelang unter Wasserbedeckung stehenden Überflutungsflächen als Várzea und den darauf stehenden Überflutungswald als Igapó. Das hochwasserfreie feste Land wird als Terra Firme bezeichnet (Ab'Saber 1967) (vgl. Kap. 5.1.2).

An den jahreszeitlichen Rhythmus der Überschwemmungen hat sich die Vegetation angepaßt; der Igapó ist dafür charakteristisch. Wenn diese periodischen Überflutungen sich jedoch verändern und, was in der letzten Zeit anscheinend häufiger zu beobachten ist, länger anhalten, so daß die Flächen nicht mehr trockenfallen, reagiert die betroffene Vegetation sehr empfindlich und stirbt ab (Abb. 37).

Diese Unregelmäßigkeiten im Wasserhaushalt der Überflutungsgebiete sind bisher nur registriert, jedoch noch nicht erforscht worden. Klimatische Schwankungen mit erhöhten Niederschlägen, die dann nicht mehr ausreichend abfließen, sind auszuschließen. Am ehesten könnten Veränderungen in den Gefälleverhältnissen dafür eine Erklärung liefern. Man müßte dann aber auch geotektonische Prozesse zur Deutung heranziehen, was die Annahme von tektonischen Aktivitäten im Bereich des absinkenden Amazonas-Grabens einschließt.

5.1 Terrassen und Flußbettformen

Von einem Amazonas-Flußsystem, das die heutige Form schon in geologischer Vergangenheit erkennen läßt, kann erst nach der Tertiärzeit, mit dem Einsetzen starker erosiver Kräfte im Pleistozän, gesprochen werden. Die globale Klimaentwicklung während der Glazialzeiten sowie die Einwirkungen auf die meteorologischen Prozesse durch das im Westen neu entstandene Hochgebirge der Anden-Cordilleren haben dem Drainagesystem des Amazonas seine heutigen Konturen gegeben. Noch im Pliozän stand im zentralen Niederungsgebiet des

Amazonas eine weitgehend geschlossene Seenlandschaft – der Belterra-See (Kap. 3.4). Erst nach der Anzapfung dieses Sees oder dieser Seen durch einen bei Obidos in rückschreitender Erosion ansetzenden Ur-Amazonas bildete sich das heutige Entwässerungsnetz in seinen Grundzügen aus.

Der überaus hohe Meeresspiegel am Ende der Tertiärzeit, zu vergleichen mit dem Calabrium des europäischen Mittelmeer-Gebietes, führte zum Absatz der Belterra-Tone, die im Küstenbereich in die Barreiras-Sande übergehen. In diese Niederungssedimente schnitt mit den zum Atlantik abfließenden Wässern der junge Amazonas-Strom ein; bei jeder Eiszeit in den Polarregionen, wenn der Meeresspiegel stark abgesenkt war, vertieften sich die Erosionsrinnen. Andererseits führten aber auch bei jedem Interglazial, wenn der Meeresspiegel wieder anstieg, ein erneuter Rückstau zu weitflächigen Aufschüttungen: zu Terrassenablagerungen. Fünf übereinanderliegende Terrassen lassen sich unterhalb des pliozänen Belterra-Planalto ausscheiden, und diese lassen sich gut mit den globalen Interglazialzeiten parallelisieren (Milliman et al. 1975).

Je jünger die Terrassen und Terrassenflächen sind, desto kleiner werden die Abstände zur nächstjüngeren. Der Abstand vom Belterra-Planalto zur nächstjüngeren Terrasse beträgt im zentralen Niederungsgebiet einige Zehnermeter, zwischen der jüngsten und dem heutigen Niedrigwasserniveau liegen nur einige Meter; die gleiche Beobachtung wird auch bei den Barreiras-Sanden gemacht.

Entsprechend der Erosionskraft der Drainage schneiden sich die Flüsse unterschiedlich tief in das Unterlager ein, werden dann aber in der anschließenden Aufstau-Phase teilweise wieder zusedimentiert. Bei Meerestiefstand, also während der Hochglazialzeiten, sind schmale, relativ tief eingeschnittene Täler entstanden, bei Meereshochstand, also während der Interglazialzeiten, fand oft keine Erosion mehr statt, im Gegenteil wurde durch den Rückstau die ankommende Sedimentfracht verteilt und aufgeschüttet. Breite Täler entstanden, die früheren Kerbtäler wurden gelegentlich wieder zusedimentiert (Abb. 43) (vgl. Irion 1976, S. 71). Vielleicht deuten die absterbenden Wälder infolge eines ständigen Hochwasserstandes auf einen beginnenden generellen Rückstau im zentralen Niederungsgebiet hin, wie es bei Meereshoch-

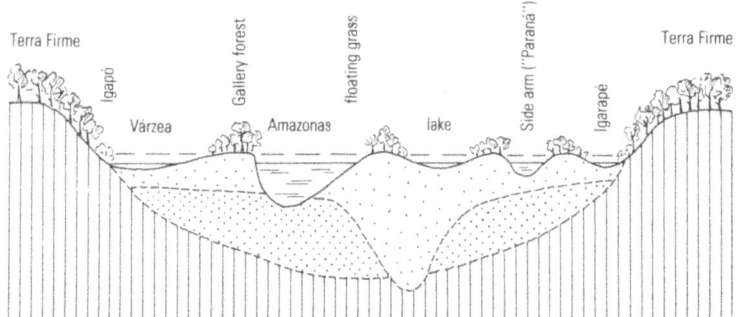

Abb. 43. Schematischer Schnitt durch das Flußtal des unteren Amazonas (überhöht)

stand, z. B. während der Interglazialzeiten oder während des Belterra-Pliozän, der Fall war. Auch der heutige Meereshochstand wird auf das holozäne Interglazial zurückgeführt.

Die heutigen Flußbettformen weisen trotz der sehr einheitlichen Gestaltung der Amazonas-Niederung sowie der einheitlichen Bedeckkung durch den tropischen Regenwald gewisse Unterschiede auf, die auf geologische Prozesse zurückzuführen sind.

Zwar besitzt das Amazonas-Gewässer mit durchschnittlich nur 0,03 m/km [Meßstrecke Iquitos (=106 m NM) bis zur Amazonas-Mündung bei Belém do Pará: ca. 3000 km] ein äußerst geringes Gefälle. Auch die Breite des Stromes wächst nur langsam von 1800 m bei Iquitos auf 5–10 km bei Manaus, wird dann bei Obidos noch einmal auf 1800 m eingeengt, um dann am Unterlauf wieder eine Breite von 20 km zu erreichen. An der Mündung – kaum meßbar – ist der Amazonas fast 250 km breit. Entsprechend gering ist auch die durchschnittliche Strömungsgeschwindigkeit von 0,7 m/s (bei Obidos, wegen der Verengung des Flußbettes, 1,7 m/s), doch bringt das Hochwasser (März bis April) sehr verzögerte Abflußraten und einen Wasserspiegelanstieg um 7 m (Abb. 44) zum Niedrigwasser im August bis Oktober. Diesen jahreszeitlichen Schwankungen hat sich die Vegetation zwar angepaßt, doch bleibt der Abfluß einmal aus, wie es seit

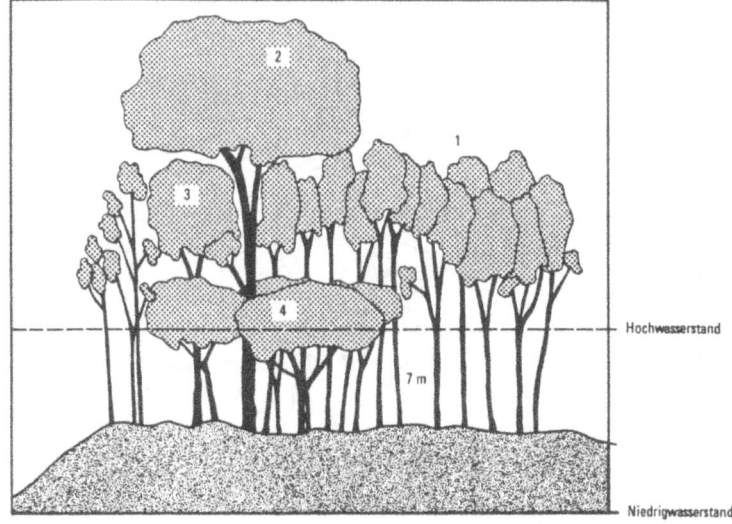

Abb. 44. Schematische Skizze des unteren Amazonas-Tales (nach: Sioli *1964:* Saint-Paul 1981) mit dem Überflutungswald (Igapó) bei Manaus. *1 Eugenia inundata* DC., *2 Campsiandra laurifolia* BENTH., *3 Symmeria panniculata* BENTH., *4 Coccoloba* sp. Das Hochufer der Terra Firme besteht vorwiegend aus tertiärzeitlichen Sedimenten (z. B. Manaus-Schichten, vgl. Abb. 36)

einiger Zeit zu beobachten ist, und die Wälder fallen nicht mehr trocken, dann sterben die Bäume ab (Abb. 37).

Die Strecken mit Wasserfällen und Stromschnellen der ober- wie auch unterhalb der eben geschilderten Flußbettformen sind so auffällig und außerhalb der normalen Entwicklung in einem Niederungsgebiet, daß sie eine besondere Beachtung verdienen. Auf die Wasserfallstrecke des Rio Madeira zwischen Guajará-mirim (oberhalb) und Pôrto Velho (unterhalb) wurde schon mehrfach verwiesen (Kap. 3.2; Abb. 31 bis 34 und Tabelle 2), sie ist als morphologisches Element bei der Beschreibung der Flußbettformen zu berücksichtigen. Die Abb. 45 zeigt schematisch den Rio Madeira von Pôrto Velho ab bis zu seiner Einmündung in den Rio Negro – nach der Verbindung mit dem Rio Solimões. Abschnitt a der Abb. 45 zeigt den Wasserfall von

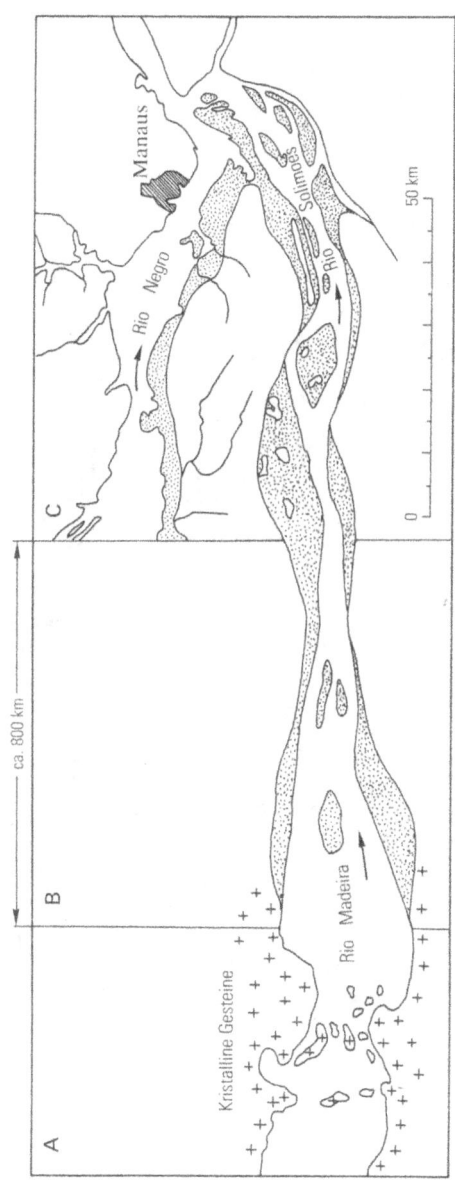

Abb. 45. Schematische Skizze eines Flußregims im Amazonas-Tiefland, z. B. des Rio Madeira. *A* Oberlauf: Wasserfall (z. B. des Teotônio oberhalb von Pôrto Velho), *B* Mittellauf: geringes Gefälle mit oft starker Mäandrierung, *C* Unterlauf: Niedrigwasser und Várzea-Gebiete nach Eintritt in das tektonische Senkungsgebiet des Amazonas-Grabens

Abb. 46. Verlandendes Altwasser (›Paraná‹) mit Várzea-Seen. Nordufer des unteren Rio Solimões bei Manaus (fotografiert Sioli)

Teotônio oberhalb von Pôrto Velho (vgl. auch Abb. 32) nach einer Aufnahme durch Fonseca (1880) (vgl. auch Ferreira 1959, S. 48). Der Abschnitt c stellt die Einmündung des Rio Negro in den Rio Solimões unterhalb von Manaus (vgl. Sioli 1983, S. 38) dar. Die Ursache für dieses, durch ein breites Flußbett ausgezeichnete, von Várzea-Flächen, Altwässern (Abb. 46) und einem Überflutungswald gekennzeichnete Niederungsgebiet liegt in der dem tektonischen Amazonas-Graben (Abb. 18) innewohnenden Senkungstendenz, die anscheinend noch nicht abgeklungen ist. Diese Tendenz ist wohl auch verantwortlich für das zögerliche Abfließen der jahreszeitlichen Hochwässer und damit auch für das Absterben weiterer Überflutungswaldareale (Abb. 44). Der sehr schematische Abschnitt b verbindet über eine Distanz von mehr als 800 km beide Flußbettformen. In diesem Abschnitt ist ein starkes, in der Abb. 45 nicht dargestelltes Mäandrieren der ruhig fließenden Ströme und Flüsse zu verzeichnen.

5.1.1 Die älteren Terrassen

Die Terrassen des Amazonas-Flußnetzes nach ihren mineralogischen sowie sedimentologischen Eigenschaften gegeneinander abzugrenzen, ist äußerst schwierig und kann derzeit wegen Fehldeutungen nicht durchgeführt werden. Hilfreich für eine Terrassenchronologie sind eigentlich nur ihre Höhenlagen zueinander, doch ist das dann problematisch, wenn spätere Kräfte diese erosiv überprägt haben. Die Schwierigkeiten sind eben bedingt durch die große lithologische Ähnlichkeit aller Terrassenablagerungen untereinander. Die Tone der pliozänen Belterra-Formation und die klastischen Anteile aus den andinen wie auch den Einzugsgebieten des kristallinen Basement stimmen in ihrer Zusammensetzung und mineralogischen Charakteristik weitgehend überein (Irion 1976, 1982). Immer wieder wurden sie in den geologischen Zeiten von der Erosion aufgenommen und in gefällearmen Zeiten wieder abgelagert, also ständig umgelagert, ausgelesen und erneut wieder sedimentiert. Der Ausleseprozeß geht einher mit einer hydro- und geochemischen Ausschwemmung der gering noch vorhandenen Mineralstoffe, so daß es zu einer extremen Verarmung der Böden kommt (Irion 1978). Die Terrassenablagerungen des Amazonas-Flußsystemes sind gekennzeichnet durch verarmte Bleicherden, denen man daher die Bezeichnung Tropen-Podsole gegeben hat (Kap. 5.2.2).

Als älteste Terrasse des Amazonas-Flußsystems gilt die bei ca. 180 m NM liegende Verebnungsfläche, die in die pliozäne Belterra-Fläche eingeschnitten ist. Sie wird dem Meereshochstand des europäischen Sicilium zugeordnet.

Die nächstjüngere, darunter ausgebildete Terrassenfläche liegt bei ca. 60 m NM, sie kann bis auf 30 m NM sinken und ist anscheinend als Terrassengruppe ausgebildet. Sie wird mit den jungpleistozänen Meereshochständen des Milaz/Tyrrhen gleichgesetzt. Das Monastir ist dann mit 15 m NM anzusetzen (Irion 1976). Diese jüngste Terrassenausbildung hat nun im Amazonas-Tiefland eine beträchtliche Ausdehnung erreicht. Die dazugehörigen Mäanderstreifen des Monastir zeigen ein kuppiges Relief, das 10–20 m über dem heutigen Flußwasserspiegel liegt. Als ehemaliges pleistozänes Überschwemmungsgebiet enthalten die dort entwickelten Böden einen relativ hohen – im Vergleich zu den anderen Böden – organischen Gehalt, sind auch entsprechend fruchtbarer und werden für die Siedlungsplanung bevorzugt. Diese Böden stehen in ihrer Zusammensetzung zwischen den stark ausgelaugten Böden auf den pliozänen Belterra-Tonen, den stark verwitterten miozänen Ablagerungen der Terra Firme (Ablagerungen der Pebas-, Alter do Chão- und Manaus-Schichten) (Abb. 36) und den weniger stark verwitterten, jungen Schwemmlandabsätzen der Überflutungszonen, den Várzea-Flächen.

Nach dem Monastir folgte eine erneute Erosionsphase. Diese entspricht der jüngsten Vereisungsperiode, dem Wisconsin- oder dem Würm- (Weichsel-) Glazial. Die damalige stärkere Erosion ist in ihren Zeugnissen noch gut zu erkennen. Damals war nämlich an der Amazonas-Mündung ein großes Delta noch aktiv, und in ihm wurden enorme Sedimentmassen abgesetzt (vgl. Tabelle 4). Erst im Holozän mit dem Anstieg des globalen Meeresspiegels wurde der Deltakörper überflutet und die mitgebrachten Sedimente nicht mehr in ihm aufgenommen (Kap. 5.1.4).

Tabelle 4. Die Glomar Challenger-Bohrung Nr. 354 ›Ceara Rise‹ (nach Angaben von Supco u. Perch-Nielsen et al. (1977))

Koordinaten: 05°53,95'N 44°11,78'W
Wassertiefe: 4052 m
Bohrtiefe: 892,2 m

Schichten:
bis 1,2 m *Spät-Pleistozän*
Tonschlamm, wenig verfestigt, gelbbraun; Nannofossilien
bis 48 m *Pleistozän*
Tonschlamm, wenig verfestigt, olivgrau; Nannofossilien
bis 240 m *Spät-Pliozän bis Mittel-Miozän*
Ton, schwach kalkhaltig, gelbbraun; Nannofossilien. Mit Einschaltungen von Foraminiferen-Schlick. Im unteren Teil mit verschieden gefärbtem Kalkschlamm
bis 550 m *Früh-Miozän bis Mittel-Oligozän*
Kalkhaltiger Ton, hellblaugrün; oben mit Einschaltungen aus Foraminiferen-Mergel, unruhige Schichtung; unten mit Tongeröllagen (Aufbereitungshorizonte)
bis 615 m *Früh-Oligozän*
Diatomeen-Kreidekalk, graugrün; mit Pyrit
bis 805 m *Spät- bis Mittel-Eozän*
Kreidemergel, blaugrün, homogen. Häufig sind schwebend gebildete Kalzite
bis 850 m *Spät- bis Früh-Paläozän*
Mergeliger Kreidekalk, hellgrau; Nannofossilien. Häufig sind Dolomit-Rhomboeder
bis 886 m *Maastricht*
Mergeliger Kreidekalk, gut verfestigt, hellrot. Bruchstücke von Karbonaten, Eisen- und Manganoxiden sind häufig
bis 892,2 m *Basalt*
grobkörnig, mit vielen Kalzitadern
(Vulkanisches Material aus der Frühphase der Mittelatlantischen Spaltenbildung).

Die Tieferlegung der maritimen Erosionsbasis in der letzten, der Wisconsin-Eiszeit hatte natürlich auch eine Vertiefung der Flußtäler zur Folge. Echolotsondierungen im Rio Negro bei Manaus haben Tiefen von über 100 m unter dem heutigen Flußwasserspiegel ergeben (Sioli 1983), was rund 80 m unter dem heutigen Meeresspiegel entspricht (die Niedrigwasserlinie liegt bei Manaus bei 14 m NM). Damals wurde der Deltakörper durch ›Kanäle‹ zerschnitten, die heute nicht mehr benutzt werden (Abb. 47). Die in den Amazonas-Flüssen (z. B. im Rio Negro) festgestellten Tiefen sprechen dafür, daß der Zeitraum des Meeres-Tiefstandes während des Wisconsin-Glazials für die Ausbildung eines ausgeglichenen Tales im Amazonas-Hauptstrom lang genug war.

Die nachfolgende postglaziale, also holozäne Entwicklung des Amazonas-Netzes ist durch einen raschen, zuerst sogar verstärkten Meeresspiegelanstieg gekennzeichnet (Fairbridge 1961), so daß dieser schneller als die Sedimentationsrate ablief (Irion 1978). In den ersten 10 000 Jahren soll der Anstieg rund 10 mm/Jahr betragen haben. Das führte vorübergehend zur Ausbildung eines ausgedehnten Flußsees, der sich wohl bis zum Andenfuß ausgebreitet haben wird (Colinvaux et al. 1985). Da dort aber der Amazonas-Strom kaum mehr als 100 m über dem Meeresspiegel lag, kann angenommen werden, daß sich dieser postglaziale See bis nach Iquitos hin erstreckt hat. Seine Ausdehnung wird wahrscheinlich dem heutigen Überflutungsgebiet der Várzea-Flächen entsprochen haben. Damit dürfte dieser Flußsee eine Länge von 2500 km bei einer maximalen Breite von 100 km erreicht haben. Eine Fläche von 80 000 km^2 dürfte damals überflutet gewesen sein, was auch ungefähr den heutigen Várzea-Flächen von 64 000 km^2 entspricht (Camargo 1954).

Zur gleichen Zeit dürften auch im Niederungsgebiet des Rio Negro ähnliche Verhältnisse geherrscht haben, so daß sich dort ebenfalls ein Flußsee, diesmal aber aus Schwarzwasser, entwickelt hat. Es wird jedoch angenommen, daß dieser Flußsee mehr zum Rio Orinoco hin orientiert gewesen ist, so daß dieser See über den Casiquiare zum Rio Orinoco hin entwässerte. Erst mit dem verzögerten Meeresspiegelanstieg im Spät-Holozän konnte das Einzugsgebiet des oberen Orinoco

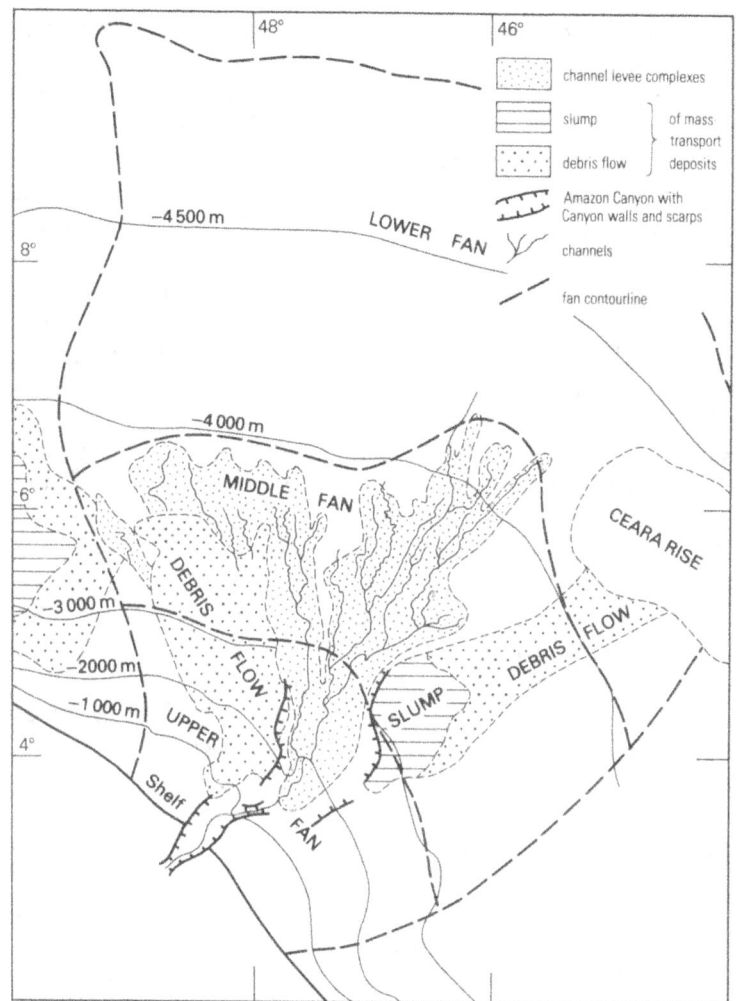

Abb. 47. Der Amazonas-Deltakörper (nach: Flood u. Damuth 1987)

zum Amazonas hin ausgerichtet werden und wird noch heute weiterhin angezapft.

Schließlich ist dieser Flußsee aus Schwarzwasser des Rio Negro mit der Grund für die Unterartenbildung des Flußdelphins *Inia geoffrensis*. Im Weißwasser des eigentlichen Rio Orinoco hat sich heute eine Population aus *Inia geoffrensis humboldtiana* stabilisiert, während die im Weißwasser des Amazonas (Rio Madeira und Rio Solimões) lebende Unterart *Inia geoffrensis geoffrensis* sich eigenständig entwickelt hat. Ursprünglich bildete sie einmal in einem zusammenhängenden Weißwasserflußsystem eine gemeinsame Population (als *Inia geoffrensis*) und hat sich nach Verlust der Verbindungen in die Unterarten aufgespaltet. Das Schwarzwasser des Rio Negro wird von den Flußdelphinen gemieden, wenn auch einzelne Tiere in den Grenzregionen beobachtet worden sind (Pilleri u. Pilleri 1982). Ob das geringe Angebot an Futterfischen oder der relativ hohe Säuregrad des Schwarzwassers (Tabelle 5) für die geringe Neigung der Flußdelphine, diesen Biotop zu besiedeln, ausschlaggebend ist, ist nicht näher bekannt (vgl. hierzu Grabert 1984).

Mit dem verzögerten Anstieg des Meeresspiegels vor vielleicht 8000 Jahren (Flandrische Transgression in Nordeuropa) wurde der pleistozäne Flußsee endgültig trockengelegt und in eine temporär überflutete Várzea-Landschaft umgewandelt. In den ehemaligen Boden des Flußsees schneidet sich das heutige Flußbett des Amazonas-Netzes ein.

5.1.2 Hochufer und Terra Firme

Das hochwasserfreie Gebiet im Bereich der jungen Talbildungen ist das feste Land, die Terra Firme. Auf diesem Festland hat sich der tropische Regenwald, die Hyläa A. v. Humboldts, angesiedelt. In diesen Regenwaldarealen sind mehr als bisher angenommen lichte Wälder und baumarme Savannen eingesprengt, die an den Campo Cerrado des südlich anschließenden Brasilianischen Hochlandes erinnern, und die in die Trockensteppe, in den Sertão Nordost-Brasiliens, übergehen. Es hat sich für diesen Landschaftstyp die Bezeichnung Caatinga eingebürgert.

Tabelle 5. Die physikalischen, chemischen, geologischen und geomorphologischen Kenndaten der Flußwassertypen des Amazonas-Stromsystems (nach: Sioli 1965)

Eigenschaften	Weißwasser Agua Branca	Klarwasser Agua Clara	Schwarzwasser Agua Prêta
Farbe	Lehmgelb	Gelb- bis olivgrün	Oliv- bis kaffebraun
Sichttiefe	0,1–0,5 m trüb	1,1–4,3 m transparent	1,3–2,3 m transparent
pH-Wert	6,2–7,2	4,5–7,8	3,8–4,9
Böden	Braunlehme, Laterite	Saure Braunlehme	Podsole
Quellgebiet	Anden-Vorland	Kristallin	Tiefland mit Bleicherden
Berghänge und Lockersediment als Schwebstofflieferant	+	–	–
Ruhiges Relief	–	+	+
Podsole als Lieferant färbender Humusstoffe	–	–	+
Andere Böden (Braunlehme, Latosole)	+	+	–

Während in der Savanne der wechselfeuchten Tropen, im Awi-Klima nach Köppen (Abb. 48), schwarze und tonhaltige Böden vorherrschen, finden sich in den Caatinga-Arealen Amazoniens fast immer stark sandige Braunlehme, die häufig noch podsoliert, also ausgeschlämmt sind; diese gehen dann häufig in die noch stärker ausgewaschenen Podsol-Böden über. Das Grundwasser kann bei diesen Bodentypen unterschiedlich hoch stehen.

In Flußnähe werden die trockeneren Standorte als Hochufer bezeichnet (vgl. auch Abb. 36). Sie begrenzen die durch temporäre Überflutungen gekennzeichneten Várzea-Flächen (hierzu auch Camargo 1954; Klinge 1973a, b; Fittkau u. Klinge 1973). Das rezente

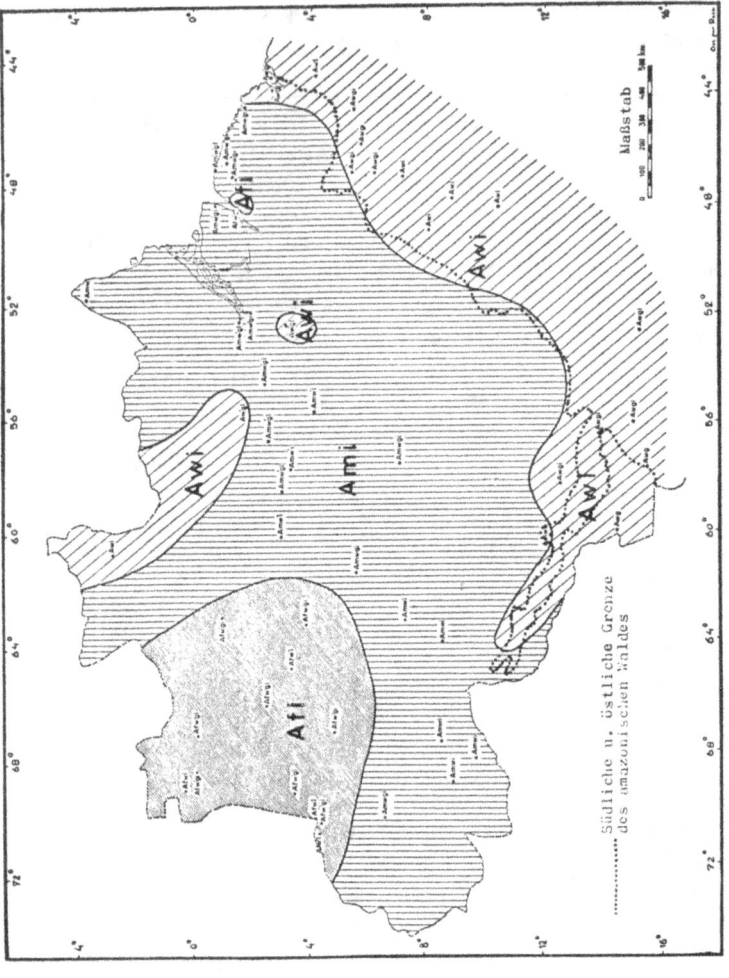

Abb. 48. Die Klimatypen im tropischen Südamerika (nach: Köppen, aus: Sioli 1968a)

Entwässerungsnetz des Amazonas hat sich in die tertiärzeitlichen Sedimente eingeschnitten, so daß Terra Firme und Hochufer im Untergrund oft tertiärzeitliche Sedimente aufweisen; an den gelegentlich auftretenden, erosiv angelegten Steilufern werden dann solche Schichten sichtbar (Abb. 36, 43).

5.1.3 Das Überschwemmungsland

Das rezente Flußgeschehen spielt sich in der bis 10 km breiten Talung des Amazonas mit seinen nächsten Nebenflüssen ab. Im jahreszeitlichen Rhythmus wechseln Überflutungen mit Trockenfall ab, und der Überflutungswald, der Igapó, hat sich diesen extremen Bedingungen angepaßt (Irmler 1975; Erwin u. Adis 1981; Furch 1984). Nur die Baumkronen ragen bei Hochwasser noch vollständig aus dem Wasser, während die unteren Bereiche untergetaucht, also ständig durchfeuchtet sind. Teilweise behalten Jungwuchs und Sträucher noch ihre Blätter während der Überschwemmungsphase und sind zur normalen Photosynthese während der nachfolgenden Trockenzeit befähigt.

Normalerweise erreicht die Amazonas-Talung mit dem temporären Überflutungsland eine Breite von 2,8 km bei Niedrigwasser, bis zu 6 km bei Hochwasser; selten wird eine Breite von 10 km erreicht. Das Überschwemmungsland wird nicht nur vom wasserbringenden Hauptfluß durchzogen, sondern auch von begleitenden, parallelen Nebenarmen, die man Paraná nennt. Diese Seitenarme entstehen durch das starke Mäandrieren des Hauptflusses, die dann bei Verlagerung abgeschnitten werden. Sie stellen also aufgegebene Flußschlingen dar, die jedoch zum Hauptfluß eine oft trockenfallende Verbindung aufweisen. Bei Hochwasser weiten sich diese Altwasserschlingen zu riesigen Flußseen aus und täuschen dann ein wesentlich breiteres Flußbett vor. In der Trockenzeit hingegen sind diese Flächen hochwasserfrei; man nennt sie die Várzea-Flächen (Abb. 46).

Das Überschwemmungsgebiet des Amazonas, die Várzea-Flächen mit dem Igapó, sind die einzigen fruchtbaren Areale im sonst so nährstoffarmen zentralen Amazonien. Sie sind nicht nur fruchtbar durch die bei jedem Hochwasser aufgebrachten Sinkstoffe, welche die

Weißwasserflüsse aus dem mineralstoffreichen Subandin herangeführt haben, sondern auch reich an Fischen und den davon lebenden Tieren. Aus diesem Grunde können nur hier die Indianer ausreichende Lebensmittel gewinnen, darum leben sie an den Ufern dieser Flüsse, auch wenn sie durch die jahreszeitlichen Überflutungen ihre Siedlungen verlegen müssen und so zu Nomaden werden.

Durch Stagnation des Wassers sinken die Schwebstoffe ab, und das Wasser wird durchsichtig. Damit kann das Sonnenlicht auch tiefer in das Wasser eindringen und dort die Photosynthese grüner Pflanzen, insbesondere von planktonischen Algen, ermöglichen. Durch die Wärme wird dieser Prozeß noch optimiert, so daß es zu einer fast explosionsartigen Entwicklung der aquatischen Flora kommt. Diese steht am Anfang einer reichhaltigen Nahrungskette, an deren Ende der Waldindianer steht. Ein weiteres Anfangsglied einer Nahrungskette stellen die „schwimmenden Wiesen" dar. Es handelt sich dabei um ausgedehnte Zusammenballungen schwimmender Wasserpflanzen, v. a. aus Gräsern, die mit ihren Wurzeln die im Wasser gelösten Nährstoffe nutzen. Sie haben sich, im Gegensatz zum Phytoplankton, durch ihre über dem Wasserspiegel befindlichen grünen Pflanzenteile von der Lichtdurchlässigkeit des Wassers für ihre Photosynthese freigemacht. In diesen schwimmenden Wiesen findet eine gewaltige Produktion organischer Substanz statt. Zwischen ihren Schwimmwurzeln entwickelt sich dann eine arten- und individuenreiche aquatische Fauna, die zu den vielfältigsten des Amazonas-Ökosystems zählt (Abb. 49).

5.1.4 Amazonas-Mündung und Amazonas-Deltakörper

An seiner Mündung ist der Amazonas mehr als 250 km breit und drängt mit seiner Süßwassermasse (maximal 310 m³/s, minimal 100 m³/s) das ozeanische Wasser des Atlantik zurück. Im Jahre 1499 stellte der spanische Kapitän Vicente Yanez Pinzon erstaunt fest, daß er 200 km vor der Küste im offenen Ozean von Süßwasser umgeben war, in dem sogar Süßwasserfische lebten. Neugierig nahm er Kurs auf das Land und fuhr in die riesige Trichtermündung ein, die er in

Abb. 49. ›Schwimmende Wiesen‹ am unteren Rio Solimões bei Manaus (fotografiert Sioli)

dieser Größe nur als ›Mar Dulce‹, als ›Süßes Meer‹, bezeichnen konnte.

Fast eine halbe Tonne an Sinkstoffen, vorwiegend als feine Trübe und kaum als gröberes Material, transportiert der Amazonas-Strom in der gleichen Zeit von einer Sekunde (= ca. 10,5 Mio. t pro Jahr) und färbt das Meereswasser braungelb. Dieses wird dann von den Meeresströmungen küstenparallel nach Norden transportiert, so daß sich die Strände der Guayana-Staaten lehmbraun verfärbt haben (Damuth u. Embley 1981).

Solche Schwebstoffmengen führten in anderen, vergleichbaren Stromsystemen zur Ausbildung eines entsprechend großen Deltakörpers, nur der Amazonas besitzt – derzeit – kein solches (Sioli 1966a). Da es nicht an entsprechender Zufuhr von Sedimentmaterial mangelt, muß das heutige Fehlen in einer besonderen Situation des Amazonas-Systems und des atlantischen Ozeans begründet sein (Damuth u. Kumar 1975a; Flood u. Damuth 1987; Moore et al. 1970; Nittrouer et al. 1986).

Das Amazonas-Niederungsgebiet, insbesondere sein zentraler Teil, ist außerordentlich gefällearm (Kap. 5.1). Die Fließgewässer laufen oft nur sehr zögernd ab und verlieren dabei einen großen Teil der Schwebfracht schon im Gewässernetz. Einige Nebenflüsse wie z. B. der Rio Negro sind Schwarzwasserflüsse sogar ohne nennenswerte Sinkstoffe. Dennoch besitzt der Amazonas einen Deltakörper, nur ist dieser eben heute nicht mehr aktiv bzw. wird nicht mehr weitergebaut, sondern ist vom Atlantik überflutet: der heutige Ozean ›transgrediert‹ über den (fossilen) Deltakörper. Die Überflutung resultiert aus dem letzten holozänen Meeresspiegelanstieg, der dem Abschmelzen der pleistozänen Eismassen zu verdanken ist (Kap. 4.5). In den davor liegenden pleistozänen Zeiten war der globale Meeresspiegel um mehr als hundert Meter abgesenkt. Damals erhielt der Amazonas-Deltakörper noch Sedimente, und so ist es auch zu erklären, daß die jüngsten Sedimente dieses Körpers ein jung-pleistozänes (Wisconsin-) Alter haben (Tabelle 4).

Bohrergebnisse, akustische Laufzeitaufzeichnungen, Kompressionsberechnungen an den erbohrten Sedimenten sowie Vergleiche regionaler und anderer Deltaschüttungen lassen vermuten, daß die primäre Mächtigkeit des Amazonas-Deltakörpers bis zu 9000 m beträgt. Daraus errechnet sich mit der auf Fossilien begründeten Altersgliederung eine Sedimentationsrate von 1 m in 1000 Jahren (= 90 – 100 cm/Jahr). Damit sind in den Deltaablagerungen des Amazonas 7,8 – 12,2 Mio. Jahre dokumentiert, was auf ein Alter vom oberen Miozän schließen läßt (Damuth u. Kumar 1975a, S. 874). Das bedeutet wiederum, daß die Deltabildung im Vergleich zur eigentlichen Küstenentstehung des infolge des Gondwana-Zerfalls neu gebildeten Atlantik vor ca. 110 – 130 Mio. Jahren, also an der Wende Jura/Kreide (s. auch Abb. 26), relativ jung ist.

Nun kann mit Sicherheit angenommen werden, daß im Bereich der heutigen Amazonas-Mündung auch schon vor der Miozänzeit seit dem Vorhandensein einer Atlantikküste ein Fluß hier mündete, zumal der Amazonas-Graben sich hierfür anbot. Da aber alttertiäre Ablagerungen im Deltakörper fehlen, muß ein besonderer geologischer Vorgang zur Aufschüttung dieses Deltakörpers geführt haben, ihm also die beträchtlichen Sedimentmassen angeboten haben.

Es fällt auf, daß der untere Teil der erbohrten Schichtfolge vorwiegend aus kalkigen Ablagerungen besteht (550–886 m), daß aber darauf eine Abfolge unruhig sedimentierter Tone (›contorted layers‹) mit Aufbereitungslagen (›clay-pebble brecciation‹) liegt (Supco u. Perch-Nielsen 1977); diese werden in das höhere Miozän gestellt.

Dieser Umschlag in der Sedimentation dokumentiert die kräftige Erweiterung des Amazonas-Einzugsgebietes bis zum Anden-Fuß. Damals verloren die bisher noch zum Pazifik ausgerichtet gewesenen oligozänen Ablagerungsräume (Meeresmolasse) durch die fortschreitende Anden-Orogenese ihre Verbindung zum Pazifik und entwickelten sich zu den miozänen Molassebecken (Süßwassermolasse). Die bis dahin vorwiegend aus kalkigen Küstenabsätzen litoraler Herkunft bestehenden Sedimente wurden abgelöst oder vermischten sich mit den Tonen und Silten terrestrischer Herkunft, die letztendlich aus dem größer gewordenen Amazonas-Einzugsgebiet, aus den neu gewonnenen andinen Gebieten herangeführt worden sind. Mit diesem Material hat der Amazonas-Strom seinen Deltakörper aufgebaut.

Im Pleistozän, bei Meeresspiegeltiefstand um mehr als 100 m, wurden vom Amazonas tiefe Rinnen in den Deltakörper eingeschnitten (Abb. 47), ein Vorgang, der sich noch weit in das Niederungsgebiet des zentralen Amazonien abspielte. Dort, z. B. bei Manaus, sind durch Echolotungen tiefe, bis in die tertiärzeitlichen Ablagerungen (Alter do Chão-, Manaus-Schichten) hinabreichende Rinnen entstanden, die heute teilweise wieder zusedimentiert, aber oft noch offen sind (Abb. 43).

Im Holozän stieg dann der Meeresspiegel um die abgesenkten mehr als 100 m wieder an und überflutete den Deltakörper. Dieser Körper liegt vor der Mündung seitlich nach Norden versetzt (Abb. 17). Er zeigt die gleiche Ablenkung, die den küstenparallelen, aus dem Osten auf die breite Küste auftreffenden Südäquatorialstrom zwingt, nach Norden auszuweichen. Er beschert den drei Guayana-Staaten die lehmbraunen Strände, und die im Wasserbau so kundigen Niederländer haben es verstanden, in ihrer ehemaligen Kolonie Surinam die nährstoffreichen Sinkstoffe in Deichsystemen aufzufangen, sie durch die reichlichen Niederschläge auszusüßen und sie landwirtschaftlich zu nutzen.

Tabelle 6. Die Entwicklung des Amazonas-Entwässerungssystems

Formation	Pazifik und Subandin	Zentrales Amazonien	Amazonas-Mündungsgebiet
Holozän	Erosion durch Anschluß an das Amazonas-System. Subandine Faltung mit Diapirie tertiärzeitlicher Salinare	Meeresspiegelanstieg infolge des Abschmelzens pleistozäner Inlandeises. Überstaute Flußtäler mit Tiefen bis unter 100 m unterhalb des Niedrigwassers	Keine Sedimentation auf dem Deltakörper, Ästuar-Bildung. Überwältigung des Amazonas-Deltas infolge postglazialen Meeresspiegelstiegs (rezent um 0,3 mm/Jahr)
Pleistozän	Die letzten Restseen (Iquitos-See) werden angezapft und laufen leer. Starke Anden-Hebung und Entstehung der Hochgebirgs-Cordilleren. Vulkanismus.	Stärkeres Gefälle des Flusses bei gleicher Streckenlänge von den Anden bis zur Mündung. Tiefenerosion. Die kontinentale Wasserscheide wird auf den Andenkamm verlegt.	Infolge der Festlegung von Niederschlägen als Eis in den Polargebieten wird der Meeresspiegel weltweit um mehr als 120 m gesenkt. Erosion im Deltakörper: ›channels‹.
Pliozän	Bildung subandiner Binnenseen (Beni- und Iquitos-See) mit limnisch-fluviatiler Ablagerung. Anpassen der ehemals marinen Pazifik-Fauna an die neuen Süßwasser-Verhältnisse.	Überwindung der prä-andinen Wasserscheide, Anzapfen der subandinen Binnenseen, Entstehung des modernen Amazonas-Flußsystems. Aufstau des Belterra-Binnensees.	Entstehung des Amazonas-Deltas durch verstärkte Sedimentation infolge des relativ hohen hydraulischen Potentials im modernen Amazonas-Flußsystem. Barreiras-Sande im Küstengebiet.
Miozän	Langsame Hebung mit Vulkanismus infolge subandiner Faltung, Aussüßen und Vermoorung der Molasse-Seen (Braunkohle). Pebas- und Iquitos-Schichten.	Stärkeres Gefälle von den entstehenden Anden-Cordilleren zur atlantischen Erosionsbasis. Beginn der rückschreitenden Erosion des Ur-Amazonas. Limnisch-fluviatile Ablagerun-	Durch fortschreitende Vergrößerung des Einzugsgebietes und durch stärkeres Gefälle wird gröberes Material angeliefert und im Delta abgesetzt.

Oligozän	Auflösung des pazifischen Ablagerungsraumes durch die verstärkte Anden-Faltung. Entstehung isolierter Restseen mit gelegentlichen marinen Ingressionen: Meeres-Molasse.	Ausbildung einer zum Atlantik hin orientierten Entwässerung (=Ur-Amazonas). Die kontinentale, prä-andine Wasserscheide liegt noch auf der Iquitos-Purús-Schwelle; dort Abtragung.	Auf dem atlantischen Schelf wird vor der Amazonas-Mündung ein Delta-Körper (Amazon cone) aufgesetzt.
Eozän (Paläozän)	Marine Ablagerungen an der Pazifik-Küste (mit Contamana-Schichten (mit Rot-Sedimenten) am Ucayali.	Stabile Wasserscheide zwischen Pazifik und Atlantik auf den tektonisch gehobenen Oberkreide-Sandsteinen der Iquitos-Purús-Schwelle.	Pelagische Ablagerungen mit gradierten und gut sortierten Laminiten aus Kalkschlamm. Vulkanismus und ›transcurrent faults‹ in den ›fracture zones‹.
Oberkreide	Marine Ablagerungen an der Pazifik-Küste (Guayaquil-Schichten), die landeinwärts in fluviatil-limnische Sedimente übergehen (Divisor- und Azúcar-Sandstein im Acre-Gebiet).	Fluviatile Sandsteine im Gebiet des Amazonas-Graben (Parecís, Roraima). Schichtlücke.	Senon und Turon an der Küste bei Belém do Pará mit marinen Mergelkalken; fossilreich. Transgression
Unterkreide	Litorale bis fluviatile Sandsteine im Guayaquil-Ästuar z. B. Môa-Schichten im Acre	Im Maranhão-Gebiet herrscht Konkordanz zwischen den Oberkreide-Ablagerungen und den unterlagernden Cordaund Codó-Schichten (Unterkreide)	Lokale Korallenkalke (=Riachuelo-Schichten im Alb von Sergipe); Cabo-Vulkanismus. Basale Konglomerate. ›Wealden‹-Ablagerungen‹ bei Camamú und im Recôncavo
Jura	Meridionales Aufbrechen der Atlantischen Spalte sowie Ausbildung des Äquator-parallelen Amazonas-Bémoué-Levante-Grabens mit Basalt-Vulkanismus (basischer Störkörper im Amazonas-Graben bei Manaus), Plateau-Basalte in den Gondwana-Becken von Paraná und Maranhão. Blattverschiebungssystem Levante-Galapagos, mit starkem Vulkanismus		

Damit wird aber auch deutlich, daß seit Bestehen des Atlantiks, also seit der Oberkreidezeit, ein küstenparalleler Sedimenttransport vorhanden war (Kumar 1978).

In der Tabelle 6 ist die Geschichte des Amazonas-Stromes und seines Deltakörpers zusammengefaßt.

5.1.5 Steilküsten und Ästuare

Die Ostküste Brasiliens zeigt Erscheinungen einer jungen Hebungsküste, dennoch weisen die Messungen des Gezeitenwechsels eher auf ein Vorgreifen des Meeres (›Transgression‹) hin (Abb. 27). Andererseits besitzen große Flüsse Ästuare und tief in das Hinterland hineingreifende Buchten. Die Steilküsten sind zwar weitgehend auf isostatische, also tektonisch bedingte Hebungen des Brasilianischen Schildes infolge des Gondwana-Zerfalls zurückzuführen, doch diese Hebungen werden heute durch den holozänen Meeresspiegelanstieg überholt, so daß das Meer vorzugreifen scheint. An einigen Stellen der brasilianischen Küste muß davon ausgegangen werden, daß der atlantische Küstenbereich isostatisch stärker aufsteigt, da sonst die positiven Werte (Abb. 27) nicht zu erklären sind. Deutlich wird das durch die hochgehobenen Meeresterrassen, die herausgehobenen Strandkonglomerate (Abb. 28) und sonstige datierbare Ablagerungen. Zu den letzteren zählen die vorgeschichtlichen Muschelschalenanhäufungen, die als Sambaquí bezeichnet werden (Putzer 1957). Diese liegen weit außerhalb der heutigen Strandlinie, sind aber mit Sicherheit in Strandnähe entstanden.

Im Amazonas-Gebiet und besonders in seinem Mündungsbereich sind neben dem eustatischen Meeresspiegelanstieg noch zusätzliche negative Strandverschiebungen infolge einer noch immer anhaltenden Senkung des Amazonas-Grabens zu erwarten.

Die brasilianische Nordost-Küste von Maranhão bis Bahia sowie die anschließende Strecke bis nach Rio de Janeiro besteht weitgehend aus präkambrischem Kristallin, nur an einigen wenigen Gebieten – zwischen Alagôas und Sergipe – sowie bei Camamú im südlichen Bahia (vgl. Abb. 25) liegen dem kristallinen Basement jüngere, weitgehend kreidezeitliche Ablagerungen auf (Kap. 2.2). Diese jungen Sedimente brechen staffelförmig zum Atlantik ab, wo sie von jüngeren marinen, tertiärzeitlichen Schichten überlagert werden. Aus diesen Ablagerungen gewinnt Brasilien im Off-shore-Bereich einen Teil seines Erdöls.

Die Ursache der starken Hebung längs der Küste wird durch das Aufreißen der südatlantischen Spalte und damit durch den Zerfall des Gondwana-Kontinentes erklärt. Unterschiedliche Hebungsraten müssen angenommen werden, nur so ist das enge Beieinander von Flachküsten mit kristallinem Basement und Steilküsten mit gehobenen Terrassenresten zu erklären. Zusätzlich kommt wohl noch als Folge der starken Plattenkollision eine Hochwölbung mit einem aufbiegenden Rand an der alten Rißstelle hinzu.

Auch an den zum Atlantik direkt entwässernden Flüssen läßt sich ein hochgehobenes, junges Terrassensystem erkennen, und hier gelingt sogar eine Parallelisierung mit den Terrassenabfolgen des Amazonas-Systems. Ausgehend von dem Bezugsniveau der pliozänen Barreiras-Sande, die wiederum mit den Belterra-Tonen in Zentral-Amazonien zeitgleich sind, lassen sich drei jüngere Terrassengruppen ausscheiden. Die Barreiras-Basis liegt in Küstennähe heute bei 150–130 m NM und damit knapp 100 m (80–90 m) über dem heutigen Flußniedrigwasser. Folgende Terrassengruppen lassen sich feststellen:

40–60 m über dem Flußniedrigwasser (=75–90 m NM) die obere Terrasse,

20–30 m über dem Flußniedrigwasser (=35–50 m NM) die mittlere Terrasse,

8–15 m über dem Flußniedrigwasser (=5 m NM) die untere Terrasse.

Die unterste, also die jüngste Verebnungsfläche in Küstennähe ist eine Aufschüttungsebene, die durch den holozänen Meeresspiegelanstieg entstanden ist. Da sich die Flüsse in diese Ebene mit 4–5 m wieder eingeschnitten haben, muß die Küstenhebung stärker als der Meeresspiegelanstieg sein (Kegel 1957; Grabert 1968).

Ein deutlicher Hinweis für eine solche Küstenhebung ist das Sandriff längs der brasilianischen Küste. Es ist unterschiedlich breit und von

Staffelbrüchen durchzogen. Es besteht aus meist recht harten, schwach meerwärts geneigten Kalksandsteinbänken. An Versteinerungen führt es Formen, die sich von den rezenten des heutigen Küstenbereiches nicht unterscheiden. Daraus ist auf ein sehr junges Alter dieses subfossilen Riffes zu schließen (Branner 1904). Eingeschaltete Konglomeratlagen sind alte Brandungssedimente. Sandriff und Konglomerate liegen heute rund 2 m oberhalb der Flutlinie, weisen Brandungskehlen auf und sind sogar vereinzelt schräg gestellt und fallen landeinwärts, statt zum Meer hin ein; Abb. 28 zeigt ein solches Konglomerat.

Die unterschiedlichen Hebungsbeträge lassen sich auch an den schon erwähnten Sambaquí-Muschelhaufen ablesen. Diese anthropogenen Ablagerungen sind die einst küstennah abgelagerten Abfallhaufen muschelverzehrender Fischer der brasilianischen Vorzeit und liegen heute oft mehrere Zehnermeter hochwasserfrei und landeinwärts.

5.2 Klima und Böden seit der Tertiärzeit

Über das Klima des Mesozoikums sind nur noch indirekte Zeugen vorhanden. Viele jüngere Ablagerungen, welche die erodierten Verwitterungsböden des Mesozoikums aufnahmen, enthalten rotgefärbte Sedimente: diese weisen auf eine hämatitreiche, tropisch bis subtropische Verwitterung festländischer Gesteine hin. So beginnen die Unterkreide-Ablagerungen in den Wealden-Becken an der Bahia-Küste (Camamú, Recôncavo, Sergipe) mit Rot-Sedimenten.

In der älteren Tertiärzeit hielt sich das Klima des Mesozoikums (Frakes u. Kemp 1972). Erst mit dem oberen Miozän geriet die Antarktis, wo jetzt die ersten Glazialablagerungen zum Absatz kamen, unter Polareinfluß und damit veränderte sich das globale Klima – es wurde ›schlechter‹, kühler. Gewisse Auswirkungen auf das Klima Amazoniens mögen danach eingetreten sein, doch dürften diese nicht allzu gravierend gewesen sein, da sich Amazonien eigentlich schon immer, spätestens seit dem Mesozoikum, in Äquatornähe befindet.

Nur eine signifikante Zu- oder Abnahme der Niederschläge und/oder auch deren Verteilung kann zu einer spürbaren Änderung des Klimas führen. So läßt sich nachweisen, daß Amazonien in trockeneren Klimaperioden weitgehend mit einer Steppenvegetation bedeckt war, die an den Campo Cerrado Brasiliens oder die Gran Sabana Venezuelas erinnert. In niederschlagsreicheren Perioden hingegen wachsen diese Areale mit der Hyläa zu, bis eine zusammenhängende Regenwaldbedeckung entsteht. Das ist heute der Fall. Damit ist zwar ein Schrumpfen und ein Ausdehnen des Waldes zu erklären, doch sind damit noch nicht die meteorologischen Ursachen bekannt. Da dieses ›Pulsieren‹ des Amazonas-Regenwaldes recht deutlich im Pleistozän zu erkennen ist, wird eine Beziehung zu den sich global auswirkenden Glazial- und Interglazialepochen angenommen. Worauf jedoch das Trockenwerden in den Glazialzeiten meteorologisch zurückzuführen ist, ist heute noch nicht bekannt.

Eine restlose Vernichtung des tropischen Regenwaldes während einer Trockenzeit ist jedoch keineswegs anzunehmen. Auch heute noch sind in den angrenzenden Regionen Amazoniens, insbesondere im Gebiet des brasilianischen Campo Cerrado, Regenwald-Streifen vorhanden, in denen die typische Regenwaldflora überdauert. Diese Streifen verlaufen meist parallel der Flüsse, wo bei nahem Grundwasserstand genügend Feuchtigkeit für die Regenwaldflora vorhanden ist; außerdem kann sich dort ein eigenes, nur auf den Galeriewaldstreifen beschränktes Kleinklima entwickelt haben. So wird es im Amazonas-Gebiet viele, wenn auch meist isolierte ›Waldrefugien‹ gegeben haben, aus denen sich der Regenwald bei zunehmenden Niederschlägen wieder ausdehnen konnte. Damit wäre zwar ein Schrumpfen und ein Ausdehnen des Regenwaldes zu erklären, doch ist damit noch nicht zwingend eine Auflösung der geschlossenen Waldbedeckung Amazoniens in einzelne, von Savannen umgebene Waldrefugien anzunehmen. Vielmehr deutet vieles darauf hin, daß die eingesprengten Savanneninseln in Trockenzeiten nur größer geworden sind.

Die einheitliche Waldbedeckung der beidseits des Äquators sich erstreckenden, nur wenige Meter über dem Meeresspiegel liegenden Amazonas-Niederung bedingt ein relativ einheitliches Tropenklima. Dieses entspricht – nach Köppen – den Typen ›Afi‹ und ›Ami‹, die anschließenden Savannengebiete (Campo Cerrado im Süden, Llanos und Gran Sabana im Norden) sind durch den ›Awi-Typ‹ gekennzeichnet (Abb. 48; vgl. auch Junqueira Schmidt 1947; Galvão 1959).

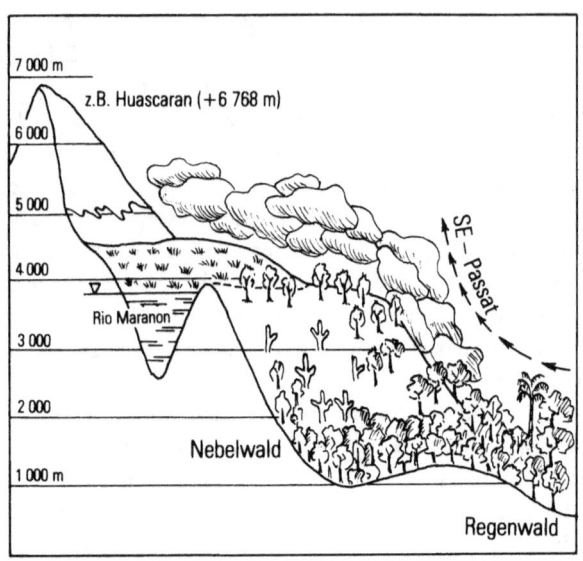

Abb. 50. Landschaftsprofil des Anden-Osthanges mit dem Tal des Rio Marañon in Mittel-Peru (nach: A. v. Humboldt (1805–1834) in: Baumann u. Patzelt 1980)

Es herrscht in Amazonien eine gleichmäßige Wärme von 24–26 °C, auch die Tagesschwankungen sind gering. Selbst die Maxima bleiben unter 40 °C, die Minima sinken selten unter 20 °C. Ein gewisser Jahresgang im Klima wird nur durch die unterschiedliche Höhe der Niederschläge erzeugt. Die Regenzeit im Winter wird herbeigeführt durch den globalen Südost-Passat. Dessen aus dem Atlantik entnommene Feuchtigkeit regnet sich an den ihm entgegenstehenden Gebirge besonders stark ab, so daß am Guayana-Hochland sowie besonders am Andenhang (Abb. 50) die höchsten Niederschlagsmengen gemessen werden (Abb. 51). Auf eine weniger feuchte Jahreszeit (›verão‹ = Sommer) im Juni bis November folgt eine sehr nasse (›inverno‹ = Winter) im Dezember bis Mai, doch gibt es kaum einen Monat ohne Niederschläge (Abb. 52, 53).

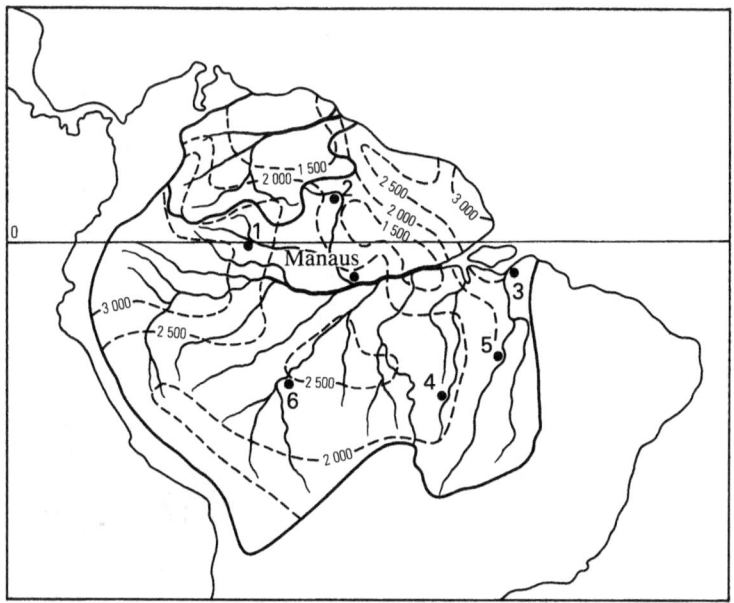

Abb. 51. Die Niederschläge (mm/Jahr) im tropischen Amazonien. *1* bis *6:* Klima-Diagramme der Abb. 52 ud 53

Das feuchtwarme Klima steuert die Bildung der Böden. Im Gebiet der Terra Firme Amazoniens herrschen bei entsprechendem Ausgangsmaterial Latosole vor (Abb. 54). Besonders die an aufschließbaren Mineralien (Feldspäte z. B.) reichen kristallinen Gesteine im Randbereich des Amazonas-Gebietes verwittern intensiv zu Lateriten, wobei durch die langeinwirkenden, gleichmäßigen Klimabedingungen sehr tiefgründige Böden entstehen. Tritt noch eine wechselfeuchte Niederschlagsverteilung auf, bei der es zu länger anhaltenden Trokkenzeiten im Jahr kommen kann (vgl. die Regenverteilung von Pôrto Velho, Abb. 53), dann werden diese roten Laterite von einem ›Panzer‹ aus Eisen- und Aluminiumoxid bis -hydroxid überzogen, die als Canga bekannt sind. Dieser Panzer ist bedingt durch die hohe Verdunstung während der Trockenzeit, die in dem noch feuchten Boden

1 Uaupés (83m) 26,4° 2680 mm/a
   (São Gabriel)
   (10-15)

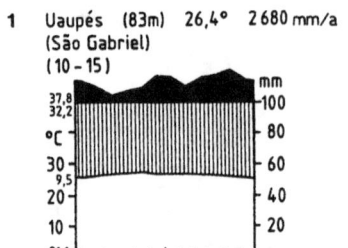

3 Conceição (16m) 25,9° 1575 mm/a
   do Araguaia
   (5)

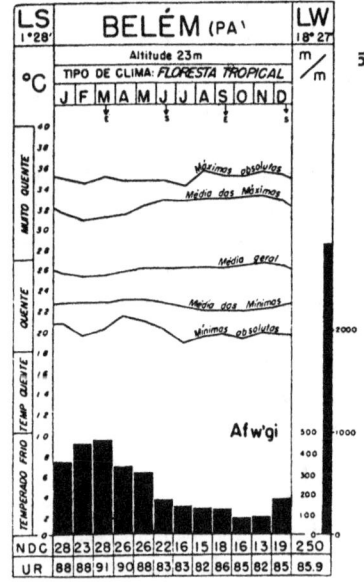

2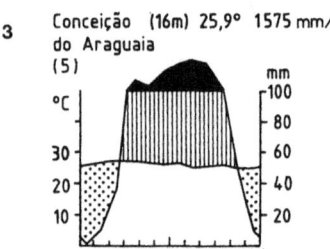

4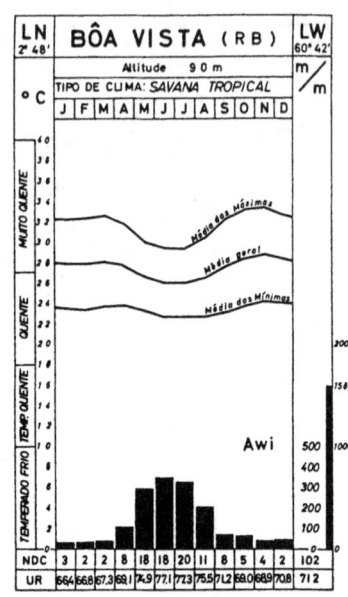

5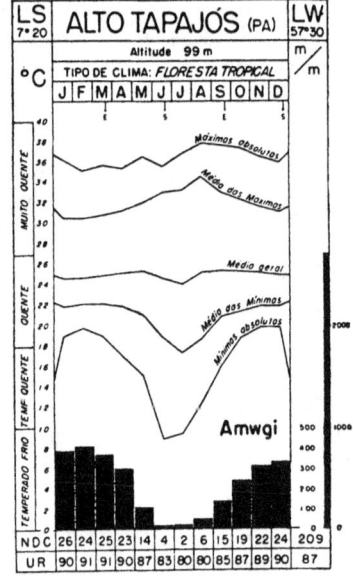

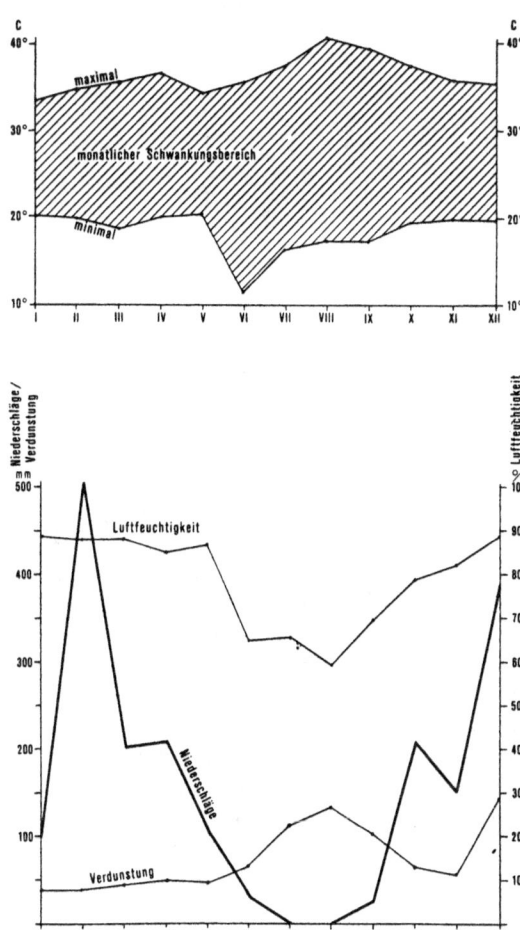

Abb. 53. Das Klima der Meßstelle Pôrto Velho am Rio Madeira. *Oben* Temperatur, *unten* Niederschläge (nach dem statistischen Jahrbuch von Brasilien 1962)

Abb. 52. Einige Klima-Diagramme amazonischer Meßstellen (nach: Sioli 1968; Kohlhepp 1986)

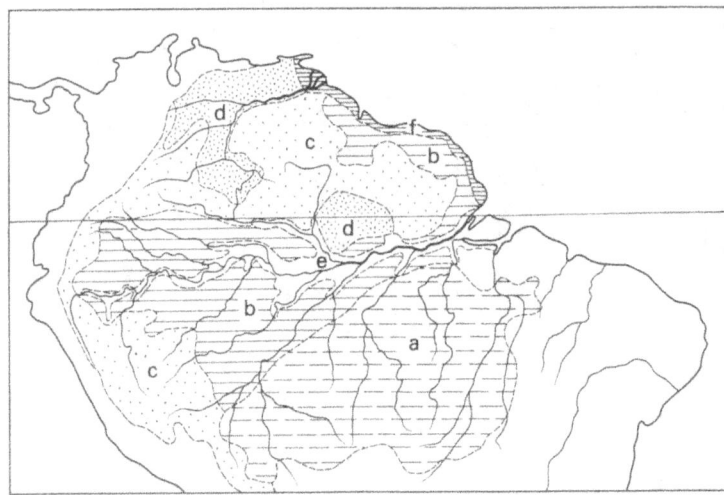

Abb. 54. Die Bodentypen im Amazonas-Gebiet. *a* Laterit, *b* Grundwasser-Laterit, *c* rotgelbe Latosole, *d* Areno-Latosole, *e* hydromorphe Böden (Überflutungsböden der Várzea-Gebiete), *f* Gezeiten-Watt mit Mangroven-Bestand (s. auch Abb. 29)

Eisenverbindungen transportiert und an der Oberfläche ausfallen läßt – der Panzer aus Canga entsteht. Die Canga-Anreicherung kann einen so hohen Eisengehalt erreichen, daß diese im erzarmen Amazonas-Gebiet als Rohmaterial zur Eisenerzeugung eine gewisse Bedeutung erlangte. Bei zunehmenden Niederschlägen und besonders bei steigendem Grundwasser gehen die Laterite in (rotgelbe) Latosole und schließlich in Areno-Latosole über. Aufgrund dieser vom feuchtwarmen Tropenklima und von den im Untergrund anstehenden Gesteinen gebildeten Böden läßt sich eine ökologische Gliederung Amazoniens vornehmen (Abb. 55).

5.2.1 Die Laterit-Böden

Weite Teile Amazoniens, besonders die höhergelegenen Randgebiete, tragen eine tiefgründige, oft mehrere Zehnermeter mächtige Verwit-

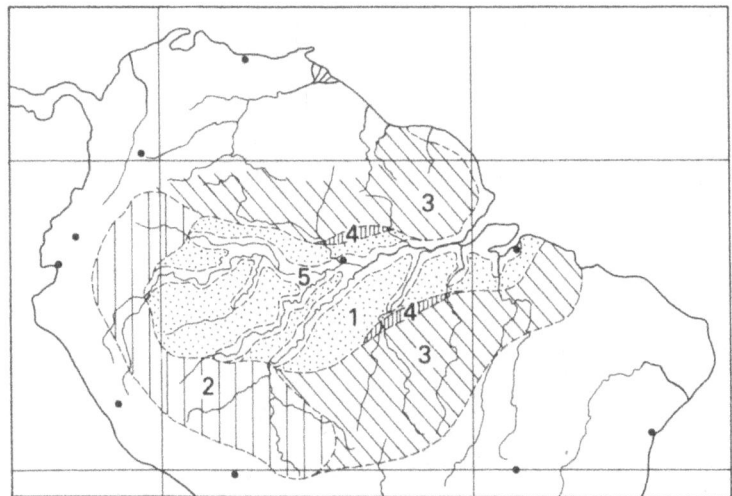

Abb. 55. Die ökologische Gliederung der Regenwaldlandschaft in Amazonien. *1* Zentral-Amazonien, *2* Anden-Vorland (subandin), *3* Guayana- und Brasilianisches Hochland mit präkambrischen Kristallin-Gesteinen, *4* paläozoische Schichten, *5* Schwemmland-Gebiete (Várzea)

terungsdecke aus Roterden (Abb. 56, vgl. Walker 1974). Je nach dem Ausgangsgestein, der Pflanzendecke und den damit zusammenhängenden Bodenreaktionen, v. a. aber nach der Dauer der humiden Jahreszeiten, entstehen verschiedene Arten von Roterden. Bleiben die Alumosilikate weitgehend im Boden (siallitische Verwitterung), so ist dieser lehmig und wird als Rotlehm bezeichnet. Erfolgt jedoch eine Aufspaltung der Silikate und eine Wegführung der Kieselsäure (Quarz), so reichern sich Aluminium- und Eisenoxide an, und es entstehen Roterden. Das Endglied dieser Verwitterung ist dann der Laterit. Solche Böden sind für das Randgebiet Amazoniens charakteristisch. Dennoch scheint der Lateritisierungsprozeß heute in dieser Art nicht mehr oder verändert abzulaufen. Viele Laterite des Amazonas-Gebietes weisen keinen roten Oberboden mehr auf, sondern haben eine fahl- bis lehmgelbe Verfärbung an der Oberfläche.

Laterite bestehen fast nur noch aus Aluminium- und Eisenoxiden. Sie weisen eine zellige Struktur auf, die vielfach durch das Herauslösen

Abb. 56. Laterit-Boden ohne Grundwassereinfluß (Bodentyp a in Abb. 54) über präkambrischem Kristallin in Zinnerz-Abbaugebiet von São Lourenço nördlich des Rio Madeira bei Pôrto Velho/Rondônia (fotografiert 1964)

von Quarz entstanden ist. Das Klima war wechselfeucht, hatte hohe Niederschläge und besaß eine hohe jährliche Durchschnittstemperatur. Eine ständige Durchfeuchtung des Bodens war auch in trockenen Zeiten vorhanden, denn sonst wäre ein derart extremer Mineraltransport, wie er bei der Panzerbildung angenommen werden muß, nicht möglich gewesen. Durch diesen Transport verarmte der Unterboden gänzlich und wurde praktisch steril. Die als Canga bezeichnete Panzerbildung wird oft mehrere Zehnerdezimeter stark und wegen ihrer Härte und der relativ leichten Bearbeitbarkeit in dem sonst an Festgesteinen armen Niederungsgebiet des Amazonas gelegentlich abgebaut und zu Bausteinen verwendet. Die Canga-Bildung tritt besonders dort auf, wo eine hohe Verdunstungsrate mit einem starken Mineraltransport einhergeht. So haben sich sekundäre ›Felsen‹ aus harten Eisenpanzern besonders dort häufig gebildet, wo an Flußufern durch Spritzwasser dieser Vorgang begünstigt wird; solche Felsen täuschen dann anstehendes Festgestein vor.

Die Frage nach dem Alter der lateritischen Bodenbildung ist auch heute noch nicht eindeutig zu beantworten. Aus der oft sehr mächtigen Bodenbildung kann auf ein hohes Alter geschlossen werden, andererseits muß aber auch bedacht werden, daß unter den heutigen Klimabedingungen ein Bodenbildungsprozeß rascher als in anderen, z. B. gemäßigteren Breiten abläuft. So ist aus der Mächtigkeit noch nicht das Alter abzulesen. Dennoch gibt es Anzeichen dafür, daß die Lateritisierung nicht mehr oder nicht mehr wie in früheren Zeiten abläuft. Auffällig ist nämlich, daß anscheinend bei vielen Roterde-Böden Amazoniens heute im Bereich des A-Horizontes, also auf den den klimatischen Einflüssen ausgesetzten oberen Bodenteilen, eine fahlgelbe bis lehmbraune Verfärbung zu beobachten ist, die auf eine Umbildung oder Laterite zu Latosole schließen läßt. Diese Beobachtung läßt die Annahme einer Versauerung der Laterite zu.

In einem nördlich des Rio Madeira gelegenen Zinnerz-Abbaubetriebes war bei Wegebauarbeiten eine fast senkrechte Böschung von 5 m Höhe entstanden, die einen restlos in Laterit zersetzten Granit freigab, dessen A-Horizont jedoch durch eine auffällige Bleichung ausgezeichnet war (Abb. 56):

0,5 m hellgraubrauner toniger Feinsand, schwach humos,
2,7 m hellbrauner, stark rostfleckiger Feinsand mit harten Eisenkonkretionen,
0,6 m hellbrauner, toniger Feinsand mit lateritischen Eisenkonkretionen,
0,2 m Eisenschwarten (=Canga?) als alte Grundwassermarke (?),
1,0 m grauer, toniger Feinsand mit streifenförmigen Rostflecken und Kaolinit-Nestern.

5.2.2 Die Tropen-Podsole

Podsole sind Böden, die sich durch unterschiedlich dicke, manchmal mehrere Meter mächtige Zonen aus hellen, gebleichten Quarzsanden auszeichnen. In ungestörten Profilen liegt auf diesen Bleichsanden (Abb. 57) eine relativ starke Humusauflage. Der Bleichsand wird un-

Abb. 57. Bleicherde-Boden mit dem – gescheiterten – Versuch eines Ananasanbaues. Mündungsgebiet des Rio Cuieiras in den Rio Negro oberhalb von Manaus (fotografiert 1982)

terlagert von einer verdichteten bis verhärteten Zone, in der aus dem Oberboden ausgewaschene Stoffe eingewandert sind (Abb. 58). Je nach der Klimaexposition können Mineralneubildungen, meist aus Eisen und/oder Mangan, aber auch aus humosen Substanzen, angereichert sein.

Seit langem sind solche Bodenbildungen aus dem gemäßigten bis subarktischen Bereich bekannt, relativ neu jedoch ist die Kenntnis, daß auch in den Tropen Podsol-Böden auftreten; man nennt sie die Tro-

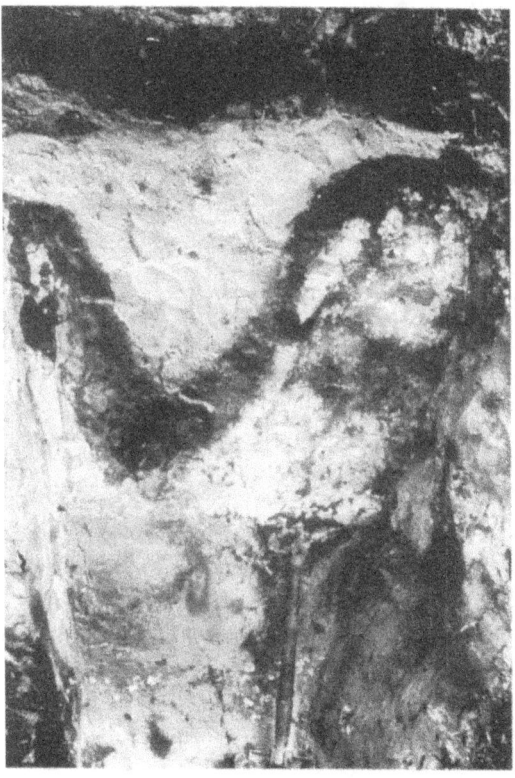

Abb. 58. Aufgrabung in einem Bleicherde-Boden mit stark ausgebildetem Tropen-Podsol (fotografiert Sioli)

pen-Podsole. Sie kommen längs des Äquators vor und haben oft beträchtliche Ausmaße: (jeweils in Mio. km²: Florida 1,0, Guayana 0,5, Borneo 0,4, Malakka 0,25, Nord-Australien 0,5, Queensland 2,0, North South Wales 2,0, Afrika 0,05; nach Klinge 1966, Tabelle 2). In Amazonien tragen 0,1 Mio. km² Tropen-Podsole.

Es ist nicht allein das Klima, das zur Ausbildung podsoliger Böden geführt hat, sondern neben hohen Niederschlägen ist auch ein flaches Relief wichtig; beides begünstigt eine starke Durchschlämmung der Böden. Das Ausgangsmaterial ist in jedem Falle ein quarzreiches Lokkergestein.

Im Amazonas-Gebiet sind die Liefergesteine die geologisch jungen, weitgehend sich aus Quarz zusammensetzenden Sande der Flußabsätze, zu denen noch die pliozänen Belterra-Tone und die Barreiras-Sande gehören. Neuerdings sind auch in der Gran Sabana von Venezuela podsolige Sandböden mit einer vollkommenen Verarmung im Mineralbestand nachgewiesen worden (Schnütgen u. Bremer 1985). Diese Sande sind Residualbildungen, bestehen fast ausschließlich aus Quarzsand und leiten sich aus den im Untergrund anstehenden quarzreichen Kristallin-Gesteinen des Guayana-Basements her. Als weitere Quelle dieser Podsol-Böden werden fluviatile, gelegentlich auch äolische Umlagerungsprodukte aufbereiteter Reste einer vormals ausgedehnten Bedeckung der präkambrischen Guayana-Schichten angesehen, die sich wiederum lithologisch aus dem kristallinen Basement herleiten lassen. Auch die Roraima-Schichten kommen als Lieferanten in Frage, ebenfalls, wie schon erwähnt, die pliozänen Belterra- und Barreiras-Ablagerungen. Schließlich kann es sich bei diesen Sanden auch noch um äolische Dünensande der pleistozänen Trockenperioden handeln (Kap. 5.2.4).

Die Tropenpodsole gehören anscheinend eng mit den Lateritböden zusammen. In dem stärker reliefierten, wechselfeuchten Gebiet des südlichen Amazonas herrschen die tiefgründig zersetzten Roterdeböden, die Laterite, vor, nach Norden gehen sie in fahlgelbe, grundwassernahe Latosole über. Bei sehr hohem Grundwasserstand und insbesondere im Überflutungsbereich jahreszeitlich bedingter Hochwässer können sich keine klassifizierbaren Bodenbildungen entwickeln, da sie stets von neuem durch das überstauende Hochwasser umgelagert werden; man bezeichnet diese Böden als hydromorph. Außerhalb des Grundwassereinflusses bilden sich dann rotgelbe Latosole, die bei hohem Sandanteil in Areno-Latosole übergehen. Diese sind dann wieder das Ausgangsmaterial für die Bleicherden, wie sie in der Gran Sabana auftreten (Eden 1970, 1971 a, b).

Auf den Einfluß der Reliefenergie auf die Bodenbildungsprozesse wurde schon verwiesen, eine Abnahme der jährlichen Niederschläge – von Süden nach Norden über den Äquator hinweg – kann aus den Isohyeten abgelesen werden (Abb. 51). Erhebliche Schwankungen in der Niederschlagsverteilung können örtlich auftreten. In den wechselfeuchten Gebieten südlich des Äquators kommt es wegen der Wanderung der Eisen- und der Aluminiumoxide in der feuchten Jahreszeit zu einer Wanderung, in der Trockenzeit zu einer Ausfällung. Verteilen sich hingegen die Niederschläge gleichmäßig über das ganze Jahr hinweg, dann ist bei einem entsprechenden Ausgangsmaterial und einem relativ flachen Relief mit einer stärkeren Durchfeuchtung und Durchströmung des Gesteins zu rechnen; dort ist am ehesten eine Podsolierung, eine extreme Auswaschung, zu erwarten.

5.2.3 Arme Böden – üppiger Wald

Es ist ein lange nicht erkanntes und lange nicht erklärbares Phänomen gewesen, daß der üppige tropische Regenwald Amazoniens auf einem der ärmsten Böden der Erde steht. Und doch hätte es den Forschern schon recht früh zu denken geben müssen, daß der diesen Wald nutzende Indianer oft hungert und daß dessen Bevölkerungszahlen immer klein und die Entfernung zum Nachbarn immer groß waren. Denn ein an Früchten und Tieren reicher Wald könnte viele Menschen ernähren – aber der Regenwald Amazoniens ist eben nicht reich (Sombroek 1966)!

Heute hat sich die Kenntnis der Naturwissenschaftler auch bei den Politikern durchgesetzt, daß der Amazonas-Boden arm ist und schonend behandelt werden muß. Der Amazonas-Wald steht auf einem nährstoffarmen Boden, das Substrat gibt ihm nur den festen Halt, dient ihm aber nicht, wie bei all den anderen Wäldern der Erde, als

Nährstoffquelle. Sein extrem artenreiches und vielschichtiges Ökosystem, das sich in Jahrmillionen – seit dem Mesozoikum – ungestört entwickeln konnte, ermöglicht ihm die optimale und maximale Nutzung der begrenzten Nährstoffmengen, die durch die Organisationsketten im Ökosystem Tropenwald zirkulieren und die eben nicht aus etwa doch vorhandenen Nährstoffreserven des Bodens erneuert werden können. Der Amazonas-Regenwald ernährt sich aus seinen in ihm vorhandenen und in ihm zirkulierenden Nährstoffen. Schwebstoffreiche Flüsse, aber auch die starken Regenmengen, die zu Beginn der Regenzeit durch Gewitter den aus fremden Gebieten aufgenommenen mineralischen Staub abgelagert haben, sorgen für eine äußerst geringe, örtlich aber doch spürbare Zufuhr von Mineralstoffen. Der sehr kurz geschlossene Kreislauf an Nährstoffen wird durch das außerordentlich dichte, oberhalb des Bodens liegende Wurzelsystem gewährleistet. Es wirkt als Filter, der alle Nährstoffe, die bei der Zersetzung der Laubstreu und mit den Ausscheidungen sowie der Verwesung der Waldtiere freiwerden, wieder sammelt und in die lebende Substanz des Waldes zurückführt. Es sind also dieselben Nährstoffe, die wiederholt durch die Generationen der Regenwaldorganismen zirkulieren. Etwaige Verluste werden durch Fremdeintrag der Flüsse und der staubeinbringenden Gewitterregen ausgeglichen (Sioli 1983).

Die Remineralisation der Waldstreu und die Rückführung der in ihr enthaltenen Nährstoffe in die Wurzeln der Pflanzen und Bäume werden durch Bodenpilze besorgt. Der Transport geschieht dabei v. a. durch das Tropfwasser aus dem Kronendach des Waldes und durch den Stammablauf des Regenwassers. Dieses Wasser ist dadurch sogar reicher an gelösten, also ausgewaschenen Mineralstoffen, während das Regenwasser bis auf den oben genannten Fremdeintrag durch Gewitter sowie das Bodenwasser unterhalb des Wurzelwerkes wiederum arm an solchen Stoffen ist (Kap. 5.3.3).

Der Mineralreichtum des Tropfwasses und des Stammablaufes ist nicht nur auf die Auswaschung aus Blättern und Pflanzen zurückzuführen, sondern auch auf den Wasserspülungsprozeß des Regens, der die Ausscheidungen und Verwesungsprodukte der Tiere herunterwäscht, die meistens, ob Wirbeltiere oder Insekten, das oberste Stockwerk des Regenwaldes, sein Kronendach, bewohnen. Diese relativ mineralstoffreichen Wässer machen auch die üppige Epiphyten-Flora mit ihrer abhängigen Fauna verständlich.

Nur aus diesem sehr kurz geschlossenen Kreislauf können höhere Lebewesen und damit auch der Mensch Nährstoffe entnehmen, doch muß er sie selbst auch wieder zurückgeben. Eine Entnahme größeren Umfanges, sei es nun an Edelholz oder an sonstigen vegetabilen Produkten, führt zu einem nicht mehr auszugleichenden Verlust und schädigt den artenreichen Regenwald unwiederbringlich (Goodland u. Irwing 1975).

Die relative Armut des Amazonas-Regenwaldes wird eigentlich erst deutlich beim Vergleich mit anderen Regenwäldern (Jacobs 1988). Ist der Nährstoff aus den Böden reich, der in die Vegetation abgegeben werden kann, ist auch die Vegetation üppig und sind die Bäume höher. Gegenüber dem Regenwald im Kongo ist der des Amazonas um ca. 10% niedriger (persönliche Mitteilung durch Prof. Dr. Sioli) und gegenüber dem auf den extrem nährstoffreichen Böden der vulkanisch beeinflußter Böden Indonesiens stockenden Regenwald wirkt der von Amazonien geradezu armselig – wohlgemerkt nicht hinsichtlich der Artenzahl. Die Artenzahl ist abhängig von der Dauer der Vegetationsentwicklung; die Ausbildung wie Baumgröße u. ä. hängt vom Klima, besonders aber von der Bodenbeschaffenheit und dem Nährstoffgehalt der Böden ab.

Im feuchten Tropenklima werden bei der Verwitterung freigesetzte Mineralstoffe von den Niederschlägen aufgenommen, sickern durch den Boden und gelangen in das Grundwasser. Dieses tritt dann als Quellen aus und speist so die Flüsse. Gleicht nun das Bach- und Flußwasser in seinem Chemismus dem Regenwasser, muß daraus geschlossen werden, daß bei einer Klimax-Vegetation wie beim Amazonas-Regenwald keine Nährstoffe freigesetzt werden. In den Böden sind somit keine nennenswerten Nährstoffe vorhanden. Sogar die Tonminerale der Belterra-Ablagerungen sind längst zu sterilem und nicht verwendbarem Kaolinit abgewittert (Irion 1976, 1982). Das gilt besonders für die Böden der Terra Firme. Diese Areale sind daher auch die Liefergebiete der extrem nährstoffarmen sauren Schwarzwässer (Sioli u. Klinge 1962; vgl. Kap. 5.3.1).

5.2.4 Trockenperioden während der Quartärzeit

Die derzeitigen Niederschläge belaufen sich im zentralen Niederungsgebiet Amazoniens auf mehr als 2000 mm/Jahr, sie steigen im Quellgebiet der Flüsse am Andenhange auf über 3000 mm/Jahr. Weiterhin ist ein Maximum an der Küste der Guayana-Länder gegeben, das durch die Steigregen am dortigen Bergland der vom Atlantik auftreffenden Passatwinde erklärt wird. Eine ›Trockenbrücke‹ von weniger als 1500 mm/Jahr Niederschlägen zeichnet sich dagegen zwischen dem halbariden Nordosten Brasiliens mit seinem Sertão und der Gran Sabana von Venezuela ab (Abb. 51). Die Verteilung der Niederschläge war im Pleistozän nicht so ausgeprägt.

Es sind nämlich Anzeichen vorhanden, die besagen, daß damals wesentlich weniger Niederschlag fiel als heute, daß also das Klima trockener war. In den benachbarten Gebieten von Amazonien hat es sogar ein arides bis semiarides Klima mit entsprechenden Ablagerungen wie Dünen gegeben (Zonneveld 1968; Tricart 1977). Häufig war bisher angenommen worden, daß es während der pleistozänen Glaziale im Amazonas-Gebiet auch zu stärkeren Niederschlägen gekommen ist, so daß man für die eisfreien Äquatorgegenden Pluvialzeiten annahm (Pluvialzeit = eine den Eiszeiten des Pleistozäns zeitgleiche Regenzeit). Ein andines Beispiel bestätigt dieses (Wilhelmy 1957; Damuth u. Kumar 1975 b):

In einer Meereshöhe von ca. 2560 m liegt bei Bogotá/Kolumbien eine ca. 1400 km² große ›Sabana de Bogotá‹. In ihr stand während des kühleren Pleistozän ein See, der während der warmen Interglazialzeiten austrocknete; das läßt sich anhand des Pollendiagrammes rekonstruieren (van der Hammen 1968). Die Zunahme von Graminaceen und *Quercus* in der Pollenführung deutet für die Kaltzeiten auf eine Abnahme der Temperatur bei gleichzeitiger Zunahme an Feuchtigkeit hin, mithin waren die ›Interglazialzeiten‹ hier trockener. Das wird in der Nähe der Hochgebirgsvergletscherung in den Anden das Normale gewesen sein, wobei noch zu beachten ist, daß die Feuchtigkeitszunahme auch nur relativ gewesen ist, die mit der Herabsetzung der Verdunstung zusammenhing. In den tropischen Tieflandbereichen hingegen hat ein anderer Klimamechanismus geherrscht, der für die

›Glazialzeiten‹ zu einem trockeneren Klima führte. Davon sind besonders die dem Amazonas-Tiefland benachbarten Regionen betroffen, von denen das des Pantanal am oberen La-Plata zu den gut untersuchten zählt (Klammer 1982).

Radarbilder der brasilianischen Bergbaubehörde zeigen für das Pantanal ein System von Schwemmkegeln mit Ton- und Salzpfannen sowie zahlreichen Sand- und Dünenfeldern. Dieses Relief wurde durch höhere Niederschläge während des Holozän humid überprägt, so daß die aride Phase sich als post-pliozän, aber als präglazial erweist.

Zu einer ähnlichen Folgerung kommt Pflug (1969) durch Untersuchungen an Seen, die den Rio Doce im östlichen Minas Gerais begleiten. Diese Seen liegen mit ihrem Wasserspiegel um 20 m über dem rezenten Flußwasserspiegel des Rio Doce. Ihre Ausformung geschah während eines semiariden Zyklus, der ausweislich einer C^{14}-Datierung vor 14160 ± 500 Jahren abgelaufen sein soll. Dieses Alter deutet auf das Spätglazial der letzten Eiszeit hin.

Auch morphologische Untersuchungen an Talhängen bringen ähnliche Ergebnisse (Journaux 1975). Die Entstehung und der Aufbau kolluvialer Sedimente am Fuße von Talhängen lassen eigentlich nur die Annahme semiarider Perioden während des südamerikanischen Pleistozän zu. Sie werden vor die Auffüllung der Várzea-Seen datiert, so daß sie in das Prä-Flandrien, also ebenfalls an das Ende der letzten Eiszeit, gestellt werden.

Schließlich geben Untersuchungen an Sedimenten des Amazonas-Mündungsgebietes Hinweise auf ein trockeneres Klima während des Pleistozän. Die in den Sedimenten des Amazonas-Deltakörpers nachgewiesenen Arkose-Sande lassen keine humide Verwitterung zu, da dann die vielen Feldspäte zerstört und aufgeschlossen sein müßten; Arkosen können nur in einem trockenen Klima transportiert und erhalten werden (Damuth u. Fairbridge 1970).

Aride bis semiaride Perioden haben also während der Quartärzeit mehrfach stattgefunden (Simpson-Vuilleurmier 1971):

— im Post-Pliozän, jedoch noch präglazial im Pantanal des La-Plata-Systems, teilweise mit äolischen Sedimenten und Dünenbildungen (Klammer 1982),

- während des Spätglazials der letzten Eiszeit, festgestellt durch radiometrisch ermittelte Alterswerte (Pflug 1969), und
- als postglaziale Trockenbrücke zwischen der Gran Sabana von Venezuela und dem Campo Cerrado sowie dem Sertão Nordost- bzw. Süd-Brasiliens, belegt durch das inselförmige Vorkommen der steppenbewohnenden Klapperschlange (Müller 1973; vgl. Kap. 5.2.5).

Ebenfalls im Postglazial, vor der Flandrischen Transgression, sind bei einem semiariden Klima Talformen entstanden, die am Hangfuß kolluviale Sedimente gebildet haben, die aber im heutigen humiden Klima in dieser Form nicht entstehen können (Journaux 1975). Arkosehaltige Sedimente, die in den Ablagerungen des Amazonas-Deltakörpers nachgewiesen wurden, werden ebenfalls als Abtrag in einem trockenen Hinterland des Amazonas-Stromes gedeutet; auch diese werden aufgrund begleitender Mikrofaunen ins Quartär gestellt (Damuth u. Fairbridge 1970).

5.2.5 Das Problem der Waldrefugien

Das pleistozäne Klima Amazoniens wird mit 4 °C weniger angenommen, als das derzeitige von 24–26 °C. Dieses Absinken der Jahresdurchschnittstemperatur genügte anscheinend schon, um es wesentlich trockener werden zu lassen, sonst könnte man die vielen, im vergangenen Kapitel aufgezeigten Anzeichen dafür nicht erklären; diese werden sicher noch zunehmen, wenn man weitere Detailuntersuchungen anstellt. Die pleistozäne Trockenheit wirkte sich auf den tropischen Regenwald durch dessen Umwandlung in eine Savannenvegetation aus (Bremer 1973; Flenley 1979). Einzelne Areale jedoch behielten ihre Regenwaldbedeckung, sei es durch den hohen Grundwasserstand oder durch andere, lokale Bedingungen, die ein feuchtes Kleinklima entstehen ließen; diese Areale werden als Waldrefugien bezeichnet (Abb. 59).

Die Schwierigkeit der kartenmäßigen Erfassung einzelner Waldrefugien besteht in den unterschiedlichen Indizes, die man zu ihrer Charakteristik herangezogen hat, und den Kriterien, nach denen man

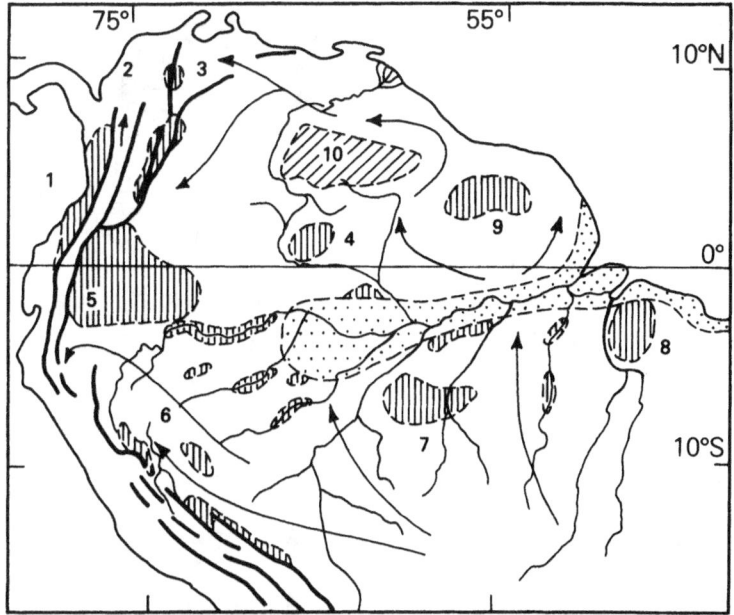

Abb. 59. Vermutete Waldrefugien im zentralen und nördlichen Südamerika während des trocken-warmen Klimas im Pleistozän. Die Pfeile zeigen die nordwärts gerichteten Wanderungen der nicht waldgebundenen Faunen Zentral-Brasiliens (nach: Haffer 1969). Es bedeuten: *1* Chocó-Refugium, *2* Nechí-Refugium, *3* Catatumbo-Refugium, *4* Imerí-Refugium, *5* Napo-Refugium, *6* Ostperu-Refugium, *7* Madeira-Tapajós-Refugium, *8* Belém-Refugium, *9* Guayana-Refugium, *10* Roraima-Refugium

solche Faunen- und Florengesellschaften für die Waldrefugien ausgewählt hat; in der Abb. 60 sind einmal Vögel, dann Reptilien, dann wieder Schmetterlinge und schließlich verschiedene Baumarten dafür benutzt worden. Und schließlich müssen die gewählten Beispiele keineswegs die gleiche Zeit dokumentieren. So ist es nicht ganz korrekt, wenn man die einzelnen Verbreitungskarten der festgestellten Refugien übereinander legt. Denn dann zeigt es sich nämlich, daß fast ganz Amazonien wieder vom Regenwald bedeckt gewesen sein müßte (Sioli 1983). Dennoch muß, wie oben dargelegt wurde, ein starkes

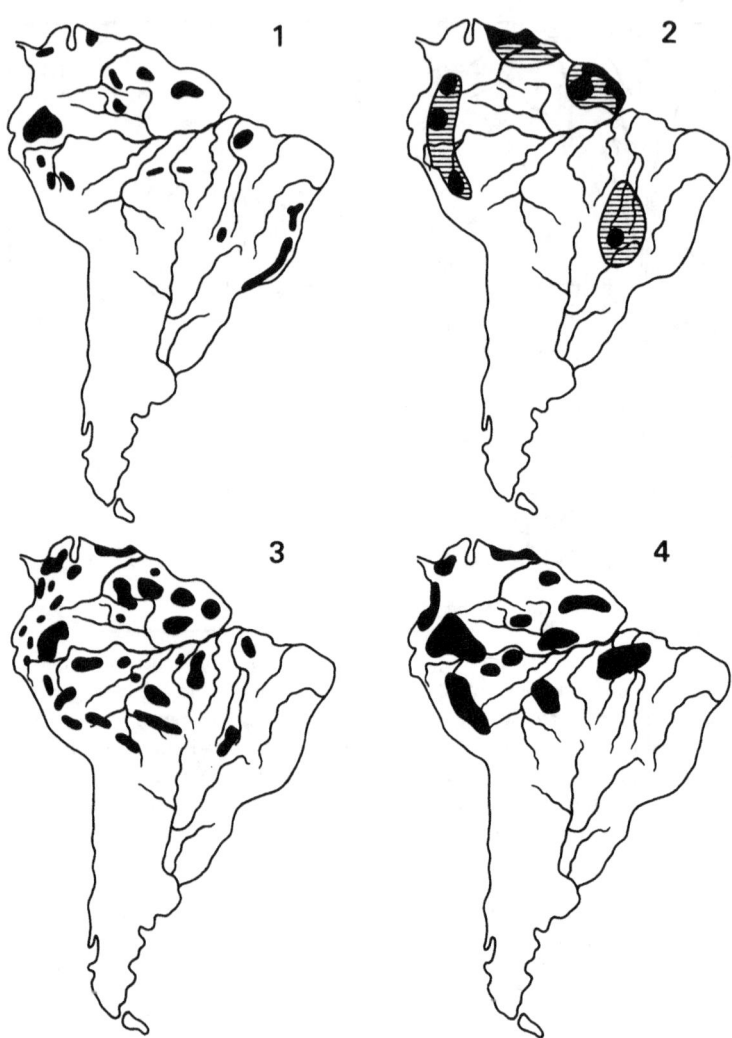

Abb. 60. Rekonstruktion hypothetischer Waldrefugien in Amazonien, aufgrund von: *1* Verbreitung neotropischer Vögel, *2* Populationsstrukturen amazonischer Reptilien (*Anolis chrysolepis*) (Refugien gestrichelt, Kerngebiete dunkel), *3* Analysen von Heliconius-Schmetterlingen, *4* Verteilungsmuster von vier Familien amazonischer Bäumen (nach: Sioli 1983)

Schrumpfen des Regenwaldes während der pleistozänen Trockenheit angenommen werden.

Betrachtet man die heutige Niederschlagsverteilung (Abb. 51), so fällt auf, daß in dem mit 2000–3000 mm/Jahr feuchten Amazonas-Gebiet eine Zone mit weniger als 1500 mm/Jahr zu verzeichnen ist; diese verbindet den trockenen Nordosten Brasiliens mit der Gran Sabana von Venezuela. Diese Zone ist der Rest einer ehemals viel größeren Savannenbedeckung Amazoniens.

Hinweise dafür können Untersuchungen an Klapperschlangen ergeben. Diese besagen, daß eine Anzahl der im Regenwald eingesprengten Savanneninseln nicht etwa eine an das offene Land angepaßte verarmte Waldfauna besitzt, sondern eine Fauna mit engen Verwandtschaftsbeziehungen zum Campo Cerrado, den Llanos von Kolumbien, den Küstensavannen von Guayana und den Höhen-Campos des Roraima-Berglandes (Müller u. Schmithüsen 1970, S. 112). Die trockene Standorte liebende Klapperschlange kann aus ihren einzelnen Verbreitungsgebieten nicht durch die sie umgebenden feuchteren Areale gewandert sein. Hier muß in der Tat eine einstmals größere und vor allen Dingen auch zusammenhängende Trockenbrücke bestanden haben, die im tropischen Pleistozän von einer Klapperschlangenpopulation bewohnt war. Mit zunehmenden Niederschlägen im Holozän jedoch zogen sie sich auf die verbleibenden Trockeninseln zurück (Abb. 61). Es ist anscheinend schon wieder genügend Zeit vergangen, um die ehemals einheitliche Crotalus-Art in regionale Rassen oder gar schon Unterarten aufzuspalten (Müller 1973).

Solche Areale, ob es sich nun um Trockeninseln oder um Regenwaldrefugien handelt, sind jedoch keinesfalls deutlich zu fixieren oder gar kartenmäßig darzustellen. Solche Karten werden gern zu politischen Entscheidungen herangezogen, und davor muß nachdrücklich gewarnt werden. Problematisch wird nämlich die Vorstellung politischer Kreise, diese Areale als Ausgang entwicklungspolitischer Maßnahmen zu nehmen. Es bestehen Überlegungen, mit großflächigen Entwaldungen bis auf die angenommenen und ›kartenmäßig dargestellten‹ Waldrefugien den bisher heute noch zusammenhängenden tropischen Regenwald Amazoniens zu reduzieren. Denn dann täte man ja nichts anderes, als den Zustand wieder herzustellen, den es

Abb. 61. Die Verteilung von Klapperschlangenarten aus dem Campo Cerrado Brasiliens über eine Trockenbrücke (vgl. Abb. 48 und 51) in das Gebiet der Gran Sabana von Venezuela (aus: Müller 1973, Abb. 86)

einmal in der Vergangenheit, im Pleistozän, schon gegeben hatte – und das könne doch wohl das Ökosystem Amazonien vertragen! Was aber großflächige Rodungen durch den Bergbau, durch Siedlungen und Straßenbau, an irreparablen Schäden schon heute bewirkt haben, wird noch an anderer Stelle zu erwähnen sein (Kap. 5.4.2–5.4.5).

5.2.6 Faunenwanderungen

Die pleistozänen und postglazialen Klimaschwankungen haben sich natürlich stark auf die Faunen ausgewirkt und diese gegebenenfalls zu beträchtlichen Wanderungen gezwungen, wenn sie sich nicht an die veränderten Umweltbedingungen anpassen konnten. Verliert der Regenwald wegen zu starker Trockenheit an Ausdehnung und schrumpft auf einzelne Waldrefugien zusammen, dann müssen sich auch diesen angepaßte Faunen zurückziehen; das gilt besonders für Waldvögel. Wandern hingegen in die arid gewordenen Areale trockenheitliebene Faunen ein und wird dann später wieder das Klima humid, dann müssen sich diese auf die noch verbliebenen Trockeninseln zurückziehen – so geschehen bei den Klapperschlangen (Abb. 61).

Da sich die Klimaschwankungen durch Veränderungen im eingebrachten Sediment auch auf die Qualität des Flußwassers auswirken, bleibt die Aquafauna auch nicht von entsprechenden Einflüssen verschont, die dann zu Wanderungen Anlaß gaben. In den Waldrefugien entstanden wegen der Trennung von der ursprünglichen Population zahlreiche neue Arten und sogar Gattungen, am schnellsten bei den Waldvögeln. Bei neuerlicher Ausdehnung des Waldes kamen die getrennten Populationen verschiedener Waldrefugien miteinander wieder in sekundären Kontakt, konnten sich aber durch die Veränderungen im Artverhalten nicht mehr vermischen (Haffer 1969).

Ähnlich, doch mit umgekehrter Tendenz, haben sich die an trockene Standorte gebundenen Klapperschlangen verhalten (Kap. 5.2.5). Während der pleistozänen Trockenperioden wanderten *Crotalus*-Populationen in das Amazonas-Gebiet ein und besiedelten das nördliche Südamerika. Damals bestanden direkte Verbindungen zwischen dem Sertão Nordost-Brasiliens und dem Campo Cerrado Zentral-Brasiliens sowie den Llanos Kolumbiens und der Gran Sabana Venezuelas. Mit dem wieder stärker humid werdenden Klima des Holozäns schrumpften die trockenen Standorte, und die Klapperschlangen zogen sich auf die verbliebenen Trockeninseln zurück. Diese liegen in der durch geringere Niederschläge (weniger als 1500 mm/Jahr) ausgezeichneten Brücke zwischen den beiden Steppengebieten des nördlichen Südamerikas (Abb. 51).

Auch in der aquatischen Fauna sind Wanderungen zu verzeichnen, diese haben jedoch vielfach weit in die Vergangenheit zurückreichende Gründe, schließlich ›puffert‹ ein Flußwasser viele Umwelteinflüsse ab.

Den Ichthyologen war schon lange bekannt, daß die Fischfauna Amazoniens interessante, jedoch nicht immer deutbare Veränderungen aufweist. Lüling (1969) berichtete ganz erstaunt, daß es in den Flüssen des Subandins, also auf der Ostseite der Anden, Fischformen gibt, die ihre nächsten Verwandten im Pazifik, also auf der Anden-Westseite, haben. Als Beispiel nannte er die kleine, schlanke Süßwasserseezunge *Archiropsis nattereri,* die wie eine im Wachstum zurückgebliebene marine Seezunge des Pazifiks aussieht. Ein weiteres Beispiel wird genannt: die Süßwassersardine *Lycengraulis batesii* lebt im Einzugsgebiet des Rio Ucayali im peruanischen Subandin, die der marinen Form *Engraulis ringens* äußerst ähnlich ist; diese bilden die so bedeutenden Sardinenschwärme im pazifischen Humboldt-Strom. So haben auch die im subandinen Süßwasser lebenden Hornhechte, Garnelen, Stachelrochen ebenfalls nahe Verwandte an der heutigen Pazifikküste. Das wohl spektakulärste Beispiel einer solchen Anpassung sowie einer extremen Faunenwanderung stellten aber die Süßwasserdelphine aus der Gattung *Inia* dar (Grabert 1984).

Die Gattung *Inia* (Abb. 62) hatte einen marinen Vorläufer im Pazifik, den man zwar fossil nicht kennt, aber anhand einiger jüngerer Fossilien (*Proinia* True 1909, *Plicodontinia* Ribeiro 1938) aus subandinen Süßwasserablagerungen annehmen muß. Aus diesen Vorkommen läßt sich eine Wanderung dieser Vorläufer aus dem Pazifik in das Subandin konstruieren, ähnlich wie es von den eben genannten Fischarten geschildert worden ist. Die zu den Platanistoidea gestellten marinen Delphine der *Inia*-Vorläufer haben sich an der Wende Oligo-/Miozän, vor vielleicht 26 Mio. Jahren, aus den später im Miozän (Burdigal) aussterbenden Squalodontoidea entwickelt (Rothausen 1968). Sie haben dann im Brackwasser der damaligen Küstengewässer gelebt und sind in die Molasseseen auf der Ostseite der entstehenden Cordilleren eingewandert, zuerst noch in die brackisch-marin beeinflußte Meeresmolasse (Oligozän), dann in die Süßwassermolasse (Miozän). Dort sind sie dann heimisch geworden. Nach Verlust der letzten Verbin-

Abb. 62. Der Orinoco-Flußdelphin *Inia geoffrensis humboldtiana*. Aquarium-Aufnahme von freigefangenen Exemplaren aus dem Rio Apure/Venezuela (fotografiert Gewalt/Zoo Duisburg)

dung zum Pazifik infolge der fortschreitenden Anden-Orogenese paßten sie sich ganz dem Leben in den subandinen Binnenseen an. Dort entwickelten sich die Iniidae zur Stammform *Inia boliviensis*. In den an Schwebstoffen reichen Flüssen und Seen des Subandin reduzierten sie ihren Sehapparat und wurden microphthalm. Gute Augen waren in dem Trübwasser nicht mehr notwendig, dafür aber entwickelten sie ihre schon vorhandene Echoortung durch Ultraschallabgabe weiter. Eine erneute Wanderung und eine erneute Weiterentwicklung durchliefen die Iniidae, als ihnen das viel größere und differenziertere Flußsystem des Amazonas und des Orinoco zur Verfügung stand, als sie aus dem trübwasserreichen Beni-See in das so unterschiedliche Amazonas-Fließgewässer einwanderten. Dieses wurde über die Iquitos-Pforte möglich, als sich dort eine Passage aus dem Iquitos-See in das eigentliche, zentrale Amazonas-System eröffnete. Die Iniidae ›modernisierten‹ sich durch eine höhere Gehirnentwicklung (Pilleri u. Pilleri 1982) und Verluste in der Bezahnung. Aus der ›primitiveren‹ *Inia boliviensis* wurde die ›modernere‹ *Inia geoffrensis*.

Diese Art besiedelte nun das ganze Amazonas-Flußsystem und wanderte auch in das Orinoco-System ein (van Bree u. Robineau 1973; Pilleri u. Gihr 1977; Trebbau u. van Bree 1974; Gewalt 1978), was über das kolumbianische Subandin möglich war (vgl. Kap. 4.3). Diese *Inia geoffrensis*-Population wird nun erneuten Umwelteinflüssen ausgesetzt, als mit dem Pleistozän das Schwarzwasser eine dominierende Rolle bekam. Dieses Schwarzwasser schob sich nämlich zwischen eine im Rio Orinoco und eine im Amazonas heimisch gewordene *geoffrensis*-Population und spaltete sie zu zwei Unterarten auf. Es entstand eine auf den unteren Orinoco (Rio Apure) beschränkte *Inia geoffrensis humboldtiana*-Unterart und eine den restlichen Amazonas bevölkernde *Inia geoffrensis geoffrensis*-Population (Tabelle 7). Eine Rückwanderung von *Inia* in den marinen Bereich erfolgte nicht, obwohl der Weg zum Atlantik über den unteren Amazonas und den Rio Orinoco möglich war. Vielleicht war die Anpassung an das Süßwasser schon derart fortgeschritten, daß ein Leben im Ozean oder dessen Küstengebieten nicht mehr zu erreichen war, vielleicht auch deswegen, weil der atlantische Küstenbereich schon durch einen entfernten Verwandten, jedoch marinen ›Vetter‹, die *Sotalia*, besetzt war (Abb. 63). Auch *Sotalia* wird aus dem pazifischen Küstenbereich stammen, hat aber immer einen marinen Lebensraum behalten. *Sotalia* zog längs der Pazifikküste nach Norden, drang über die erst im Pliozän geschlossene mittelamerikanische Landenge in die Karibik ein und wanderte dann an der atlantischen Küste südwärts. *Sotalia* dringt auch vereinzelt in die Mündungsästuare der großen Flüsse ein, also auch des Amazonas, doch sind das Seltenheiten.

5.3 Hydrographie und Limnologie

Neben dem scheinbar so nährstoffreichen, üppigen Regenwald beherrscht das Wasser in Flüssen und Seen das Amazonas-Tiefland und macht es zu einer amphibischen Landschaft. Ohne die Flüsse wäre eine

Tabelle 7. Wanderwege und Artbildung der südamerikanischen Iniidae (Cetacea) aus den pazifischen Küstengewässern in das Flußwassersystem des Amazonas und des Orinoco

Holozän	Unterartenbildung der Iniidae *Inia geoffrensis geoffrensis* (im Amazonas-Gebiet) *Inia geoffrensis humboldtiana* (im Orinoco-Gebiet) Trennung durch die im Pleistozän einsetzende Schwarzwasser-Bildung	
10 000 Jahre		
Pleistozän	Einwanderung in das größere Ökosystem des Amazonas und des Orinoco Entwicklung zur moderneren Form *Inia geoffrensis* mit stärkerer Cerebralisation und Zahnzahlreduzierung	Verbleib im Ursprungsgebiet des bolivianischen Subandin bis heute als die urtümlichere Form *Inia boliviensis*
1,8 Mio. Jahre		
Pliozän	Süßwassermolasse mit Trübwasserbildung infolge hoher Sedimentfracht aus den aufsteigenden Anden-Cordilleren. Anpassung der Iniidae an das Trübwassermilieu z. B. durch Reduktion des Augenapparates (Microphthalmie)	
5,0 Mio. Jahre		
Miozän	Einwanderung der marinen Proiniidae (z. B. *Proinia patagonica TRUE*) aus dem Pazifik in die Meeresmolasse östlich der aufsteigenden Anden-Cordilleren. Vor rund 15 Mio. Jahren Beginn der verstärkten Anden-Orogenese	

Verkehrserschließung unmöglich gewesen, ohne die jahreszeitlichen Überflutungen mit ihren nährstoffreichen Schwemmlandablagerungen ist eine Ernährung durch den Anbau von Obst und Gemüse in den Várzea-Gebieten für die Siedler und die Indianer ausgeschlossen. Das Wasser in den Flüssen und Seen, in den Paranás und den Várzea-Gebieten stand also immer im Interesse der Nutzer, zuerst der Waldindianer, dann der Siedler und zuletzt auch der Naturwissenschaftler – A. v. Humboldt hat die Wässer erstmals beschrieben und sie klassifiziert.

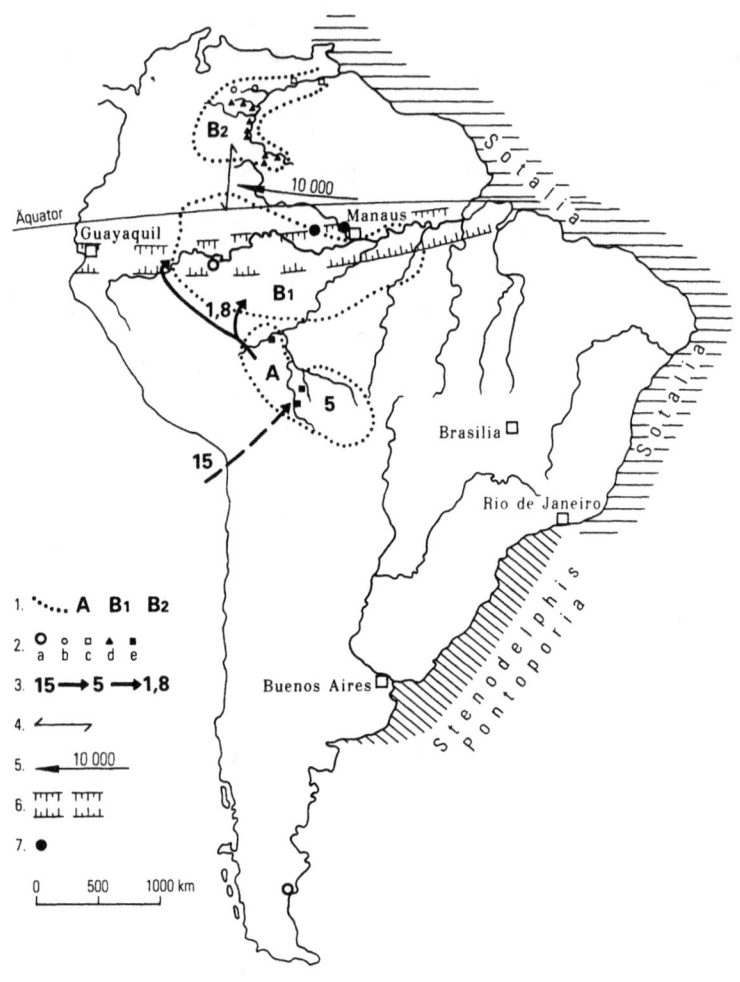

Schon sehr früh wurden die Wässer nach ihrer Färbung, dem auffälligsten Merkmal, unterteilt: das trübe, aber dafür auch nährstoffreiche Weißwasser (Agua branca) stand im auffälligen Gegensatz zum Klarwasser (Agua clara), dem auch das Schwarzwasser zugeordnet wurde (Agua prêta) (Sioli 1965; Fittkau 1971, 1974, 1983).

Abb. 63. Wanderwege des Inia-Vorläufers aus den pazifischen Küstengewässern über die oligozänen Meeresmolasseseen in die subandinen Binnenseen sowie die weitere Wanderung und Artendifferenzierung im Amazonas- und im Orinoco-Flußsystem. Es bedeuten: *1* Lebensraum des Süßwasserdelphins *Inia. A, Inia boliviensis; B1, Inia geoffrensis geoffrensis; B2, Inia geoffrensis humboldtiana. 2* Vorkommen fossiler und rezenter Flußwasserdelphine: *a Proinia patagonica* (fossil), *Plicodontinia* (fossil); *b Inia geoffrensis humboldtiana* (Gewalt 1978); *c Inia geoffrensis humboldtiana* (Trebbau u. van Bree 1974); *d Inia humboldtiana* (Pilleri u. Pilleri 1982); *e Inia boliviensis* (Pilleri u. Gihr 1977). *3* Wanderung der *Inia*-Vorläufer aus den miozänen Küstenregionen (15 Mio. Jahre) in das bolivianische Subandin, wo sich diese Vorformen durch Anpassung an das Trübwassermilieu der Süßwasserseen zu *Inia boliviensis* entwickelten (5 Mio. Jahre). Im Pliozän (1,8 Mio. Jahre) Einwanderung in das größere und differenziertere Süßwassersystem von Amazonas und Orinoco. *4* Das einst zusammenhängende Amazonas-Orinoco-Flußnetz. *5* Aufspaltung des einst verbundenen Flußsystems von Amazonas und Orinoco durch die Herausbildung einer Schwarzwasserbarriere infolge Auswaschung von Bleicherden vor ca. 10 000 Jahren. *6* Amazonas-Graben. *7* Rezente seismische Ereignisse (›Erdbeben‹) am Nordrand des Amazonas-Grabens

---

Schon früh fiel auch auf, daß nur die Ufer der nährstoffreichen Weißwässer von Menschen, insbesondere von den Waldindianern, dauernd besiedelt waren. Hier lebten die wohlhabenderen und bevölkerungsreichsten Indianerstämme, bis sie von den eindringenden Eroberern zurückgedrängt wurden. Aber nicht nur Wohlstand, auch Krankheiten brachten diese Weißwasserfluten mit sich, denn nicht nur nutzbare (Gemüse, Obst), sondern auch pathogene Organismen fanden hier gute Entwicklungsmöglichkeiten. Malaria findet sich z. B. fast nur an Weißwasser-Flüssen. Anders liegen die Verhältnisse an den Klarwasser- und den Schwarzwasser-Flüssen. Diese sind zwar fast frei von der oft entsetzlichen Insektenplage, aber man ist auch meist allein im Wald, und dort kann man in der scheinbar so üppigen Vegetation verhungern, denn es gibt kaum Früchte und Jagdgetier.

Die Gründe für die außerordentliche Gegensätzlichkeit dieser oft eng benachbarten Flüsse und Seen blieben bis in die Mitte des 20. Jahrhunderts weitgehend unbekannt. Erst durch die systematischen Untersuchungen der chemischen und der biologischen Eigenheiten dieser

Wässer konnte man sie charakterisieren und typisieren. Nahm man früher noch an, daß die Charakteristika der Amazonas-Wässer von der sie umgebenden Umwelt, von der Vegetation und von den durchflossenen Böden abhängig seien, so ist heute bekannt, daß auch das weit entfernte Quellgebiet einen bestimmenden Einfluß auf die Art und die Ausbildung der Wässer haben (Leopoldo 1983). Heute unterscheidet man drei Haupttypen der Amazonas-Fließgewässer: die Weißwasser-, die Klarwasser- und die Schwarzwasser-Flüsse (Tabelle 7).

5.3.1 Die Gewässertypen Amazoniens

Die moderne Typologie der Amazonas-Fließgewässer geht auf die umfangreichen Untersuchungen von Sioli (1963–1965) zurück, erstmalig naturwissenschaftlich beschrieben wurden sie von A. v. Humboldt. Von medizinischer Sicht, insbesondere hinsichtlich der epidemisch auftretenden Malaria-Erkrankungen, wurde den Weiß- und den Schwarzwässern – in Venezuela – besondere Beachtung geschenkt. Stern (1966, 1970), der als Wanderarzt im Gebiet des oberen Orinoco (Rio Atabapo, Brazo Casiquiare, den er 28mal befuhr, vgl. auch Kap. 4.2) mit diesen Krankheiten konfrontiert worden war, fand durch Beobachtungen und Versuche Hinweise auf die enge Beziehung zwischen dem Säuregrad der Fließgewässer und dem Auftreten von bestimmten Erkrankungen, z. B. der Malaria.

Die gleiche Typisierung gilt auch für die Seen Amazoniens. Alle drei bereits klassischen Seentypen der Limnologie sind auch hier vertreten: der eutrophe (Weißwasser), der oligotrophe (Schwarzwasser) und der dystrophe (Klarwasser) Seentyp. Die verschiedensten Umweltbedingungen können dazu führen, daß benachbarte Seen oft einen unterschiedlichen Wasserchemismus aufweisen und diesen über lange Zeit beibehalten. Erst katastrophale Einbrüche fremder Wassertypen können zu einer Vermischung der Wässer führen. Solche Katastrophen stellen die jahreszeitlichen Überflutungen und Hochwässer dar, die die Várzea-Seen in eine zusammenhängende, geschlossene Seenlandschaft verwandeln und die in Trockenzeiten oft vom Hauptfluß abgeschnittenen Seitenarme, die Paraná, wieder an das Fließgewässer anschließen. So kommt es, daß bei den Seen oft alle Übergänge zwischen den einzelnen Typen auch nebeneinander anzutreffen sind.

Bei den Fließgewässern ist wegen der stärkeren Mischungsmöglichkeiten ihre Zuordnung zu den einzelnen Gewässertypen nicht immer so eindeutig. Flüsse bilden nicht nur untereinander alle Übergänge, auch kann derselbe Fluß zeitlich, dann periodisch oder im jahreszeitlichen Rhythmus, seinen Gewässertyp ändern; dies geschieht meist durch Überschwemmungen bei Hochwasser. So erlauben z. B. Sichttiefen um 0,8 m noch keine Zuordnung zum Weißwasser- oder Klarwasser-Typ, oder die Olivfarbe ist noch kein Kriterium für ein Schwarz- oder Klarwasser. Erst alle bekannten und noch viele andere, in Zukunft noch zu erarbeitende, insbesondere biologische Faktoren lassen eine genaue Zuordnung zu. An der grundsätzlichen Typologie amazonensischer See- und Fließgewässer dürfte sich aber nach dem heutigen Kenntnisstand nichts mehr ändern.

Neben der Farbe ist der Säuregrad, der pH-Wert, der wichtigste Faktor der Gewässer Amazoniens. Weißwässer sind meist chemisch neutral, während die Klarwässer weit in den sauren Bereich hinein pendeln und die Schwarzwässer sogar extrem sauer sind. Weißwasser-Flüsse (agua branca) führen einen hohen Schwebstoffanteil, der das Wasser lehmgelb und trübe macht. Dementsprechend ist die Sichttiefe gering (zwischen 0,1 und 0,5 m). Der Amazonas-Strom selbst mit seinen beiden wichtigsten Flüssen Rio Solimões und Rio Madeira sowie der Rio Branco, sind Vertreter dieses Gewässertyps. Im zentralen Amazonien tritt dieser Typ hingegen selten auf und ist nur dort anzutreffen, wo er Gebiete mit stark bindigen Lockersedimenten durchläuft (Kap. 5.3.2).

Die mitgeführten Schwebstoffe sind nicht nur für die Pflanzenwelt nährstoffreich, wenn nach Ablauf des Hochwassers Sinkstoffe abgesetzt werden, sondern bieten auch der aquatischen Fauna optimale Lebensbedingungen. Weißwasser-Flüsse stehen daher für eine geplante Fischzucht in hohem Interesse (Saint-Paul u. Bayley 1979); Fische werden von höheren Tieren bis hin zum Menschen konsumiert (Abb. 64). Jetzt ist es auch verständlich, wenn mitten in einem durch Malaria verseuchten Gebiet des Amazonas- oder des Orinoco-Gebietes Uferstrecken auftreten, die frei von dieser Krankheit sind (Stern

Abb. 64. Ein Panzerwels aus der Gattung *Brachyplatysoma* (Familie der Pimelodidae) aus dem Rio Madeira bei Pôrto Velho/Rondônia (fotografiert 1964)

1975). Die sie beherrschenden Flüsse und Bäche führen nämlich Schwarzwasser, und das erklärt eindringlich die Beziehung zwischen den Wassertypen und dem Auftreten der Insekten.

Die Belastung, ja die oft entsetzliche Qual, welche die ständigen Angriffe der stechenden, saugenden, beißenden Insekten Tag und Nacht den Tieren und Menschen bereiten, machen ein Leben und damit eine dauernde, sinnvolle Besiedlung bestimmter Uferstrecken illusorisch. In allen Weißwasser-Gebieten tritt Malaria auf, wenn der Mensch als Träger der Plasmodien einwandert. Wohl jeder Amazonas-Reisende hat die bittere Erfahrung machen müssen, sich mit einer der drei Malaria-Typen zu infizieren. Auch ich habe am Rio Abunã, einem linken Nebenfluß – und dem Grenzfluß zu Bolivien – des Rio Madeira, eine Malaria tertiana erhalten, als ich – körperlich geschwächt nach tagelangem Rudern, weil der Bootsmotor gebrochen war, wegen der drohenden Regenzeit Schutz bei malariakranken In-

Abb. 65. Verwirbelung von Schwarzwasser des Rio Negro mit dem Weißwasser des Rio Solimões (›Encontrão das águas‹) unterhalb von Manaus (fotografiert 1982)

dianern suchte, anstatt wie sonst gewohnt, auf einer insektenfreien Sandbank im Fluß zu übernachten.

Schwarzwasser-Flüsse (Agua prêta) haben eine oliv- bis kaffeebraune, zuweilen sogar rotbraune Farbe. Sie sind allermeist transparent, führen also bis auf die färbenden Huminstoffe keine Schwebstoffe; ihre Sichttiefe beträgt daher auch zwischen 1,3 und 2,3 m. Der bekannteste Vertreter dieses Gewässertyps ist der Rio Negro. Dieser Fluß mündet unterhalb Manaus in den Weißwasser-Fluß Rio Solimões und bildet mit ihm von hier ab den Rio Amazonas. Der Zusammenprall zweier so unterschiedlicher Gewässer, als ›Encontrão das águas‹ eine spektakuläre Touristenattraktion, ist vom Boot (Abb. 65) und aus der Luft (Abb. 66) gleichermaßen faszinierend zu beobachten. Da nicht nur der Chemismus und der Schwebstoffanteil beider Flüsse unterschiedlich ist, sondern auch die Wassertemperaturen, schichtet sich das ›kühlere‹ Weißwasser des Rio Solimões (29 °C) unter das

Abb. 66. ›Encontrão das águas‹: Der Zusammenprall von Schwarzwasser des Rio Negro (rechts) mit dem Weißwasser des Rio Solimões unterhalb von Manaus (fotografiert Sioli)

wärmere Schwarzwasser des Rio Negro (30–31 °C). Beide Wässer laufen lange Zeit unvermischt nebeneinander her. Erst viele Kilometer unterhalb der Einmündungsstelle geht das Schwarzwasser in das Weißwasser über, und von da ab (aber nicht nur deswegen!) nennt sich der Strom nun Rio Amazonas.

Schwarzwässer hängen genetisch eng mit den Bleicherden und den Podsol-Böden zusammen (Kap. 5.2.2). Sie enthalten, wie schon erwähnt, sehr viel Huminsäure, hämolysierende Saponine (das erklärt z. B. die Schaumberge unterhalb der Wasserfälle des Rio Caroni bei Canaima/Venezuela) und Flavone. Diese chemischen Bestandteile entstehen bei der Zersetzung von pflanzlichem Material und erklären auch den hohen Säuregrad. Dieser wiederum ist den meisten tierischen Organismen, besonders den Insekten und ihren Larven, abträglich. Stern (1970) berichtete von einem Versuch, der dieses sehr deutlich macht: Larven von *Schistosoma* oder *Culex* (Mücken) wurden in ein mit Weißwasser gefülltes Glas gesetzt, wo sie sich auch aktiv bewegten. Sie fielen jedoch sofort unbeweglich zu Boden, als ein paar Tropfen Schwarzwasser beigegeben wurden. Der relativ hohe Säuregehalt dieses beigegebenen Wassers zerstört nämlich die schützenden Kolloide und die Saponine verändern die Oberflächenspannung. Die Ufer der Schwarzwasser-Flüsse sind aus diesem Grunde mückenfrei, aber auch – wegen der nährstoffarmen Bleicherden und der Podsol-Böden – unfruchtbar: man kann dort in der ›üppigen‹ Vegetation verhungern.

Klarwasser-Flüsse (Agua clara) sind eine Besonderheit der Fließgewässer Amazoniens und lange nicht als eigenständiger Wassertyp erkannt worden. In gewisser Weise stellt dieser Typ einen Übergang zwischen dem Weiß- und dem Schwarzwasser dar. Seine Besonderheiten sprechen aber für einen eigenen Typ.

Der Säuregrad des Klarwassers schwankt zwischen dem Neutralpunkt und einem niedrigen pH-Wert. Das Wasser ist gelb- bis olivgrün und sehr transparent, stärker als beim Schwarzwasser. Entsprechend hoch ist auch die Sichttiefe von 1,1–4,3 m. Schwebstoffe sind im Klarwasser nicht oder nur in äußerst geringen Mengen vorhanden. Die bedeutendsten Vetreter dieses Flußwassertyps sind der Rio Tapajóz und der Rio Xingú (Fittkau 1969); beide sind rechte Nebenflüsse des unteren Amazonas und entwässern aus dem präkambrischen Kristallin des brasilianischen Berglandes. Kennzeichnend für das Einzugsgebiet dieser beiden Flüsse ist außerdem ein ruhiges Relief. Ein solches Relief kommt auch in den Schwarzwasser-Gebieten vor, nur treten an den Ufern der Klarwasserflüsse niemals Bleicherden mit ihren Podsol-Böden auf, sondern mineralstoffreiche Braunlehme und grundwassernahe Latosole. Dennoch zeigen gerade die starken Schwankungen im Säuregrad (pH-Wert 4,5–7,8), daß ›Klarwasser‹ anscheinend nur ein Sammelbegriff von biologisch und hydrochemisch sehr heterogenen Gewässern ist, der als Gemeinsamkeit eigentlich nur die Armut an Schwebstoffen aufweist.

Die Bildung der Amazonas-Flußtypen ist daher an viele Faktoren gebunden: Vegetation, Bodenbildung und Relief spielen eine große Rolle, die biologischen Eigenschaften, die mit Sicherheit einen großen Einfluß auf die Bildung der Gewässertypen ausüben, sind nur unzureichend erforscht; sie dürften im weiteren Fortgang des Kenntnisstandes zu einer stärkeren Untergliederung führen.

5.3.2 Die Einzugsgebiete

Auf die Bedeutung der Einzugsgebiete für die hydrographische und limnologische Typisierung der Amazonas-Fließgewässer hat Sioli in seinen Arbeiten immer wieder hingewiesen. Faßt man die Gewässertypen zu regionalen Gruppen zusammen, so lassen sich interessante Bezüge zu den Einzugsgebieten, insbesondere auch zu den Quellgebieten, herstellen (Lauer 1968; Gibbs 1977) (Abb. 67). Die Weißwasser-Flüsse haben ihre Quellen im Anden-Gebirge und nehmen auf ihren Wegen zum Atlantik die durch die dortige Erosion und im Vorland freigesetzten Klastika auf und transportieren diese als Schwebstoffe bis zur Mündung. Die bedeutendsten Vertreter solcher Weißwasser-Flüsse sind der Rio Madeira mit seinen bolivianischen Quellflüssen Rio Guaporé, Rio Mamoré, Rio Beni und Rio Madre de Dios, sowie der Rio Solimões mit seinen Zuflüssen Rio Purús, Rio Juruá, Rio Ucayali und Rio Marañon. Ebenfalls zu diesem Flußwassertyp gehörte der Rio Napo, der Rio Putumayo und der Rio Japurá. Sie haben eine generelle Fließrichtung von West nach Ost, und man könnte sie daher, da sie das westliche Einzugsgebiet des Amazonas entwässern, als ›Westprovinz aus Weißwasserflüssen‹ bezeichnen.

Die Schwarzwasser-Flüsse treten vorwiegend im Norden Amazoniens auf, und ihr bedeutendster Vertreter ist der Rio Negro. Er hat

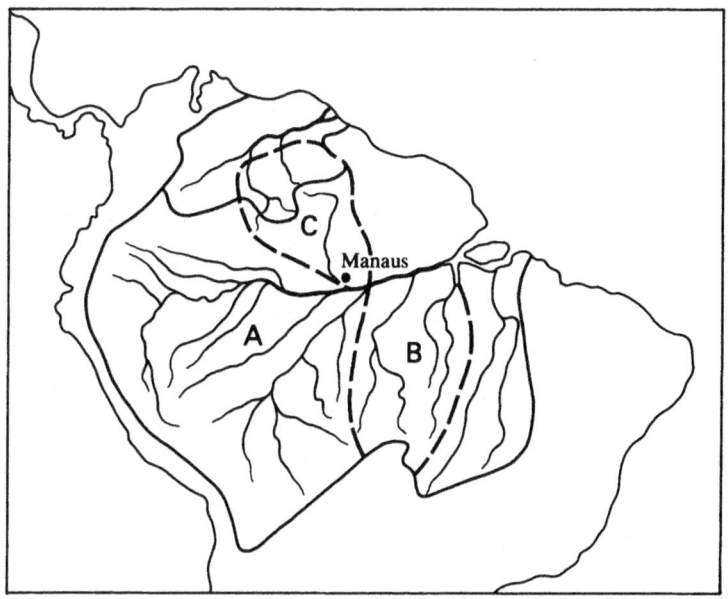

Abb. 67. Die regionale Verteilung der einzelnen Wassertypen in Amazonien. *A* Westprovinz mit vorwiegend Weißwasser (andines und subandines Einzugsgebiet); *B* Südprovinz mit vorwiegend Klarwasser (kristallines Einzugsgebiet); *C* Nordprovinz mit vorwiegend Schwarzwasser (Roraima- und Belterra-Einzugsgebiet)

über den Casiquiare eine Verbindung zum oberen Orinoco, der auch, soweit er die Bleicherde-Gebiete der Gran Sabana entwässert, Schwarzwasser führt. Diese ›Nordprovinz aus Schwarzwasser-Flüssen‹ wird beherrscht von den sandigen Roraima-Schichten, die das Ausgangsmaterial der Bleicherde-Böden liefern. Der dem Rio Negro oberhalb von Moura von Norden aus dem Guayana-Hochland zufließende Rio Branco (Weißer Fluß) führt zwar Sink- und Schwebstoffe aus dem Bergland, gehört aber nicht zu den typischen Weißwasser-Flüssen der Anden oder des Anden-Vorlandes. Der Wasserchemismus, insbesondere der Säuregrad, entspricht eher dem eines Klarwassers.

Die Klarwasser-Flüsse strömen dem Amazonas aus dem Süden zu, ihre bedeutendsten Vertreter sind der Rio Tapajóz und der Rio Xingú. Sie durcheilen den schmalen Streifen ausstreichender paläozoischer Sedimentgesteine, haben aber ihr Quellgebiet im Kristallin des brasilianischen Berglandes. Zu den Klarwasser-Flüssen gehören auch die kürzeren, linken Nebenflüsse des Amazonas, von denen der Rio Trombetas und der Rio Jarí die bekanntesten sind. Man kann diese Flüsse auch zu einer ›Südprovinz aus Klarwasser-Flüssen‹ zusammenfassen.

Eine regionale Typisierung der Amazonas-Fließgewässer könnte nach ihren Einzugsgebieten vorgenommen werden. Dennoch erklärt dies nicht allein die starke Differenzierung der Fließgewässer. Besonders fällt das bei den Schwarzwasser- und den Klarwasser-Flüssen auf. Beide durchlaufen nämlich die Streifen paläozoischer Sedimentgesteine sowie das präkambrische Kristallin in ihren Quellregionen, in beiden stehen auch die sandigen Ablagerungen der Oberkreide an (Roraima-, Parecís-Schichten). Hier werden sicher noch andere, wahrscheinlich biologische und biochemische Faktoren zur Differenzierung herangezogen werden müssen. Außerdem spielt wohl auch die Menge – der nährstoffarmen – Niederschläge eine Rolle: In der meteorologischen ›Niederschlagsbrücke‹ mit Regenmengen um 1500 mm/Jahr (Abb. 51) ist eine Steppenvegetation häufig eingesprengt oder die Regel, während in den benachbarten, niederschlagsreicheren Gebieten der tropische Regenwald vorherrscht. Anscheinend fördert die dünne Steppenvegetation (Abb. 57) eine stärkere Durchfeuchtung und damit eine höhere Auswaschung löslicher Mineral- und Nährstoffe. Dadurch kommt es eher zu einer Ausbildung von Bleicherden, die zu einer Podsolierung führt, die wiederum mit der Versauerung der Böden und schließlich der Gewässer einhergeht.

5.3.3 Niederschlag und Bodenwasser

Die Niederschlagsverteilung (Abb. 51) zeigt deutlich, daß die durchschnittliche Regenmenge in Amazonien um 2000 mm/Jahr liegt, am Anden-Hang, im zentralen Teil und an den Guayana-Küste steigt sie bis über 3000 mm/Jahr an, während eine ›Trockenbrücke‹ mit 1500 mm/Jahr die Savannen-Gebiete von Venezuela mit Brasilien verbindet. Die hohen Niederschläge bedingen den tropischen Regenwald, die Hyläa.

In unseren gemäßigten Breiten ist es die Regel, daß Regenwasser wesentlich ärmer an gelösten Mineralien ist als das im und auf dem Boden fließende Wasser. In Amazonien ist das jedoch keineswegs überall der Fall, sondern manchmal sogar umgekehrt. Der Elektrolytgehalt kann in den Bächen, insbesondere aus den Schwarzwasser-Regionen, geringer sein als im Regenwasser, das gilt besonders für den wichtigen Calcium-Gehalt (Abb. 68, Tabelle 8). So ist es auch zu erklären, daß es in solchen Bächen keine kalkbenötigenden Organismen (Muscheln, Schnecken) gibt.

Die Frage ist also zu beantworten, warum aus den Böden die sonst in den gemäßigten Breiten vorhandenen gelösten Stoffe herausgewa-

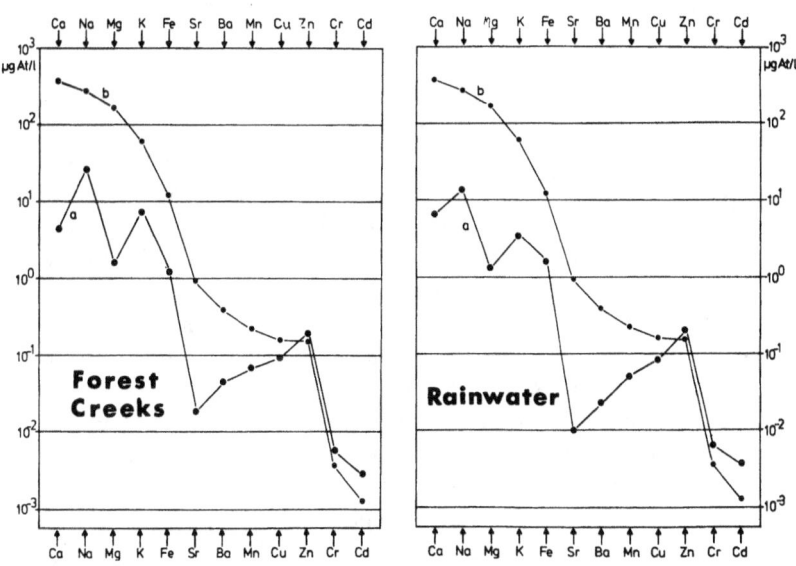

Abb. 68. Der Chemismus eines Flußwassers aus dem zentralen Amazonas-Gebiet und eines im Wurzelwerk aufgefangenen Regenwassers (aus: Furch 1976)

Tabelle 8. Chemismus von amazonischen Fließgewässern aus den pliozänen Barreiras-Sanden (*A*) und dem präkambrischen Kristallin (*B*). (Nach: Sioli 1968)

	A	B
pH	4,0	6,6
HCO_3' mval/l	0,00	0,174
$Ca^{..}$ mg/l	0	18,4
$Mg^{..}$ mg/l	0	5,6
$Na^{.}$ mg/l	0,245	2,530
$K^{.}$ mg/l	0,143	1,52
$Li^{.}$ mg/l	0	0,160
$Fe^{..}+Fe^{...}$ γ/l	0	250
$Mn^{..}$ γ/l	0	212
$Al^{...}$ γ/l	0	488
Cl' mg/l	0	3,5
SO_4'' mg/l	0,000	2,690
P (PO_4''') γ/l	0	110
N (NO_3') γ/l	0	$\pm$ 200
N (Kjeldahl) γ/l	0	2620
Gel. Si mg/l	$\pm$0,5	6,650

schen worden sind. In einem so feuchtarmen Klima wie Amazonien werden die löslichen Stoffe, die bei den Verwitterungsprozessen in den Böden freigesetzt werden, nicht etwa in diesen angereichert, sondern durch das versickernde Regenwasser aufgenommen, dem Grundwasser zugeführt und über Quellen in den Bächen abgeleitet. Entspricht nun der Chemismus des Bachwassers dem der Niederschläge, so ist der verwitternde Boden bei der konstanten Biomasse des tropischen Regenwaldes Amazoniens kein Lieferant für zusätzliche Stoffe (Tabelle 9). Der typische Regenwald funktioniert daher in einem sehr kurz geschlossenen Kreislauf; das gilt für die Gewässer ebenso wie für die gelösten Nährstoffe.

Dreiviertel der im Ökosystem Regenwald sich befindlichen Wassermengen zirkuliert ständig in und über ihm. Von den Pflanzen wird das Wasser über das flache Wurzelwerk hochgepumpt, von den Blättern verdunstet und über den Baumkronen zu Regenwolken konden-

Tabelle 9. Ionen-Gehalte (in: ppm = mg/kg) der pelitischen Fraktion amazonischer Böden (nach: Irion 1976a)

Böden	Na	K	Ca	Mg	Fe	Mn	Bemerkung
Anden-Gebirge	6 500	15 500	37 000	16 000	49 000	1 200	Hochgebirge
Anden	2 680	19 080	7 360	30 120	50 700	630	Verwitterung
Anden-Vorland	2 600	23 600	13 200	14 900	64 000	950	Schwemmland
Acre	1 630	15 100	1 300	5 000	55 800	330	Schwemmland
Rio Solimões	3 300	19 000	11 000	11 900	72 800	850	Schwemmland (Fluß)
Rio Madeira	3 200	27 000	6 600	12 200	67 000	858	Schwemmland (Fluß)
Rio Negro	10 280	8 300	1 750	2 600	38 100	260	Schwemmland (Fluß)
Guayana	600	700	700	280	66 000	84	Lateritisch verwittertes Kristallin
Zentral-Amazonas	160	225	350	100	27 600	33	Alter do Chão-Formation
Várzea	1 650	15 200	940	5 600	51 000	98	Überschwemmungsgebiet

siert. Nur der Rest von einem Viertel wird über das Entwässerungsnetz dem Meer zugleitet.

In den Böden sind keine oder nur noch äußerst geringe Mengen an Nährstoffen vorhanden, die bei der Verwitterung frei werden und damit der Vegetation zur Verfügung stehen. Sie sind bei dem herrschenden Tropenklima in der geologischen Vergangenheit längst restlos ausgewittert und ausgewaschen worden. Schon der Oberkreide-Sandstein (Roraima-, Parecís-Sandstein) ist arm an Nährstoffen. Ähnliches gilt auch für die tertiärzeitlichen Ablagerungen im zentralen Amazonien (Belterra-, Manaus-, Pebas-Schichten).

So zeigt nun auch das Ökosystem Regenwald einen sehr kurz geschlossenen Nährstoffkreislauf. Deutlich wird das durch sein Wurzelsystem. Dünne Tastwurzeln ragen über die Erdoberfläche hinaus und ziehen die Nährstoffe direkt aus der verwitternden Blattstreu. Andere, nach oben sich öffnende oberirdische Wurzelsysteme filtern die Nährstoffe direkt aus dem Regenwasser. Selbst aus den Ästen und den Baumkronen wachsen Wurzeln, die im Humus der epiphytischen Pflanzen nach Nahrung suchen. Die wichtigste Nährstofflieferung erfolgt jedoch durch die Symbiose der Wurzeln mit Pilzen. Diese schließen das tote Holz auf, und die Wurzeln nehmen die nun wieder frei gewordenen Stoffe auf. Nicht unerheblich ist die Quelle organischer Zufuhr, die in dem Material steckt, das Insekten, insbesondere Ameisen und Termiten, für den Bau ihrer Nester herbeitransportieren.

Der Elektrolytgehalt des Regenwassers, das eigentlich als Kondensat nur die Qualität eines destillierten Wassers haben dürfte, erklärt sich aus einem Fremdeintrag. In den benachbarten ariden bis semiariden Gebieten Amazoniens, dem Sertão und der Gran Sabana, werden durch die Aufheizung starke Winde erzeugt, die Verwitterungsmaterial als Stäube aufnehmen und forttragen. Geraten sie mit den feuchtigkeitsreichen Kondensatwolken Amazoniens in Kontakt, so werden die Stäube bei den äußerst heftigen Gewitterregen abgegeben und mit dem Regenwasser dem Ökosystem Wald als zusätzliche Nährstoffe zugeführt. So ist es zu erklären, daß das Niederschlagswasser gelegentlich nährstoffreicher ist als das aus dem Regenwald ablaufende Bachwasser (Abb. 68). Der Wald hat alle Nährstoffe zurückgehalten und für sich verbraucht.

5.3.4 Der gegenwärtige Abflußgang

Im gegenwärtigen Abflußgang des Amazonas-Entwässerungssystems spiegelt sich die holozäne Klimageschichte wider (Abb. 48). Die bedeutendsten Einflüsse gehen vom postglazialen Meeresspiegel (Abb. 69) aus, sowie von der Zunahme der holozänen Niederschläge; beide Erscheinungen sind nachgewiesen (Kap. 4.4 u. 5.2.4). Zusätzlich wirken auf den gegenwärtigen Abflußgang noch viele regionale wie auch örtliche Gegebenheiten ein: die Vegetation der Umgebung (Campo Cerrado oder Regenwald), die Vegetation selbst (schwimmende Wiesen, umgestürzte Bäume), das Relief in Ufernähe und im Fluß selbst (Felsenstrecken), die Sedimentfracht (wandernde Sandbänke), Veränderungen im Mäander- und im Seitenarmsystem. Diese Faktoren führen dazu, daß es temporär zu Überflutungen kommt, die langsam wieder ablaufen, daß es aber auch zu langandauernden Hochwasserständen führen kann (Abb. 37). Als eine der Ursachen dieser ständigen Flußwasserhochstände werden junge tektonische Bewegungen am Amazonas-Graben vermutet.

Im eigentlichen Amazonas-Tiefland findet heute trotz der enormen Wassermassen (im Durchschnitt 100 000 m³/s) kaum noch eine Tiefenerosion des Flußbettes statt, dazu ist das Gefälle sowie die Bodenfracht zu gering (Absy 1979). Die normale Bodenfracht ist ein Grobsand mit einem äußerst geringen Kiesanteil. Die einzelnen Komponenten sind meist schlecht gerundet, weisen aber infolge des langen

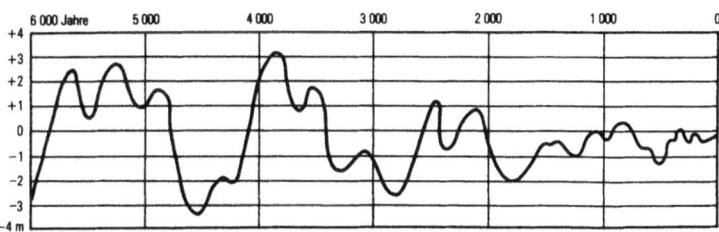

Abb. 69. Die postglazialen Meeresspiegelschwankungen an der brasilianischen Atlantikküste (nach: Fairbridge 1962 u. Bigarella 1965)

Transportes und der ständigen Umlagerung eine polierte Oberfläche auf (Irion 1976, dessen Abb. 5). Die Grobsande können sich am Grunde des Flußbettes zu Großrippeln zusammenschließen. Sie bereiten der Schiffahrt am unteren Amazonas je nach der jahreszeitlichen Wasserführung und Standortverlagerung erhebliche Schwierigkeiten, so daß oft nur eine Fahrt mit Lotsen möglich ist. Rippeln und Sandbänke von 600 m Länge und 12 m Höhe sind nicht selten (Sioli 1983).

Wesentlich stärker ist die Erosion auf den Flußstrecken mit Wasserfällen und Stromschnellen. Dort wird das anstehende Felsgestein zerstört, aufbereitet und zu Geröllen rundgeschliffen. Die hydromechanische Potenz des fließenden Wassers kann so stark sein, daß es zur Ausbildung von Strudellöchern kommt. Besonders eindrucksvolle Beispiele dieser für Amazonien seltenen Erscheinungen sind an den Felsen der Wasserfallstrecke des Rio Madeira zwischen Pôrto Velho und Guajará-mirim (Abb. 31) zu beobachten (Abb. 34).

Die erstaunlichen Tiefen des Amazonas-Flußbettes sind daher nicht auf heutige Erosionsvorgänge zurückzuführen, sondern sind das Ergebnis vergangener Prozesse, als durch die globalen Meeresspiegelabsenkungen während der pleistozänen Glazialzeiten (Kap. 4.5) die Erosion das Flußbettunterlager erreichen konnte. Dieses, meist aus tertiärzeitlichen Sedimenten bestehende Unterlager liegt heute oft mehr als 100 m unter dem Hochufer, das heute bei oft nur wenig über 10 m NM steht. Die vielfach steilwandigen Einschnitte können schon wieder aufgefüllt sein, die eingebrachten Sedimente erneut wieder angeschnitten und zusedimentiert worden sein (Abb. 43).

Der unterschiedliche Abflußgang ist gegenwärtig an der Differenz zwischen der maximalen (160 000 m^3/s) und der minimalen (35 000 m^3/s) Wasserführung (jeweils im Mündungsgebiet des Amazonas gemessen) deutlich abzulesen (vgl. auch Tabelle 1). Entsprechend hoch ist dann auch der Anteil der Sinkstoffe (bis 20 t/s) und endlich auch des Grundgeschiebes. Der gegenwärtige Abflußgang kann aber bei dem diffizilen Gleichgewicht aus Erosion und Wasserführung durch anthropogene Eingriffe, insbesondere durch weitflächige Rodungen und Entwaldungen, aber auch durch das Zurückhalten in bestehenden und geplanten Talsperren, erheblich verändert werden.

Die großflächigen Entwaldungen (Kap. 5.4.2) geben der Sonne Zutritt zum bisher feuchten Urwaldboden. Nun wird der Oberboden ausgetrocknet und durch den Kapillarhub das bei dem geringen Relief oft sehr hochliegende Grundwasser beeinflußt; ein Sinken des Grundwasserspiegels ist die Folge. Andererseits treffen die heftigen Niederschläge den bloßliegenden Boden, dessen früher darauf stehender Wald die Niederschläge aufnehmen, speichern und langsam wieder abgeben konnte. Jetzt, bei Fehlen des schützenden Waldes, läuft das Wasser rasch ab und kann bei dem flachen Gefälle und dem geringen Relief zu großen, flächenhaften Überschwemmungen führen.

5.4 Anthropogene Einflüsse

Bei einer Schilderung der Entstehung des Amazonas-Flußnetzes in Zeit und Raum sollten eigentlich die anthropogenen Einflüsse keine Beachtung finden. Wäre der Mensch ein Bestandteil des Ökosystems geblieben, wie es der in ihm und von ihm lebende Waldindianer ist, wären in der Tat die nachfolgenden Kapitel nicht zu schreiben. Doch mit der Technik, insbesondere mit der Technik großer Maschinen und mit der Hilfe internationalen Kapitals, greift der Mensch in dieses Ökosystem ein, so daß nicht nur die Landschaft verändert wird, sondern auch das Flußsystem des Amazonas selbst. Infolge der großflächigen Entwaldungen (Kap. 5.4.2) sinkt der Grundwasserstand, durch Anstau in Talsperren zur Elektrizitätsgewinnung werden weite Fläche überflutet (Kap. 5.4.5). In beiden Fällen wird der Wasserhaushalt – von Verdunstungen einmal abgesehen – nachhaltig gestört, der unterirdische wie auch der oberirdische Abfluß verändert und das Klima beeinflußt. Aber es bestehen – anscheinend oder vorgeschoben – politische Vorgaben, Amazonien besiedeln zu müssen, und das geht ohne einen Eingriff in das Ökosystem nicht. Andere tropische Systeme mögen solche Eingriffe vertragen, Amazonien nicht.

Zwar leben in Amazonien schon 5 Mio. Menschen (1970, also zu Beginn der intensiven Siedlungsmaßnahmen), doch konzentrieren sich diese auf die wenigen Städte oder großen Siedlungen sowie auf den Uferstreifen der schiffbaren Flüsse. Inner-Amazonien ist aber fast menschenleer, so daß dort – statistisch – ein Mensch ein Gebiet von 2 km² Fläche zur Verfügung hat. Hierbei sind die rund 300 000 Waldindianer nicht mitgezählt. Wo so viel Platz ist, drängt der Mensch aus überfüllten Gegenden ein, und darum wird in Amazonien auch gesiedelt. Da aber Amazonien mit seiner riesigen Weite, aber auch mit seinen armen Böden, nicht das erfüllen kann, was die üppige Natur zu versprechen scheint, zeigen sich immer deutlicher die Probleme bei der Siedlungsplanung, die meist ohne Kenntnis der natürlichen Gegebenheiten erfolgte (hierzu: Dennler de la Tour 1948, 1972; Glaser 1970; Tamer 1971; Grabert 1975; Goodland u. Irwing 1975; Kohlhepp 1976; Sioli 1977).

Es hätte zu denken geben müssen, daß viele Gebiete Amazoniens primär frei von einer Besiedlung durch Waldindianer sind. Warum? Urwald und Boden geben nun einmal wenig her zur Unterhaltung und Ernährung auch kleiner menschlicher Populationen (Kap. 5.2.3).

Die Entwicklungsplanung umfaßt heute die Forstwirtschaft, die Weidewirtschaft mit Viehzucht, den Bergbau, die Ansiedlung und den Straßenbau, sowie die Energiegewinnung und die Industrieansiedlung. Nach den ersten Mißerfolgen wurden auch die Fischzucht (Saint-Paul u. Bayley 1979) und die tropischen Dauer- und Jahreskulturen stärker in die Planungen mit einbezogen (Marbut u. Manifold 1926). Um alle ökonomischen sowie ökologischen Belange berücksichtigen zu können, hat Brasilien einen Entwicklungsplan ›Amazonas Legal‹ entworfen und ihn unter staatliche Aufsicht gestellt. Dieser Plan umfaßt ungefähr das brasilianische Einzugsgebiet des Amazonas und des Rio Tocantins, greift also über das Gebiet des tropischen Regenwaldes, der Hyläa, hinaus (Abb. 70).

5.4.1 Die Roçada

Die Brandrodung, was Roçada eigentlich bedeutet, wurde schon angewandt, seit der Waldindianer für seine zusätzlichen Bedürfnisse als Sammler und Jäger auch kleine Anbaugebiete benötigte. Er rodete und brannte ein kleines Stück aus dem Urwald nieder, legte also eine Roça an, um für Mandioca, später auch Mais und Bananen, Anbauflä-

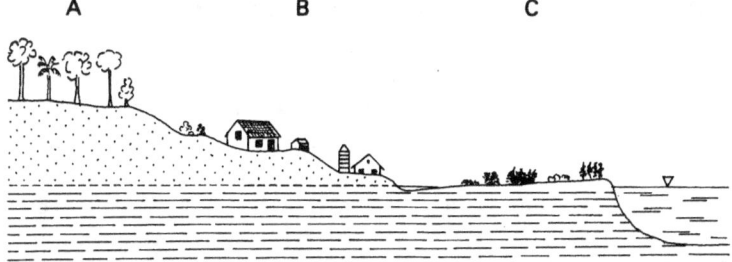

Abb. 70. Anbau- und Siedlungsvorschläge der brasilianischen Planungsbehörde für das Gebiet der Terra Firme und den Várzea-Flächen (nach: de Camargo 1968)

chen zu schaffen. Es waren immer nur kleine Flächen, die dafür erforderlich waren, meist nur für einen kleinen Indianerstamm von kaum mehr als 100 Menschen. Sie dienten als landwirtschaftliche Flächen fast nur zur eigenen Versorgung, und selten wurden die angebauten Nahrungsmittel auch zum Tausch gegen andere Bedürfnisse verwendet. Der Waldindianer ist nicht seßhaft, er wandert den reifenden Früchten, dem Wild und den vom Hochwasser abhängigen Fischen nach und bewohnt in jahreszeitlichem Rhythmus nahrungsreiche Areale seines Jagd- und Lebensraumes. Seine Eingriffe in den Naturhaushalt des Ökosystems Amazonien waren dementsprechend auch klein und unbedeutend, und der Amazonas-Regenwald überstand problemlos diese Brandrodungen.

Die am Ende der Regenzeit geschlagenen Bäume vertrocknen in der anschließenden Trockenzeit und werden an derem Ende kurz vor dem Einsetzen des neuen Regens angezündet und verbrannt. Die Asche enthält wasserlösliche Mineralstoffe, die mit dem Regen in den Boden gewaschen werden und den kurz zuvor eingesäten und eingesetzten Pflanzen als zusätzliche Nährstoffe dienen; eine weitere Düngung wurde nicht aufgebracht. Bei den primär an Nährstoff armen Böden in Zentral-Amazonien waren die durch die Brände freigesetzten Nährstoffe aber bald aufgebraucht, so daß auf diesen Böden eine weitere Einsaat und Ernte nicht mehr erfolgversprechend war. Ein neues, vielleicht benachbartes Stück wurde gerodet, in gleicher Weise bearbeitet und das alte Stück der Natur überlassen. Sehr bald hatte der Regenwald von diesen Altflächen wieder Besitz ergriffen. Der in den ersten Jahren noch niederwüchsige Sekundärwald, die Capoeira, wich bald wieder dem hochstämmigen Regenwald und nach einigen Jahrzehnten war die alte Rodungsfläche unkenntlich. Nur noch Spezialisten können die alten Brandrodungen am Pflanzenbestand erkennen. Der Bearbeitungsturnus zeigt, daß normalerweise ein Rodungsgebiet wegen Erschöpfung des Bodens nach 2 Jahren verlassen wird, um dann nach 8–10 weiteren Jahren erneut bearbeitet zu werden; das kann sich mehrfach wiederholen, bis die nachgewachsene Vegetation auch nach erneutem Brand keine nennenswerten Mineralstoffe mehr abgeben kann. Dann muß die Gegend für immer verlassen werden. Solche Pflanzungen werden jedoch nie über Podsol-Böden (Kap. 5.2.2) angelegt; ein gewisser Nährstoff muß primär im Boden vorhanden sein. Die Gebiete mit vorherrschenden Tropen-Podsolen sind daher fast immer frei von einer ständigen Besiedlung durch die Waldindianer.

Es ist gelegentlich die Frage aufgeworfen worden, ob sich die wiederholte Brandrodung mit anschließender Nutzung nicht doch im Bodentyp bemerkbar macht, ob nicht dadurch eine anthropogene Bodenbildung hervorgerufen werden kann (Sioli u. Klinge 1966). Bereiche mit einer sonst in Amazonien fremden Schwarzerde (Terra prêta) finden sich am Rande der mit einem sauren Braunlehm ausgezeichneten Terra Firme des unteren Amazonas-Gebietes. In örtlich unterschiedlicher Mächtigkeit von wenigen Dezimetern bis zu 2 m lagert in der Schwarzerde ein humoser Horizont über dem in dieser Gegend auftretenden Braunlehm. Diese Flächen mit der Schwarzerde sind immer kleineren Umfanges und werden als Siedlungsplätze heute nicht mehr hier lebender Waldindianer angesehen. Die Humusanreicherung wird als Speise- und sonstige Abfälle der ehemaligen Bewohner gedeutet.

5.4.2 Die weitflächigen Rodungen

Rodungen wird es immer geben, solange der Mensch im tropischen Regenwald lebt, und kleinflächige Eingriffe sind auch problemlos für das Ökosystem Amazonien. Doch wenn die Nährstoffe nicht wieder in den so kurz geschlossenen Kreislauf eingebracht werden, wenn sie – als Exporte – herausgetragen werden und unwiederbringlich für ihn verloren sind, dann beginnt das Ökosystem zu kranken und das diffizile Gleichgewicht, das sich in geologischen Zeiträumen aufgebaut hat, wird ernstlich gefährdet. Herausgetragen werden Nährstoffe, die einstmals Bäume waren und die nun in die Möbelfabriken Europas, Japans und Nordamerikas gewandert sind; Verluste treten ein durch Fischerei und Straßenbau, durch Siedlungen und Bergbau – und alles ist verbunden mit riesigen Kahlschlägen und Rodungen, mit Verdorren und Brandsetzung. Je größer die menschliche Gier nach Gewinn aus Holz und Erz, nach Verdienst durch Rinderhaltung und Elektrizität ist, desto größer sind die Flächen, die beansprucht werden, um die der Regenwald nun ärmer wird. Und das sind bisher (1988) schon 250 000 km^2, eine Fläche so groß wie Oregon/USA oder die Bundesrepublik Deutschland.

Wenn die Brandrodungen der Waldindianer noch so klein waren, daß sie keine wesentlichen, vom Regenwald noch regenerierbaren Schäden herbeiführten, so stellen die weitflächigen Rodungen ernsthafte Eingriffe mit teilweise verheerenden Folgen dar. Die zunehmende Bevölkerung, angeregt und gesteuert durch eine staatliche Immigrationsförderung und besonders durch die Landnahme fremder Exportunternehmer, erzeugt einen Waldverlust, der bald nicht mehr regionale, sondern auch global sich auswirkende Veränderungen herbeiführen wird; früh ist darauf schon hingewiesen worden (Maack 1963).

Die weitflächigen Rodungen setzen nämlich riesige Flächen ehemaligen Waldbodens, der selten einer direkten Sonneneinstrahlung ausgesetzt war, langfristig der Austrocknung aus. Die Folge ist eine hohe Verdunstung, die wiederum zu einem starken Absinken des Grundwasserspiegels führt. Da der Oberboden in der Trockenzeit stark ausdörrt, ist auch eine Aufforstung problematisch, da die Jungpflanzen zu wenig Feuchtigkeit erhalten. Eine Bewässerung wäre dann die Alternative, doch diese ist energie- und kostenaufwendig. In der nachfolgenden Regenzeit wird der noch vorhandene, geringe Nährstoffgehalt des Bodens, da auch durch die verlorene Vegetation kein

Nachschub erfolgen kann, ausgewaschen und mit den Fließgewässern unwiederbringlich fortgeführt. Der Boden verarmt, und auch eine weitere Mineraldüngung, soweit sie überhaupt wirtschaftlich tragbar wäre, ist keine Alternative – der gegebenenfalls neu aufgebrachte Mineraldünger wird vom kaolinitischen Boden nicht festgehalten und sofort wieder ausgewaschen. Alle zwei Monate müßte erneut gedüngt werden, was wirtschaftlich wohl nicht tragbar ist. Schließlich bewirkt eine Bodenerosion in Hanglage einen starken Abtrag, auf ebenen Flächen eine Ausschlämmung und Fortführung des Feinkorns und damit eine zur Tiefe hin fortschreitende Versandung.

Unter diesen veränderten Bedingungen kann ein tropischer Regenwald nicht mehr nachwachsen und eine andere Waldform, die dem Campo Cerrado ähnliche Capoeira, stellt sich ein. Bei noch größeren Entwaldungen treten noch weitere Schäden auf. Eine Verminderung der regional im und über dem Wald zirkulierenden Kondensation (Kap. 5.3.3) wird zu einer Minderung der jährlichen Gesamtmenge an Niederschlägen führen und damit eine Verschärfung der jahreszeitlichen Trockenheiten bedingen. Mit dem ausgeschwemmten Feinkorn im abfließenden Wasser wird sich das Flußregime ändern, da sich die Trübstoffe irgendwo abgelagert haben. Und endlich wird sich auch die Herausnahme und das Entfernen großer Anteile an Biomasse aus dem gerodeten Regenwald nachhaltig und nunmehr auch global auswirken. Die Biomasse wird nämlich weitgehend verbrannt, also oxidiert, und vergrößert den CO_2-Gehalt der Atmosphäre, die durch die Verbrennung fossiler Brennstoffe (Erdöl, Kohle) schon überaus belastet ist. Damit wird der Wärmehaushalt der Erde beeinflußt. Das brasilianische Weltraum-Institut schätzt, daß 1987 neben Millionen von Tonnen Staub, Ruß und Rauch auch 1,9 Mrd. t CO_2 aus den weitflächigen Brandrodungen Amazoniens aufstiegen. Das entspricht aber etwa 1/10 der weltweiten CO_2-Emissionen, die wesentlich zum viel diskutierten, gefürchteten ›Treibhauseffekt‹ beitragen und die Erdatmosphäre aufheizen.

5.4.3 Siedlungen und Straßenbau

Bis in die Mitte dieses Jahrhunderts war der Besiedlung Amazoniens wegen der mangelnden Verkehrserschließung Grenzen gesetzt. Zwar sind die Flüsse bis weit in ihre Quellgebiete hinein wegen des geringen Gefälles schiffbar und damit vorzügliche Verkehrsträger, aber sie erschließen nicht das eigentliche Amazonien, das Hinterland der Flüsse. Ein Straßenbau war wegen des bis dahin zu geringen Bedarfs wirtschaftlich unrentabel und daher nicht vertretbar. So war das resignierende Wort ›Até à chegada da estrada‹ (= Bis zur Ankunft, dem Bau der Straße) zu warten, eine Vertröstung auf die Zukunft, die keiner einlösen konnte oder mochte, denn es würde ja noch so viel Zeit bis zur Ankunft der Straße vergehen! Doch nun, mit der neuen Planung, erreicht die Straße die einst fast vergessenen Siedler – sollte die ›Ankunft der Straße‹ nicht doch ein zukunftsträchtiges Zeichen eines Aufbruches in eine bessere Zeit bedeuten?

Zum erstenmal in der brasilianischen Geschichte wurde eine Binnenwanderung, eine Lenkung großer Bevölkerungsströme, politisch diskutiert. Besonders galt das nach dem 2. Weltkrieg, als die vielen Flüchtlinge unterzubringen waren, die nicht mehr in ihre Heimat zurückkehren konnten oder wollten. Da bot sich das fast menschenleere Amazonien geradezu an. Pläne wurden von der UNO ausgearbeitet, rund 5 Mio. Menschen (= 1 Mio. Familien) anzusiedeln. Dafür sollte Land gerodet und Weideland zur Rinderzucht und Agrarflächen angelegt werden, und der Abbau von Lagerstätten und Rohstoffen sollte die wirtschaftliche Basis dafür bilden (Abb. 71).

Die Flüchtlinge wurden dann zwar andersweitig untergebracht, aber das Interesse für den Siedlungsraum Amazonien war nun einmal geweckt, er bot sich besonders für die von Dürren und Trockenheiten oft heimgesuchten Siedler aus dem brasilianischen Nordosten, dem ›Polígono das sêcas‹ (dem Vieleck der Trockenheit), an. Logisch war daher der Bau der Fernstraße Transbrasiliana, der Verbindung zwischen der seit 1960 offiziellen Hauptstadt Brasilia im Herzen des Bundesstaates und der Amazonas-Mündung bei Belém do Pará. Den erwarteten Einwanderungsstrom in das Amazonas-Gebiet sollten dann weitere Straßen lenken, insbesondere die Transamazônica, die von der

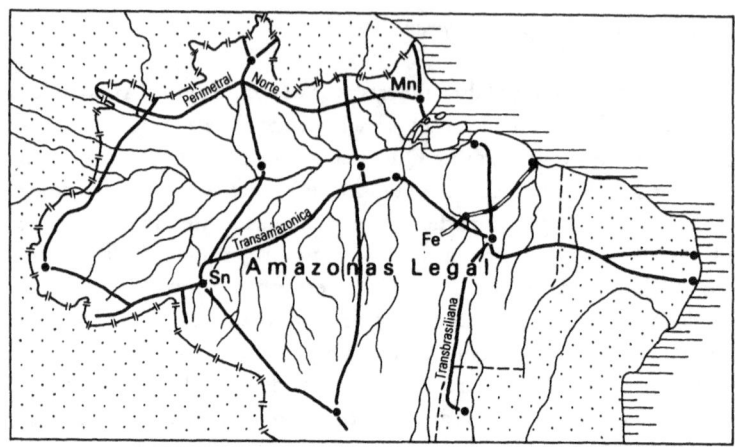

Abb. 71. Das Planungsgebiet ›Amazonas Legal‹ mit den vorgesehenen, teilweise schon fertiggestellten Straßen, mit den wichtigsten Erzvorkommen und mit der neuen Erzeisenbahn aus dem Eisenerzrevier der Serra dos Carajás zum Atlantikhafen Pôrto Madeira bei São Luis/Maranhão. *Mn* Das Manganerzvorkommen von Amapá, *Sn* Das Zinnerzgebiet von Rondônia, *Fe* Das Eisenerzrevier der Serra dos Carajás

nordost-brasilianischen Küste bei Recife und Jão Pessôa bis zum westlichen Bundesstaat Acre – mit einem Anschluß über die Anden durch Ecuador und dann am Pazifik endend – führt und mit weiteren Stichstraßen in das innere Amazonien abzweigt. Die Perimetral Norte schließlich soll nördlich des Amazonas-Stromes und südlich der Staatsgrenze zu Kolumbien, Venezuela und den Guayana-Staaten ein bisher kaum besiedeltes, nach neueren Kenntnissen jedoch an Rohstoffen reiches Regenwaldgebiet erschließen.

›Go West!‹, der alte Ruf der legendären Bandeirantes aus der Kolonialzeit, als der portugiesische Einfluß in Südamerika (nach der von Papst Alexander VI. im Jahre 1494 im Vertrag von Tordesilla erfolgten Teilung der damaligen Welt in eine spanische und in eine portugiesische Interessenssphäre) weit nach Westen vorgeschoben wurde, war wieder visionärer Ausdruck einer Hoffnung vieler armer, verzweifelter, landloser Bauern.

Die ›Verbindung von Menschen ohne Land mit dem Land ohne Menschen‹, wie es ein politisches Schlagwort aus den 60er Jahren so euphorisch nennt, war politisches und planerisches Ziel. Eine großzügige, gesetzlich verankerte Institution, die ›Superintendência do Desenvolvimento da Amazônia‹ (SUDAM), übernahm 1966 die Planung, Koordination und Kontrolle der Entwicklung einer ca. 4,9 Mio. km² großen Region, der ›Amazonia Legal‹ (Abb. 71), die sich weitgehend mit dem brasilianischen Einzugsgebiet des Amazonas-Stromes deckt. Die gesetzlich festgelegte Planungsregion umfaßt außer den Bundesstaaten Amazonas, Pará und Acre auch Rondônia, Roraima und Amapá. Außerdem gehören noch als ›Region Norte‹ Teile des nördlichen Mato Grosso und des nördlichen Goiás dazu, wie auch fast ganz Maranhão, mithin ungefähr das vom tropischen Regenwald bedeckte Amazonien. Diese Region umschließt 59% der Staatsfläche Brasiliens und enthält 8% der Bevölkerung. Das ›Instituto Nacional de Colonização e Reforma Agrária‹ (INCRA) übernahm die Durchführung der Kolonisation (Landzuweisung) und die Gründung ländlicher sowie städtischer Siedlungen.

Auf dem Reißbrett der Planungsbehörden und in den politischen Diskussionen nahm sich das alles wunderbar aus, in der Praxis jedoch ›versagte‹ die Natur. Zwar hatte man durch systematische Lufterkundung mittels der neuen Radarmethode, die in der Lage war, den Vegetationsschleier des tropischen Regenwaldes zu durchdringen, Informationen über die morphologische Struktur der späteren Siedlungsgebiete erhalten (Projekt RADAM), doch hatte man noch keine Kenntnis über die Beschaffenheit der Böden und damit über die Erfolgsaussichten einer Besiedlung erlangt. Was Naturwissenschaftler schon seit A. v. Humboldt immer wieder festgestellt hatten, was von den Politikern und den Planern aber wegen ihrer nun einmal für richtig erkannten Aufgabe nicht wahrgenommen wurde, war – wie sich später bestätigte – der grundlegende Irrtum, daß die Biomasse des tropischen Regenwaldes nicht mit Bodenfruchtbarkeit gleichgesetzt werden darf (Kap. 5.2.3). Nur die Randgebiete Amazoniens mit den relativ guten Laterit-Böden (Kap. 5.2.1) lassen eine agrarische Nutzung unter bestimmten Verhältnissen zu. Dazu muß aber der Regenwald geschlagen und niedergebrannt werden – und das tut man z. B.

in Rondônia derart exzessiv, daß die Rauchschwaden die Sonne verdunkeln und tagelang der Flugverkehr sogar in fern gelegenen Gebieten – z. B. in Cuiabá/Mato Grosso – lahmgelegt wird. Heute überwältigt der Urwald wieder manche, der geringen Fruchtbarkeit der Böden wegen aufgegebene Siedlungsrodung, doch ist das bei den großflächigen Rodungen nicht mehr möglich – das Land versteppt.

5.4.4 Lagerstätten und Bergbau

Bei der langfristigen Siedlungsplanung seit der Mitte dieses Jahrhunderts spielen zwar die Lagerstätten und die Mineralvorkommen als wirtschaftliche und industrielle Schwerpunkte eine wichtige Rolle, doch war nicht vorauszusehen, ob und wo noch weitere, bisher unbekannte Vorkommen zu entdecken waren (Franco et al. 1975). Seit jener Zeit aber sind spektakuläre, wirtschaftlich weltweit bedeutende Lagerstätten neu entdeckt worden, die natürlich die regionale Siedlungsplanung erheblich beeinflußt haben.

Zu Beginn der Siedlungskampagne Mitte der 50er Jahre waren eigentlich nur die Manganerze von Amapá (Brasilianisch-Guayana) im Abbau, sie haben auch heute noch ihre wirtschaftliche Bedeutung. Nicht dagegen haben sich die Hoffnungen erfüllt, im großen ›Amazonas-Becken‹, dem später als Amazonas-Graben erkannten Senkungsgebiet, in wirtschaftlich bedeutenden Mengen Erdöl zu finden, trotz der mit enormen finanziellen und wissenschaftlichen Anstrengungen der staatlichen Erdölgesellschaft Petrobrás durchgeführten Exploration (Morales 1959). Nach den bisher vorliegenden geologischen Informationen wird sich an dieser enttäuschenden Situation kaum etwas ändern (Grabert 1975; Putzer 1984).

Die anderen Energieträger Steinkohle und Braunkohle kommen zwar in kleineren Mengen vor, sind aber unter den heutigen wirtschaftlichen Verhältnissen nicht abbaufähig. Kleinere Steinkohlenflöze sind im benachbarten Maranhão-Gebiet vorhanden (Kegel 1955) und auch im Amazonas-Graben ist kohleführendes Karbon (Mendes 1957) erbohrt worden, doch liegen alle Vorkommen in zu großer Tiefe, als daß ein Abbau lohnend ist; die Steinkohlen gehören zur aschereichen Gondwana-Kohle des Oberkarbons.

Etwas besser sehen die Verhältnisse bei der Braunkohle aus, doch ist auch diese heute nicht abbaufähig. Sie wurde mehrfach und detailliert erkundet. Am Rio Javarí und am Rio Jutaí sind in einem ca. 250 000 km² großen Gebiet an der Erdoberfläche anstehend und bis in Tiefen zu 300 m eine große Zahl kleiner Braunkohlenflöze festgestellt worden (vgl. Abb. 35). Die Vorräte sollen ca. 2,5 Mio. t Braunkohle betragen, doch handelt es sich in vielen Fällen nur um einen stark kohlehaltigen Ton, so daß eine genaue Vorratsberechnung der ›Kohlen‹ und deren Heizwert (= Energieinhalt) problematisch ist. Problematisch ist auch der hohe Schwefelgehalt der Braunkohle und der hohe Wassergehalt. Hinzu kommt noch der hohe Grundwasserstand, der jahreszeitlich durch das Hochwasser noch gesteigert wird und damit die einzig wirtschaftlich tragbare Tagebauförderung unmöglich macht. Die durch den flächenintensiven Tagebau bedingte Zerstörung des tropischen Regenwaldes ist in die Betrachtung noch nicht einmal einbezogen worden. – Die Braunkohlevorkommen gehören stratigraphisch in die miozänen Pebas-Schichten (Kap. 3.3).

Das in Amazonien sehr begehrte Speisesalz wurde bei Erdölbohrungen zwar nachgewiesen (Petri 1958), doch in Tiefen von mehr als 1000 m und dazu noch in enger Verbindung mit dem nicht erwünschten Gips; auch dieser Abbau lohnt sich unter den heutigen Bedingungen nicht. Nach wie vor ist das zwar unreine und grobe Salz aus den Salinen an der Meeresküste wesentlich preiswerter zu gewinnen.

Sehr viel günstiger sind die wirtschaftlichen Aussichten für Erzvorkommen. Nach allen bisherigen Erkenntnissen sind sogar noch weitere bedeutende Lagerstätten zu erwarten. Die systematische Exploration mit Hilfe der RADAM-Luftbilderkundung hat erst jetzt begonnen, und hier spielen die Gebiete mit dem kristallinen Basement eine besondere Rolle, weil weitaus die meisten Erze an diese Gesteine gebunden sind. Das in dieser Hinsicht wohl höffigste Gebiet liegt im Grenzbereich zu Venezuela, weshalb auch dort zu dessen Erschließung die Perimetral Norte gebaut werden soll.

Auf das seit langem bekannte Manganerz von Amapá wurde schon verwiesen. Dort sind in der Serra do Návio an sicheren Vorräten ca. 30 Mio. t eines mit 45% Mangan sehr hochwertigen, eisenarmen und phosphatfreien Erzes nachgewiesen worden. Jährlich werden ca.

550 000 t gefördert und auf einer 200 km langen Eisenbahnstrecke zum Hafen Macapá mit einer Verladeeinrichtung für Frachtschiffe bis 35 000 BRT transportiert.

Eine zunehmend wirtschaftliche Bedeutung erlangt das erst Anfang der 60er Jahre in Rondônia entdeckte Zinnerz Cassiterit (SnO_2). Das erzhöffige Gebiet hat eine Größe von ca. 16 000 km², das dem oberflächennahen Ausstrich eines Granitkörpers entspricht, an den die Zinnerz-Führung gebunden ist. Die genaue Genese des Primärerzes ist noch nicht ausreichend bekannt. Bisher wurden auch nur die sekundären, durch Verwitterungs- und Anreicherungsprozesse entstandenen Erzkonzentrationen, die ›Seifen‹, abgebaut; dies geschieht weitgehend noch heute. Verbindliche Vorratsberechnungen existieren heute noch nicht. Derzeit wird in Rondônia das Zinnerz vielfach noch im Handbetrieb gewonnen, doch nimmt der hydromechanische Abbau zu (Abb. 72). Diese Gewinnungsarten sind zwar wirtschaftlich, zerstören aber wiederum den Regenwald. Hier wären gesetzliche Auflagen hinsichtlich einer forstlichen Rekultivierung dringend erforderlich, zumal die dort anstehenden Laterit-Böden relativ nährstoffreich sind (Kap. 5.2.1).

Eine der größten Überraschungen war die Entdeckung des Eisenerzreviers in der Serra dos Carajás, zwischen dem Rio Xingú und dem Rio Araguaia gelegen (Abb. 71). Es wurde durch Zufall entdeckt, nachdem das Gebiet um den Rio Araguaia, das durch ein Entwicklungsprogramm auf seine ökonomischen Möglichkeiten untersucht werden sollte, photogeologisch erkundet worden war (Barbosa et al. 1966). Die geologische Situation war bei der Luftbildauswertung als ›oberkarbonische Kalksteine‹ gedeutet worden. Erst eine spätere Überprüfung vor Ort – 1967 – stellte dann anstehendes präkambrisches Kristallin mit hämatitischen Einlagerungen, den Itabiriten, fest (Gomes et al. 1975). Das erzhöffige Gebiet hat eine Größe von ca. 160 000 km² und führt ein hochwertiges, schwefel- und phosphatfreies Eisenerz (Fe_2O_3). Das primär sehr harte Erz mit einem Eisengehalt von ca. 40% besitzt einen dünnschichtigen Wechsel aus Quarz- und Hämatit-Bändern, was typisch für ein Itabirit-Erz ist. Bei der vorherrschenden wechselfeuchten Verwitterung geht der Quarz (SiO_2) in Lösung und das Erz wird dadurch porös. Gleichzeitig reichert sich der

Abb. 72. Der Zinnerz-Abbau in Rondônia (fotografiert 1964). *A* Handbetrieb mit der Sicherschüssel, der Bateia. *B* Hydraulischer Abbau mittels Wasserkanonen

Eisengehalt auf über 60% an und das Erz wird bis in eine Tiefe von 200 m mechanisch leicht abbaubar. Die bisher nachgewiesenen Vorräte belaufen sich auf über 1,5 Mrd. t sicherer Erzmengen (Kohlhepp 1977) und stellen somit die derzeit größte Eisenerzanreicherung der Erde dar. – Das Ezrevier ist durch geologische Prozesse in zwei Bezirke, das Nord- und das Süd-Revier (Abb. 73) zerlegt. Der Abtransport des Erzes erfolgt auf einer neu gebauten Eisenbahn zum 890 km entfernten Atlantik-Hafen Porto de Madeira bei São Luis/Maranhão, wo Erzfrachter bis zu 280 000 BRT beladen werden können (Abb. 73).

Aber auch dieses Erz muß im Tagebau gefördert werden und damit ergeben sich wiederum alle nur denkbaren Probleme, die bei der Zerstörung des Regenwaldes und des Oberbodens auftreten. Hinzu kommt noch, daß Brasilien jetzt dazu übergegangen ist, nicht nur das Erz, sondern auch das daraus zu erschmelzende Eisen zu exportieren. Zur Reduktion des oxidischen Hämatit-Erzes wird Kohlenstoff benötigt. Da, wie schon oben dargelegt wurde, in Amazonien keine Stein- oder Braunkohle in wirtschaftlich nutzbaren Anreicherungen vorhanden sind, greift man auf Holzkohle zurück, die aus den umgebenden Wäldern genommen werden muß. Zur Gewinnung von einer Tonne metallischen Eisens wird rund eine Tonne Holzkohle benötigt. Wieviel Wald dafür zu roden ist, läßt sich danach leicht ermessen. Ein so großes Erzabbaugebiet wie das der Serra dos Carajás fordert aber auch Siedlungsland und Versorgungselemente für die dort beschäftigten Menschen, es benötigt auch Energie für die Verarbeitung. Diese kann aber nur aus dem Hydropotential der großen Flüsse hergeleitet werden, und dafür kommt nur der wasserreiche Rio Tocantins in Frage.

5.4.5 Stauseen und Elektrizitätsgewinnung

Nicht nur durch den flächenintensiven Tagebaubetrieb in der Serra dos Carajás wird der tropische Regenwald zerstört, sondern auch die noch weitaus größere Flächen in Anspruch nehmenden Stauseen zur Elektrizitätsgewinnung vernichten riesige Waldareale. Der Stausee von Tucuruí (Abb. 73) ist dafür ein böses Beispiel. Der See liegt unterhalb von Marabá und staut dort den Rio Tocantins an. Er ist ca. 200 km

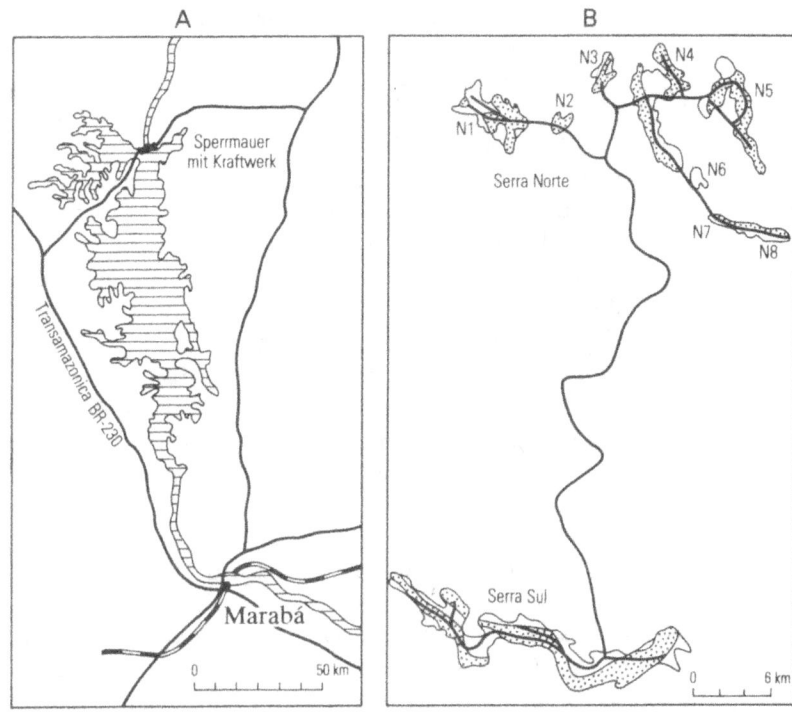

Abb. 73. A Der Stausee Tucuruí am Rio Tocantins oberhalb von Marabá.
B Das Eisenerzvorkommen der Serra dos Carajás mit den beiden Revierteilen ›Serra Norte‹ (N1 bis N8) und ›Serra Sul‹ (*umgrenzt:* Höhencampos, *punktiert:* ausstreichendes Erz, übriges Gebiet: tropischer Regenwald, nach: Kohlhepp 1986)

lang und umfaßt eine Fläche von 2400 km². sein Wasserinhalt beträgt ca. 48,8 Mrd. m³. 1984 wurde er fertiggestellt und die ersten beiden Turbinen installiert; der Endausbau sieht eine Kapazität von 7960 MW vor. Außer der Versorgung der angesiedelten Aluminium-Hütten sowie der metallerzeugenden und -verarbeitenden Industrie soll das Kraftwerk auch die Städte Marabá und Tucuruí sowie die Metropole Belém do Pará mit Strom beliefern. Außerdem sind längs der Eisenbahnlinie nach Porto de Madeira weitere Industrien angesiedelt worden (Eisen und Eisenlegierungen, Zement, metallisches Silizium aus den reichen Quarz-Vorkommen des benachbarten Rio Araguaia), die ebenfalls viel Strom benötigen.

Die Problematik dieses Stauseeprojektes artikulierte sich vorher in Protesten der Bevölkerung und in wissenschaftlichen wie auch politischen Bedenken, die bis heute nicht verstummt sind. Die zu rodende Biomasse im Stauraum besaß ein Holzvolumen von 13,4 Mio. m^3, das wegen unzureichender Planung und durch eine inzwischen in Konkurs gegangene, in Rodungsarbeiten unerfahrene Firma im Staubereich verblieb und überflutet wurde. Abgesehen von dem auf 1 Mrd. US-Dollar geschätzten materiellen Verlust treten nun erhebliche, kaum noch steuerbare ökologische Belastungen auf.

Durch die Fäulnisprozesse der nicht gerodeten und im Stauraum verbliebenen Biomasse entstehen toxische Gase, insbesondere Schwefelwasserstoff, Methan und Ammoniak. Eine nochmalige Umsiedlung der aus dem Stauraum an die Ufer des Stausees vertriebenen Siedler wird notwendig werden – und ist teilweise schon mehrfach erfolgt. Ihre neue wirtschaftliche Basis, der Fischfang, ist durch die geringe Verfügbarkeit an Sauerstoff wieder in Frage gestellt. Die schnelle Ausbreitung der Wasserhyazinthe *Eichhornia crassipens* könnte nicht nur die geplante Schiffahrt auf dem Stausee gefährden, sondern auch die Turbinen des Kraftwerkes. Der Einsatz von Herbiziden zur Bekämpfung der Wasserhyazinthe belastet die ohnedies schon schwierige Basis der angestrebten Fischereiwirtschaft. Und schließlich ist das neuerliche Auftreten der die Malaria übertragenden *Anopheles*-Mücke sowie der für die Schistosomiasis als Zwischenwirt wirkenden Wasserschnecken alarmierend. Zu deren Bekämpfung nun wiederum Biozide einzusetzen, würde das schon stark belastete Wasser zusätzlich beeinträchtigen.

Und nun soll mit Hilfe der Weltbank ein weiteres, viel größeres Staudammprojekt am Unterlauf des Rio Xingú – oberhalb von Altamira – durchgezogen werden. Hier wird trotz der bitteren und enttäuschenden Erfahrungen am Tucuruí in ganz ähnlicher Weise – keine voraufgehenden Rodungen des Überflutungsbereiches – nicht nur der Stausee errichtet, sondern auch das Siedlungsgebiet der Xavantes- und Kaiapó-Indianer zerstört, die bisher als natürlicher Bestandteil des Ökosystems Amazonien hier gelebt haben.

6 Rückblick und Ausblick

Bei diesen teils erschreckenden, teils aber auch aufsehenerregenden Erkenntnissen der natürlichen und nunmehr auch veränderten Gegebenheiten Amazoniens sollte die Nutzbarmachung nur innerhalb einer alle Parameter – natürliche, wirtschaftliche und politische – berücksichtigenden Planung erfolgen. Je größer aber ein Projekt ist, desto größer werden auch die Umweltschäden – das haben die wenigen hier gezeigten Beispiele deutlich gemacht.

Die Erschließung einer ursprünglich völlig mit Wald bedeckten Region wie Amazonien bringt zwangsläufig schwerwiegende Eingriffe in den Landschaftshaushalt mit sich. Die weitflächigen Brandrodungen haben sich in den letzten Jahren beängstigend gesteigert und werden bei den zu befürchteten Zuwachsraten negative ökologische und auch ökonomische Konsequenzen nicht nur für die dortige Bevölkerung und deren Umwelt zeitigen, sondern auch weltweit, global. Bestürzend ist daher die Erkenntnis, daß die Vernichtung des tropischen Regenwaldes in Amazonien der systematischen Auswertung wissenschaftlicher Erkenntnisse vorausläuft. Doch erst, wenn ein Objekt studiert ist, kann sein Wert festgestellt und sein Bestand sichergestellt werden (Padua u. Quintão 1982).

Der Regenweald Amazoniens stellt wahrscheinlich die umfangreichste Quelle medizinisch nutzbarer Verbindungen dar. Ein dauernder Kampf zwischen Pflanzen und Tieren, darunter wieder besonders den artenreichen Insekten, führte dazu. Die Pflanzen erwarben dabei während der Evolution die Fähigkeit, Substanzen herzustellen, die toxisch auf Tiere wirken, während die Tiere in einer Art Gegenevolution versuchten, gegen die Toxine resistent zu werden. Der tropische Regenwald kann daher als eine Art riesiger pharmazeutischer Fabrik aufgefaßt werden, die laufend ›Neuentwicklungen‹ in der Natur testet. Der überwiegende Teil der Pflanzen – man rechnet mit 95% –

kann nur innerhalb des intakten Ökosystems Amazonien gedeihen, nur ein verschwindend kleiner Teil ließe sich vielleicht in Gewächshäusern ziehen. Wenn sich die Menschheit diese natürliche Quelle nicht verschließen will, muß sie den tropischen Regenwald schützen, als Ganzes, als unberührtes Ökosystem.

Die seit altersher bei den Waldindianern und den späteren kleinbäuerlichen Siedlern praktizierten Rodungen, die Roça, umfaßte nur weit auseinanderliegende Kleinflächen, die nach Erschöpfung des Bodens – nach zwei Jahren – wieder aufgegeben wurden. Auf den verlassenen Flächen wächst rasch ein Sekundärwald, die Capoeira, die nach einigen Jahrzehnten nur noch von einem botanischen Fachmann am Vorkommen bestimmter Pflanzen als ehemalige Roça-Fläche zu erkennen ist. Diese ›Mückenstiche‹ im zusammenhängenden Regenwald sind in solchen Zeitabläufen vollständig verheilt. Wird aber durch den zunehmenden, von einer Großplanung gesteuerter Siedlungs- und Straßenbau-Politik erzeugten Bevölkerungsdruck und/ oder durch die Einbringung einer auf schnelle Rendite fixierten Exportmentalität (Holz, Vieh, Rohstoffe, Erze) besonders der ausländischen Unternehmer (Fordlandia (Salomon 1946), Belterra oder das Jarí-Projekt des Reeders Ludwig) eine immer größer werdende und dann aneinanderrückende Flächenrodung erreicht, treten zwangsläufig irreversible Schäden auf, die nicht nur den dortigen Bewohnern, sondern auch – und darin besteht zunehmend die große Gefahr – weltweit die Menschheit insgesamt beeinträchtigt. Brand bedeutet Oxidation des in der Vegetation vorhandenen Kohlenstoffes. Der dabei verbrauchte Sauerstoff fehlt aber dann der Menschheit zum Atmen. Die Brandrodungen in Amazonien haben inzwischen schon ein global spürbares Maß erreicht.

Die in den letzten Jahren (ab 1980) zunehmende raubbauartige Landnutzung des tropischen Regenwaldes erhöht die Gefahr der Wüstenbildung in den Subtropen. Dort hat der Niederschlag schon statistisch nachgelassen (bisher zwischen 35 und 70° nördlicher Breite). Es kann angenommen werden, daß aus dem heute noch mit dem tropischen Regenwald bedeckten Amazonas-Gebiet eine den Böden entsprechende, mehr oder weniger fruchtbare Halbwüste entsteht, die trockener ist als der Campo Cerrado oder die Gran Sabana.

Die Schlußfolgerung sieht so aus: Amazonien eignet sich weder für eine kleinbäuerliche Massenkolonisation, noch für exportorientierte Monokulturen im land- und forstwirtschaftlichen Bereich oder für großflächige Weidewirtschaften. Amazonien kann weder die Funktion einer ›Kornkammer‹, noch die eines ›Ventils‹ für die ländlichen und städtischen Bevölkerungsüberschüsse anderer Regionen übernehmen.

Amazonien – ist das nun ein Synonym für eine ›Grüne Hölle‹ – ein Paradies? So begann meine Betrachtung zur Entwicklung des Amazonas-Flußsystems in Zeit und Raum. Die Fragestellung hat sich verändert: Amazonien – Zukunft ohne tropischen Regenwald? Wenn auch die pessimistische Aussage, daß um die Jahrhundertwende, also in nur gut einem Jahrzehnt, der tropische Regenwald in Amazonien vernichtet sei, wohl nicht eintreffen wird, so muß doch befürchtet werden, daß die jährliche Rodungsrate von 20 000 km² (Durchschnittswert für die Jahre von 1975–1985) im kommenden Jahrzehnt stark ansteigen wird. Bei ca. 4 Mio. km² Regenwald im Amazonas-Gebiet und einer bisherigen Vernichtung von 250 000 km² sind bis zur Jahrhundertwende noch 3 Mio. km² mit Regenwald bedeckt. Aber: weite Teile Amazoniens, besonders die der Ostregion, des Südens und des Südwestens, werden viel stärker vom Menschen beansprucht und somit umgeformt als die übrigen Gebiete. In diesen Regionen wird dann wohl mehr als die Hälfte aller Waldflächen vernichtet sein, mit all seinen Folgen für Umwelt aus Mensch und Getier, aber auch für die Vegetation und das Wasser. Dann hat der Mensch zu massiv in die Entwicklung des Amazonas-Flußsystems eingegriffen.

›Deus é grande, mas o mato é maior!‹ (Gott ist groß, doch der Wald ist mächtiger) sagt der Cabôclo Amazoniens aus Achtung vor seinen Wald.

Hat das heute noch Geltung, oder zerstört der Mensch in seiner Aggressivität das so empfindliche Ökosystem Amazonien?

Literaturverzeichnis

Ab'Saber AN (1967) Problémas geomorfológicos da Amazônia Brasileira. At Biot Amaz Geociênc 1:35–67

Absy ML (1979) A palynological study of Holocene sediments in the Amazon basin. Acad Proefschr Univ Amsterdam, 86 pp

Agassiz JL (1866) Journey in Brazil. Boston

Allenby RJ (1988) Origin of rectangular and aligned lakes in the Beni basin of Bolivia. Tectonophys 145:1–20

Almeida F de, Hasuni Y, Brito Neves BB (1976) The Upper Precambrian of South America. Bol Inst Geociênc Univ S Paulo 7:45–80

Anonymus (1976) Catastro espeleologico de Venezuela. Am 11, Cueva del Cerro Autana. Bol Soc Venezuela Espel 7:81–99

Aubrey DG, Emery KO, Uchupi IE (1988) Changing coastal levels of South America and the Caribbean region from tide-gauge records. Tectonophysics 154:269–284

Barbosa O, Andrade Ramos JR de, Andrade Gomes F de, Helmboldt R (1966) Geologia estratigráfica, estrutural e econômica da área do ›Projeto Araguaia‹. Dep Nac Prod Min, Div Geol Min, monogr 19:94 pp

Baumann P, Patzelt E (1980) Das Amazonas-Dschungelbuch. Ullstein, Berlin

Bayer HJ (1988) Wadi Araba und Jordantal – Ein tektonischer Graben und zugleich Blattverschiebung? Nat Mus 118:33–45

Bender F (1959) Zur Geologie des Küstenbeckens von Sergipe, Brasilien. Geol Jahrb 77:1–34

Berrocal J, Assumpção M (1982) Seismology in Brasil. Earthquake Inf Bull 14:19–21

Beurlen K (1971 a) Das geologische Alter der Roraima-Serie (Guayana-Block). N Jahrb Geol Paläont Mh, pp 261–264

Beurlen K (1971 b) A paleontologia na geologia de Cretáceo no Nordeste do Brasil. An Acad Brasil Ciênc 43:89–101

Beurlen K (1971 c) As condições ecológicas e fasciológicas da formação Santana Chapada do Aripe (Nordeste do Brasil). An Acad Brasil Ciênc 43:411–415

Beurlen K (1974) Die geologische Entwicklung des Atlantischen Ozeans. Geotekt Forsch 46:1–69

Bigarella JJ (1964) Variações climáticas no Quaternário e suas implicações no revestimento florístico do Paraná. Bol Paraná Geogr, NS 10/15:211–231

Bigarella JJ (1965) Subsídios para o estudo das variações de nível oceânico no Quaternário Brasileiro. An Acad Brasil Cienc 37:263–278

Bigarella JJ, Andrade GO (1965) Contribution to the study of the Brazilian Quaternary. Bull Geol Soc Am (Spec pap) 84:433–451

Bigarella JJ, Mousinho MR, Silva JX (1965) Processes and environments of the Brazilian Quaternary symposium and old climate processes and environments. 7th INQUA Congr

Bischoff G (1985) Die tektonische Evolution der Erde von Pangaea zur Gegenwart – ein plattentektonisches Modell. Geol Rundsch 74:237–249

Bischoff G (1987) Ein erweitertes, globales Modell der Plattentektonik. Spektr Wiss 1987:62–72

Bluntschli H (1964) A Amazônia como organismo harmônica. Cadern Amaz, Cons Nac Pesqu, Inst Nacl Pesque Amaz 1:37 pp

Branner JC (1904) The stone reefs of Brazil, their geological relations. Mus Compl Zool Bull 41:1–285

Bree JH, van, Robineau D (1973) Notes sur les holotypes de *Inia geoffrensis geoffrensis* (De Blainville 1817) et de *Inia geoffrensis boliviensis* D'Orbigny (Cetacea, 1834 Platanistidae). Mammalia 37:658–664

Bremer H (1973) Der Formenmechanismus im tropischen Regenwald Amazoniens. Z Geomorphol NF Suppl 17:195–222

Bustin RM (1988) Sedimentology and characteristics of dispersed organic matter in Tertiary Niger delta: origin of source rocks in a deltaic environment. Am Assoc Petrol Geol Bull 74:277–298

Camargo FE de (1968) Recursos naturais e humanos da Amazônia. Rev Brasil Polit Int 11:84–100

Campbell KE (1990) The geological basis of biogeographic patterns in Amazonia. In: Peters G u. Hutterer G (Eds.) Vertebrates in the tropics: 33–43 Bonn (Museum Koenig)

Proc Int Symp Vertebr Biogr Syst Trop (in press)

Campbell KE, Frailey CD (1984) Holocene flooding and species diversity in southwestern Amazonia. Quat Res 21:369–375

Campbell KE, Frailey CD, Arellano-LJ (1985) The geology of the Rio Beni: further evidence for Holocene flooding in Amazonia. Contrib Sci Nat Hist Mus Los Angeles Count 364:1–18

Carnica A (1983) El Amazonas. Bol Lima 25:45–56

Choubert B (1964) Ages absoules de Précambrien guianais. CR Acad Sci Paris 258:631–634

Choubert B (1974) Le Précambrien des Guyanes. Mem Bur Rech Géol Min 81:204 pp

Clarke JM (1899) A fauna siluriana superior do rio Trombetas, Estado do Pará, Brasil. Arch Mus Nac 10:1–48

Cohen CR (1985) Role of fault rejuvenation in hydrocarbon accumulation and structural evolution of Reconcavo basin, northeastern Brazil. Am Assoc Petrol Geol Bull 69:65–76

Colinvaux PA, Miller MC, Kam-Biuliu, Steinitz-Kannan M, Frost I (1985) Discovery of permanent Amazon lakes and hydraulic disturbance in the upper Amazon basin. Nature (London) 313:42–45

Damuth JE, Embley RW (1981) Mass-transport processes on Amazon cone: Western Equatorial Atlantic. Am Assoc Petrol Geol Bull 65:629–643

Damuth JE, Fairbridge RW (1970) Equatorial deep-sea arcosic sands and ice-aged aridity in tropical South America. Geol Soc Am Bull 81:189–206

Damuth JE, Kumar N (1975) Amazon cone: morphology, sediments, age and growth pattern. Geol Soc Am Bull 86:863–878

Damuth JE, Kumar N (1975) Late Quaternary depositional processes on continental rise of Western Equatorial Atlantic. Am Assoc Petrol Geol Bull 59:2172–2181

Darwin (1864) Die Entstehung der Arten durch natürliche Zuchtwahl oder die Erhaltung der begünstigten Rassen im Kampf ums Dasein. Kröner-Verlag, Stuttgart

Dennler de la Tour G (1948) La creacion del Instituto Internacional de la Hilea Amazonica. Diana (Buenos Aires) 101:7 pp

Dennler de la Tour G (1972) Das anthropogene Gleichgewicht in der vom Menschen beschlagnahmten Natur. Waldhygiene 9:161–170

Derby OA (1878) Contribuições para a geologia da região do Baixo Amazonas. Arch Mus Nacl 2:77–107

Derby OA (1897) Reconhecimento do rio Maecurú. Bol Mus Parag 2:192–204

Derby OH (1898) O rio Trombetas. Bol Mus Para 2:366–382

Doumani G, Long WE (1962) The ancient life of the Antarctic. Sci Am 1962:169–184

Eden MJ (1970) Savanna vegetation in the Northern Rupununi, Guyana. J Trop Geogr:17–28

Eden MJ (1971a) Scientific exploration in Venezuelan Amazonas. Geogr J 137:149–156

Eden MJ (1971b) Some aspects of weathering and landforms in Guyana (formerly British Guiana). Z Geomorphol NF 15:181–198

Erwin TL, Adis J (1981) Amazonia inundation forests. In: Prance GT (ed) Biological diversification in the tropics. Columbia University Press, New York, pp 564–587

Fairbridge RW (1961) Eustatic changes in sea level. Phys Chem Earth 4:99–185

Fairbridge RW (1962) World sea-level and climatic changes. Quat Res 6: 111–134
Ferreira MR (1959) A ferrovia do diabo – história de uma estrada de ferro na Amazônia. Melhoramento, São Paulo, 344 pp
Fittkau EJ (1969) Limnological conditions in the headwater region of the Xingu river, Brazil. Trop Ecol 11: 20–25
Fittkau EJ (1971) Esboço de um divisão ecologia da região amazônica. In: Assoc Biol Trop 2. Simp Biol Trop Amaz 1969. Bogotá, pp 365–372
Fittkau EJ (1974) Die erdgeschichtliche Entwicklung Amazoniens. Amazoniana 5: 77–134
Fittkau EJ (1983) Flow of nutrients in a large open system – the basis of life in Amazonia. Int Un Conserv Nat 3: 41–49
Fittkau EJ, Klinge H (1973) On biomass and tropic structure of the Central Amazonian rain forest ecosystem. Biotropica 5: 2–14
Flenley JR (1979) Equatorial rainforest – a geological history. Butterworths, London, 162 pp
Flood RD, Damuth JE (1987) Quantitative characteristics of sinuous distributary channels on the Amazon deep-sea fan. Geol Soc Am Bull 98: 728–738
Frakes LA, Kemp EM (1972) Influence of continental positions on early Tertiary climates. Nature 240: 97–100
Franco RR, Leprevost A, Bigarella JJ, Bolsanello A (1975) Minerals of Brazil, 3 vols. Elsevier, Amsterdam, 428 pp
Furch B (1984) Investigations concerning the inundation tolerance of trees in the várzea and the Igapó – leaf chlorophyll contents. Biogeography 19: 77–83
Furch K (1976) Haupt- und Spurenelementgehalte zentralamazonischer Gewässertypen. Biogeografie 7: 27–43
Galvão MV (1959) Clima da Amazônia. In: Geografia do Brasil 1: 61–111
Gansser A (1954) The Guiana Shield (S. America). Ecolog Geol Helvet 47: 77–112
Garfunkel Z (1981) Inernal structure of the Dead Sea leaky transform (rift) in relation to plate kinematics. Tectonophysics 80: 81–108
George U (1988) Inseln in der Zeit – Venezuela: Expeditionen zu den letzten weißen Flecken der Erde. (Gruner & Jahr). Hamburg, 365 pp
George U (1989) Venezuela's islands in time. Nat Geogr Mag 175: 526–561
Gewalt W (1978) Unsere Tonina (*Inia geoffrensis* Blainville 1817) Expedition 1975. Zool Gart NF 48: 323–348
Gibbs RJ (1977) Transport phases of transition metals in the Amazon and Yukon rivers. Geol Soc Am Bull 88: 829–843
Glaser G (1970) Über die Entwicklungsmöglichkeiten des Amazonasgebietes. Verein Freund Stud Univ Rup Carol Heidelberg 22: 117–122

Gomes CE, Cordani UG, Basai MA (1975) Radiometric ages from the Serra dos Carajás area, northern Brazil. Geol Soc Am Bull 86: 939–942

Goodland RJA, Irwing HS (1975) Amazon jungle: green hell to red desert? Dev Landscape Manag Urb Plan 1. Elsevier, Amsterdam, 155 pp

Grabert H (1968) Postmesozoische Entwässerung und Oszillation am Ostrande des Brasilianischen Schildes. Geol Rundsch 58: 166–190

Grabert H (1970) Facies and climate in the Devonian Gondwana beds of Brazil. In: Proc Pap 2nd Gondwana Symp S Afr, pp 189–192

Grabert H (1975) Natural basic factors in the economy of the Amazon region. Nat Res Dev 2: 32–47

Grabert H (1976) Alter und Geschichte der Roraima-Folge aus Guayana (Südamerika). Münster Forsch Geol Paläontol 38/39: 29–45

Grabert H (1977) The tectogenesis of the Amazon basin. Mem 2nd Congr Latinoam Geol Caracas, vol 3, pp 2201–2217

Grabert H (1978) Orinoco und Amazonas. Sonderveröff Geol Inst Univ Köln 33: 179–191

Grabert H (1983) The Amazon shearing system. Tectonophysics 95: 329–336

Grabert H (1984) Migration and speciation of the South American Iniidae (Cetacea, Mammalia). Z Säugetierkd 49: 334–441

Grabert H, Schobinger J (1971) Petroglífos à orillas del Rio Madeira. An Arqueol Etnol (Mendoza) 14/15: 93–111

Grant NK (1971) South Atlantic, Benoue trough and Gulf of Guinea – Cretaceous triple junction. Geol Soc Am Bull 82: 2295–2298

Guimarães D (1971a) Gênese da bacia amazônica. Dep Nac Prod Min Div Geol Mineral, Not Prelim Estud 149: 9 pp

Guimarães D (1971b) O arenito Parecís e sua postição cronogeológico. Dep Nac Prod Min Div Geol Mineral, Not Prelim Estud 150: 12 pp

Haffer J (1969) Speciation in Amazonian forest birds. Science 165: 131–137

Ham CK, Herrera LC (1963) Role of Subandean fault system in tectonics of East Peru and Ecuador. – Am Assoc Petrol Geol Min 2: 47–61

Hammen T van der (1968) Climatic and vegetational succesion in the Equatorial Andes of Colombia. Coll Geogr 9: 187–194

Hammen T van der (1972) Changes in vegetation and climate in the Amazon basin and surrounding areas during the Pleistocene. Geol Mijnb 51: 641–643

Harrington HJ (1962) Paleogeographic development of South America. Bull Am Assoc Petrol Geol 46: 1773–1814

Harrington HJ (1967) Devonian of South America. Int Symp Devon Syst Calgary, Alberta. Soc Petrol Geol 6: 651–671

Humboldt A von, Bonpland A (1805–1834) Voyage aux régions équinoxiales du Nouveau Continent. Paris

Irion G (1976a) Die Entwicklung des zentral- und oberamazonischen Tieflandes im Spät-Pleistozän und im Holozän. Amazoniana 6:67–76

Irion G (1976b) Quaternary sediments of the upper Amazon lowlands of Brazil. Biogeography 7:163–167

Irion G (1978) Soil infertility in the Amazon rain forest. Naturwissenschaften 65:515–519

Irion G (1982) Mineralogical and geochemical contribution to climatic history in Central Amazonia during Quarternary time. Trop Ecol 23:76–85

Irion G, Adis J (1979) Evolução de florestas amazônicas inundadas de igapó – un exemplo do rio Tarumá-mirím. Act Amaz 9:299–303

Irmler U (1973) Population-dynamic and physiological adaptation of *Pentacomia egregia* Chaud. (Col., Cicindelidae) to the Amazonian inundation forest. Amazoniana 4:219–227

Irmler U (1975) Ecological studies of the aquatic soil invertebrates in three inundation forests of Central Amazonia. Amazoniana 5:337–409

Irmler U (1977) Inundation-forest types in the vicinity of Manaus. Biogeography 8:17–29

Jacobs M (1988) The tropical rain forest. Springer, Berlin Heidelberg New York, 295 pp

Johnsson MJ, Stallard RF, Meade RH (1988) First-cycle quartz arenites in the Orinoco river basin, Venezuela and Colombia. J Geol 86:263–277

Jordan TE, Isacks BI, Allmendinger RW, Brewer JA, Ramos VA, Ando CJ (1983) Andean tectonics related to geometry of Nazca plate. Geol Stud Am Bull 94:341–361

Journaux A (1975) The paleoclimatic significance of the facetted slopes in Brazilian Amazonia. Bol Parana Geociênc 33:13–14

Junk WJ (1983) Aquatic habitats in Amazonia. Int Un Conserv Nat 3:24–34

Junqueira Schmidt JC (1947) O clima da Amazônia. Rev Bras Geogr 4:3–38

Kalliokoski J (1965) Geology of North-Central Guayana Shield, Venezuela. Geol Soc Am Bull 76:1027–1050

Katzer F (1903) Grundzüge der Geologie des unteren Amazonasgebietes (des Staates Pará in Brasilien). Max Weg, Leipzig, 295 pp

Kegel W (1955) Carvão no Piauí. – Dep Nac Prod Min, Div Geol Min, Not prelim estud, 92:6 p

Kegel W (1957) Hebung und Senkung in Nordost-Brasiliens Küstenzone. Geol Jahrb 76:123–134

Kegel W (1958) Um novo membro fossilífero da formação Itamaracá (Cretáceo Superior) Pernambuco. An Acad Brasil Ciênc 29:373–375

Keller F, Keller J (1869) Exploracão do rio Madeira. Relat Minist Negóc Agric Comerc Obr Public, Rio de Janeiro

Keller-Leuzinger F (1874) Vom Amazonas und Madeira – Skizzen und Beschreibungen aus den Tagebüchern einer Explorationsreise. Kröner, Stuttgart

Klammer G (1971) Über plio-pleistozäne Terrassen und ihre Sedimente im unteren Amazonasgebiet. Z Geomorphol NF 15:62–106

Klammer G (1978) Reliefentwicklung im Amazonasbecken und plio-pleistozäne Bewegungen des Meeresspiegels. Z Geomorphol NF 22:390–414

Klammer G (1982) Die Paläowüste des Pantanal von Mato Grosso und die pleistozäne Klimageschichte der brasilianischen Randtropen. Z Geomorphol NF 26:393–416

Klinge H (1965) Podzol soils in the Amazon basin. J Soil Sci 16:95–103

Klinge H (1966) Verbreitung tropischer Tieflandpodsole. Naturwissenschaften 53:442–443

Klinge H (1967) Podzol soils: a source of blackwater rivers in Amazonia. At Simp Biota Amaz 3:117–125

Klinge H (1969) Climatic conditions in lowland tropical podzol areas. Trop Ecol 10:222–239

Klinge H (1973a) Biomasa y materia orgánica del suelo en el ecosistema de la pluviselva centro-amazónica. Act Cienc Venez 24:174–181

Klinge H (1973b) Struktur und Artenreichtum des zentralamazonischen Regenwaldes. Amazoniana 4:283–292

Klinge H, Rodrigues WA (1973) Biomass estimation in a central Amazonian rain forest. Act Cienc Venez 24:225–237

Klinge H, Rodrigues WA, Brunig E, Fittkau EJ (1975) Biomass and structure in a central Amazonian rain forest. In: Golley FB, Medina E (eds) Tropical ecological systems, vol II. Springer, New York, pp 115–122

Koch-Grünberg T (1909) Südamerikanische Felszeichnungen. Wasmuth-Verlag, Berlin, 92 pp

Koch-Grünberg T (1934) Am Roraima. Brockhaus-Verlag, Leipzig, 180 pp

Kohlhepp G (1976) Planung und heutige Situation staatlicher kleinbäuerlicher Kolonisationsprojekte an der Transamazônica. Geogr Zt 64:171–211

Kohlhepp G (1977) Zum Problem von Interessenskonflikten bei der Neulanderschließung in Ländern der Dritten Welt, am Beispiel des brasilianischen Amazonasgebietes. Frankf Beitr Didakt Geogr 1:15–31

Kohlhepp G (1978) Erschließung und wirtschaftliche Inwertsetzung Amazoniens. Geogr Rundsch 30:2–13

Kohlhepp G (1986) Amazonien – Regionalentwicklung im Spannungsfeld ökonomischer Interessen sowie sozialer und ökologischer Notwendigkeit. Problemräume der Welt 8. Aulis-Verlag, Köln, 68 pp

Krasser F (1903) Konstantin von Ettinghausen's Studien über die fossile Flora von Ouriçanga in Brasilien. Sitzungsber Math Nat Kl k u k Akad Wiss Wien Abt 1, 112:852–860

Krömmelbein K (1967) Devonian in the Amazon basin, Brazil. Int Symp Devon Syst Calgary 1967, Alberta, Soc Petrol Geol 6:201–208

Krömmelbein K (1970) Non-marine Cretaceous ostracods and their importance for the hypothesis of ›Gondwanaland‹. In: Proc Pap 2nd Gondwana Symp Pretoria, pp 617–619

Kubitzki K (1989) Amazon lowland and Guayana highland – historical and ecological aspects of their florestic development. Rev Acad Colomb Cienc 17:271–276

Kumar N (1978) Sediment distribution in Western Atlantic off northern Brazil – structural controls and evolution. Am Assoc Petrol Geol Bull 62:273–294

Lange FW (1967) Subdivisão biostratigráfica e revisão da coluna siluro-devoniana da bacia do Baixo Amazonas. At Simp Biota Amaz 1:215–326

Lauer W (1968) Geo-ecology of the montainous regions of the tropical Americas. Coll Geogr 9:139–222

Lent H (ed) (1967) Atas do simpósio sôbre a biota Amazônica, vol 1, Geociências. Cons Nacl Pesqu, Rio de Janeiro, 485 pp

Leopoldo PR (1983) The hydrology of the Amazon region. Int Un Conserv Nat 3:7–12

Loczy L de (1968) Geotectonic evolution of the Amazon, Parnaíba and Paraná basins. An Acad Brasil Ciênc 40:231–249

Loczy L de (1968) The Brazilian Block and the Gondwana problem. An Acad Brazil Ci 40:325–331

Loczy L de (1969) Contribuições à constituição geotectônica dos Andes. Bol Geol Inst Geoci 4:19–34

Loczy L de (1970a) Tectonismo transversal na América do Sul e suas relações genéticas Meio-Oceânicas. An Acad Brasil Ci 42:185–205

Loczy L de (1970b) Role of transcurrent faulting in South American tectonic framework. Am Assoc Petrol Geol Bull 54:2111–2119

Loczy L de (1971) Gondwana problems in the light of recent paleontologic and tectonic recognitions. An Acad Brasil Ci 43:363–386

Lohmann HH (1970) Outline of tectonic history of Bolivian Andes. Am Assoc Petrol Geol Bull 54:735–757

Lopez VM, Mencher F, Brineman JH (1942) Geology of southeastern Venezuela. Geol Soc Am Bull 53:819–827

Lüling KH (1969) Seltsame Fischwelt in Amazonien. Nat Mus 99:571–579

Maack R (1963) O ritmo da devastação das matas no Estado do Paraná, as consequências e problemas de reflorestamento. Rev Ci Cult 15:25–33

Maack R (1969) Kontinentdrift und Geologie des südatlantischen Ozeans. Gruyter, Berlin, 16 pp

Macdonald WD, Opdyke ND (1974) Triassic paleomagnetism of northern South America. Am Assoc Petrol Geol Bull 58:208–215

Malfait BC, Dinkelman MG (1972) Circum-Caribbean tectonic and igneous activity and the evolution of the Caribbean plate. Geol Soc Am Bull 85: 251–276

Manley PL, Flood RD (1988) Cyclic sediment deposition within Amazon deep-sea fan. Am Assoc Petrol Geol Bull 72: 912–925

Marbut CF, Manifold CB (1926) The soils of the Amazon basin in relation to agricultural possibilities. Geogr Rev 16: 414–442

Matsui E, Salati E, Marini OJ (1974) D/H and $^{18}O/^{16}O$ ratios in waters contained in geodes from the basaltic province of Rio Grande do Sul, Brazil. Geol Soc Am Bull 85: 577–580

Maury CJ (1929) Uma zona de graptolitos do Llandovery inferior no rio Trombetas, Estado do Pará. Serv Geol Min Brasil Monogr 7: 53 pp

McConnel RB, Masson Smith D, Berrange JP (1969) Geological and geophysical evidence for a rift valley in the Guiana Shield. Geol Mijnb 48: 189–199

Mendes JC (1957) Das Karbon des Amazonas-Beckens. Geol Rundsch 45: 540–547

Mesner J, Wooldridge LCP (1964) Maranhão paleozoic basin and Cretaceous coastal basins, North Brazil. Bull Assoc Petrol Geol 48: 1475–1512

Milani EJ, Davison J (1988) Basement control and transfer tectonics in the Recôncavo – Tucano – Jatobá rift, northeast Brazil. Tectonophysics 154: 41–70

Milliman JD, Summerhayes CP, Barreto HT (1975) Quaternary sedimentation on the Amazon continental margin: a model. Geol Soc Am Bull 86: 610–614

Moore TC, Andel TH van, Blow WH, Heath GR (1970) Large submarine slide off northeastern continental margin of Brazil. Am Assoc Petrol Geol Bull 54: 125–128

Morales LG (1959) General geology and oil possibilities of the Amazon basin, Brazil. Proc 5th World Petrol Congr New York, Sect 1, Pap 31: 17 pp

Moreau C, Regnoult JM, Deruelle B, Robineau B (1987) A new tectonic model for the Cameroon line, Central Africa. Tectonophysics 139: 317–334

Morsing CA (1884) Comissão de estudos da estrada de ferro do Madeira e Mamoré. (interner Bericht) Manaus

Mousinho de Meis R (1971a) Upper Pleistocene-Holocene geomorphology and stratigraphy of the Middle Amazon. Heidelberg Geogr Arb 34: 83–97

Mousinho de Meis R (1971b) Upper Quaternary process changes of the Middle Amazon area. Geol Soc Am Bull 82: 1073–1078

Müller H (1966) Palynological investigations of Cretaceous sediments in northeastern Brazil. Proc 2nd W Afr Micropalnol Coll, Ibadan, pp 123–136

Müller P (1973) The dispersal centres of terrestrical vertebrates in the neotropical realm. Biogeography 2:244 pp

Müller P, Schmithüsen J (1970) Probleme der Genese südamerikanischer Biota. Dtsch Geogr Forsch in der Welt von Heute. Hirt, Kiel, pp 109–122

Murphy MA, Schlanger SO (1962) Sedimentary structures in Ilhas and São Sebastião formation (Cretaceous), Recôncavo basin, Brazil. Bull Am Assoc Petrol Geol 46:457–477

Neev D (1977) The Pelusium line – a major transcontinental shear. Tectonophysics 38:1–8

Neev D, Hall JK (1982a) The Pelusium megashear system across Africa and associated lineament swarms. J Geophys Res 87:1015–1030

Neev D, Hall JK (1982b) A global system of spiraling geosutures. J Geophys Res 87:10689–10708

Nittrouer CA, Kuehl SA, Demaster DJ, Kowsmann RO (1986) The deltaic nature of Amazon shelf sedimentation. Geol Soc Am Bull 97:444–458

Ofoegbe CO (1984) A model for the tectonic evolution of the Benue Trough of Nigeria. Geol Rundsch 73:1007–1018

Onstott TC, Hargraves RB, York D, Hall C (1984) Constraints on the motions of South American and African Shields during the Proterozoic. Geol Soc Am Bull 95:1045–1054

Padua MTJ, Quintao ATB (1982) Parks and biological reserves in the Brazilian Amazon. Ambio 11:309–314

Perfetti JN, Noguerol JH (1985) Proposición sôbre la hidrografia del rio Orinoco y Brazo Casiquiare. 6th Congr Geol Venezolano, pp 4799–4803

Petri S (1958) Sôbre o facies de evaporito do Carbonífero da Amazônia. Bol Soc Brasil Geol 7:35–48

Petri S, Campanha VA (1981) Brazilian continental Cretaceous. Earth Sci Rev 17:69–85

Pflug R (1967) Physikalische Altersbestimmungen aus dem Brasilianischen Schild. Tectonophysics 5:381–411

Pflug R (1969) Quaternary lakes of eastern Brazil. Photogrammetrica 24:29–35

Pflug R, Schobbenhaus C, Renger F (1969) Contribuição a geotectônica do Brasil Oriental – Contribution to the geotectonics of East Brazil. Superint Desenv Noredeste, Dep Recurs Nat, Div Geol Ser Esp, 91:59 pp (Recife)

Pilleri G, Gihr M (1977) Observations on the Bolivian (*Inia boliviensis* D'Orbigny, 1834) and the Amazonian bufeo (*Inia geoffrensis* de Blainville; 1817) with description of a new subspecies (*Inia geoffrensis humboldtiana*). Invest Cetacea 14:15–46

Pilleri G, Pilleri O (1982) Zoologische Expedition zum Orinoco and Brazo Cassiquiare 1981. Verlag des Hirnanatomischen Institutes der Universität Bern, 154 pp

Prance A (1978) The origin and evolution of the Amazon flora. Interciência 3: 207–222

Priem HNA, Boelrijk NAIM, Hebeda EH, Verdurmen EAT, Verschure RH (1973) Age of the Precambrian Roraima formation in north-eastern South America. Bull Geol Soc Am 84: 1677–1684

Putzer H (1957) Epirogene Bewegungen im Quartär an der Küste Brasiliens und das Sambaqui-Problem. Beih Geol Jahrb 25: 149–193

Putzer H (1968) Tertiäre Lignite im interandinen Graben von Ecuador als Beispiel für syn-orogene Kohlebildung im intramontanen Becken. Geol Jahrb 85: 461–488

Putzer H (1984) The geological evolution of the Amazon basin and its mineral resources. In: Sioli H (ed) The Amazonas. Junk, Dordrecht, pp 15–46

Quennell AM (1959) Tectonics of the Dead Sea rift. Int Geol Congr 20. Afr Geol 1: 385–405

Ribeiro A de (1938) *Plicodontinia mourai* gen. et spec. nov. Livr Jubilar Prof L. Travessos, Rio de Janeiro, pp 319–331

Rios JH, Benaim N (1974) Precambriano del Escudo Guyana parte oriental. 2. Congr Latinoam Geol Congr, Caracas 7: 48 p

Rod E (1981) Notes on the shifting course of the ancient Rio Orinoco from late Cretaceous to Oligocene time. Geos Caracas 26: 54–56

Rothausen K (1968) Die systematische Stellung der europäischen Squalodontidae (Odontoceti, Mamm.). Paläontol Z 42: 83–104

Ruedemann R (1929) Descripção dos graptólitos do rio Trombetas. Serv Geol Min Brasil Monogr 7: 20–24

Saint-Paul U (1981) Fischzucht in Amazonien. Naturwiss. Rundsch 34: 58–64

Saint-Paul U, Bayley PB (1979) A situação da pesca na Amazônia Central. Supl Act Amaz 9: 109–114

Salomon H (1946) Fordlandia, una oportunidad perdida para el conservacionismo en Brasil. Rev Argent Zoogr 6: 105–106

Schnitzler WA, Aria F Jr, Carmo do LE (1981) Sedimentological investigations of shore sands of the Rio Pará and Pleistocene sands in the area near Belem do Pará. Zentralbl Geol Paläontol, pp 409–418

Schnütgen A, Bremer H (1985) Die Entstehung von Decksanden im oberen Rio Negro-Gebiet. Z Geomorphol NF Suppl 56: 55–67

Schubert C, Briceno HO, Fritz P (1986) Paleoenvironmental aspects of the Caroni-Paragua river basin (southeastern Venezuela). Interciencia 11: 278–289

Silva SO (1951) Siluriano no rio Trombetas. Rev Ecol Min 16:8–11
Simpson-Vuilleurmier B (1971) Pleistocene changes in the flora of South America. Science 173:771–780
Sioli H (1963) A limnologia e a sua importância em pesquisas da Amazônia. Amazoniana 1:11–35
Sioli H (1964) General features of the limnology of Amazonia. Verh Int Verein Limnol 15:1053–1058
Sioli H (1965) Bemerkungen zur Typologie amazonischer Flüsse. Amazoniana 1:74–83
Sioli H (1966a) General features of the delta of the Amazon. Humid Trop Res, Sci Probl Humid Trop Zone Delt Implic. In: Proc Dacca Symp, pp 381–390
Sioli H (1966b) Soils in the estuary of the Amazon. Humid Trop Res, Sci Probl Humid Trop Zone Delt Implic. In: Proc Dacca Symp, pp 89–96
Sioli H (1967a) Studies in Amazonian waters. At Simp Biota Amaz 3:9–50
Sioli H (1967b) The Curuá region in Brazilian Amazonia – a transition zone between hylaea and cerrado. J Indian Bot Soc 46:452–462
Sioli H (1968a) Zur Ökologie des Amazonas-Gebietes. In: Fittkau EJ, Illies J, Klinge H, Schwabe GH, Sioli H (eds) Biogeography and ecology in South America. Junk, Den Hague, pp 137–170
Sioli H (1968b) Hydrochemistry and geology in the Brazilian Amazon region. Amazoniana 1:267–277
Sioli H (1969) Ecologia de paisagem e agricultura racional na Amazonia Brasileira. As Biol Trop 2. Simp, For Biol Trop Amaz Leticia, pp 268–279
Sioli H (1973) Recent human activities in the Brazilian Amazon region and their ecological effects. Trop For Ecosyst Afr S Am 8:321–334
Sioli H (1977) Amazonien – Der Welt größter Wald in Gefahr! Umschau 77:147–150
Sioli H (1979) Principles and models as tools for ecosystem research, with examples from the Amazon basin. Biogeography 16:145–158
Sioli H (1983) Amazonien – Grundlagen der Ökologie des größten tropischen Waldlandes. Wiss Verlagsges, Stuttgart, 64 pp
Sioli H, Klinge H (1962) Sólos, tipos de vegetação e águas na Amazônia. Bol Mus Para E Goeldi Av 1:27–41
Sioli H, Klinge H (1966) Anthropogene Vegetation im brasilianischen Amazonasgebiet. In: Ber Int Symp Stolzenau, pp 357–367
Sioli H, Schwabe GH, Klinge H (1969) Limnological outlooks on landscape ecology in Latin America. Trop Ecol 10:72–82
Snelling NJ (1963) The age of the Roraima formation. Nature (Lond) 198:1079–1080

Snelling HJ, McConnel RB (1969) The geochronology of Guyana. Geol Mijnb 48:201–213

Sombroek WE (1966) Amazon soils – a reconnaissance of the soils of the Brazilian Amazon region. Cent Agric Publ Doc, Wageningen

Sommer FW, Boekel NM van (1967) Sôbre alguns fósseis-indice paleozóicos da bacia Amazônica. At Simp Biota Amaz 1:443–449

Stainforth RM (1978) Was is the Orinoco? Am Assoc Petrol Geol Bull 62:303–306

Stern M (1966) Über ›Weißwasser‹ und ›Schwarzwasser‹ in den Tropen. Ars Med 6:137–139

Stern M (1970) Der Cassiquiare-Kanal, einst und jetzt. Amazoniana 2:401–416

Stern M (1975) Zur Epidemiologie und Prophylaxe der Endemien, verursacht durch *Entamoeba histolytica* (Amöbiasis), durch Plasmodien (Malaria) und durch Schistosomata (Bilharziosis). Ars Med 65:215–222

Supco PR, Perch-Nielsen K et al. (1977) Site 354: Ceara rise – the shipboard scientific party. Init Rep Deep Sea Drill Proj 39. Gov Print Off, Washington DC, pp 45–99

Szczerban E, Urbani F (1974) Formas carsicas en areniscas precambricas de territorio federal Amazonas y estado Bolivar. Bol Soc Venez Espel 5:27–54

Szczerban E, Urbani F, Colvee P (1977) Cuevas y simas en cuarcitas y metalimonitas del grupo Roraima, Meseta de Guaiquinima, Estado Bolivar. Bol Soc Venez Espel 8:127–154

Tamer A (1971) Transamazônica, solução para 2001. Apec Editoria, S Paulo, 311 pp

Trebbau P, Bree PJH van (1974) Notes concerning the freshwater dolphin *Inia geoffrensis* (De Blainville 1817) in Venezuela. Z Säugetierkd 39:50–57

Tricart J (1977) Aperçus sur le Quaternaire amazonien. Rech Franç Quat INQUA 1977, Suppl Bull AFEQ 50,1:265–267

True FW (1909) A new genus of fossil Cetacean from Santa Cruz Territory, Patagonia, and description of a mandible and vertebrae of Prosqualodon. Smith Misc 52:441–456

Urbani F (1977) Nuevos comentarios sobre estudios realiozados, en las formas carsicas de las cuarcitas del grupo Roraima, Abril 1977. Bol Soc Venez Espel 8:71–77

Vareschi V (1959) Geschichtsloses Ufer – auf den Spuren Humboldts am Orinoco. München

Vareschi V (1963) La bifurcación del Orinoco – observaciones hidrográficas y ecológicas de la expedición conmemorativa de Humboldt del ano 1958. Act Ci Venez 14:98–106

Vareschi V (1980) Vegetationsökologie der Tropen. Ulmer, Stuttgart

Voo R van der (1988) Paleozoic paleogeography of North America, Gondwana, and intervening displaced terranes: comparisons of paleomagnetism with paleoclimatology and biogeographical patterns. Geol Soc Am Bull 100: 311–324

Walker TR (1974) Formation of Red Beds in moist tropical climates – a hypothesis. Geol Soc Am Bull 85: 633–638

Walley CD (1988) A braided strike-slip model for the northern continuation of the Dead Sea fault and its implications for Levantine tectonics. Tectonophysics 145: 63–72

White WB, Jefferson GL, Haman JF (1966) Quartzite karst in southeastern Venezuela. Int J Speleology 2: 309–314

Wilhelmy H (1957) Eiszeit und Eiszeitklima in den feuchttropischen Anden. Petermanns Geogr Mitt Ergebnish 262: 281–308

Wolfart R (1968) Die Trilobiten aus dem Devon Boliviens und ihre Bedeutung für Stratigraphie und Tiergeographie. Beih Geol Jahrb 74: 201 pp

Zadwidzki P, Urbani F, Koisar B (1976) Preliminary notes on the geology of the Sarisariñama plateau, Venezuela, and the origin of the caves. Bol Soc Venez Espel 7: 29–37

Zeil W (1986) Südamerika. Enke, Stuttgart, 160 pp

Zonneveld JIS (1968) Quaternary climatic changes in the Caribbean and North South-America. Eiszeit Gegenwart 19: 203–208

Glossar

Abrasion	Abtragungswirkung der Meeresbrandung unter Bildung charakteristischer Formen (z. B. Abrasionsplattform, Abrasionsebene, Abrasionsküste)
Anatexis	Aufschmelzungsbereich fester Gesteinspartien im unteren Bereich der Erdkruste
äolisch	durch Wind bedingte Erscheinungen (z. B. Ablagerungen, Formen)
arid	Klima mit höherer Verdunstungsrate als Niederschlagsmenge
Arkose	Sandstein mit über 25% Anteil an Feldspäten
Ästuar	trichterförmig erweiterte Flußmündung (mit Gezeiten-Einwirkung)
Aufbruch	durch tektonische Vorgänge hochgebrachte geologische Einheit aus älteren Gesteinen
Basement	geologisches Unterlager bestimmter Gesteinsfolgen
Batholith	im (jüngeren) Nebengestein steckengebliebener großer Magmakörper, dessen Begrenzungsflächen zur Tiefe hin auseinandergehen
Becken, tektonisches	gegenüber seiner Umgebung (im marinen wie auch im kontinentalen Bereich) tiefer liegender Sedimentationsraum

bindiger Boden	Boden mit vorwiegend tonigen bis schluffigen (siltigen) Beimengungen (Lehm)
Blattverschiebung	Bewegung, bei der sich zwei tektonische Körper gegeneinander verschieben
brackisch	im Grenzbereich zwischen Meer- und Süßwasser liegend
Breccie (Brekzie)	verfestigtes Trümmergestein aus eckigen und kantigen Bruchstücken
Cabôclo	Mischling aus Indianer und Weißem (indianische Bezeichnung)
Cassiterit (Kassiterit)	Zinnstein (SnO_2), vorwiegend an Granite gebunden
Cerebralisation	Weiterentwicklung des Gehirnapparates
Diapir, Diapirie	Eindringen relativ mobiler älterer Gesteine (z. B. Salz) in jüngere infolge von Auflastdruck
Diatomeen	pflanzliche Einzeller mit einem aus Kieselsäure-Anhydrit bestehenden Gerüst
Diskontinuität	Grenzfläche oder Grenzzone, an der sich die natürlichen Eigenschaften der Gesteine sprunghaft ändern
Dolerit	gröbkörniges, basaltisches Gestein
Drainage	Entwässerung eines Bodenareals
dystroph	nährstoffarm
Endemismus	Beschränkung von Pflanzen- und Tiergruppen auf ein enges, meist auch isoliertes Verbreitungsgebiet
Epiphyten	anderen Gewächsen, zumeist Bäumen, aufsitzende, nicht schmarotzende Pflanzen
Erosion	abtragende Tätigkeit des fließenden Wassers

eustatisch	weltweite Meeresspiegelschwankungen
eutroph	nährstoffreich
Faltenkern, Faltungskern	bei der Faltung hochgebrachte geologische Einheit aus älteren Gesteinen
Fazies	Summe aller Merkmale eines Gesteins
Flavone	aromatische Verbindungen in Pflanzen, besonders in gelben Blüten
fluvial, fluviatil	von Flüssen ausgearbeitet, fortgetragen, abgelagert
Foraminiferen	tierische Einzeller in meist marinen Vorkommen
Galeriewald	längs der Flußtäler stehender Waldstreifen in Savannen-Regionen
Geosynklinale	global angelegtes, sich über lange geologische Zeiträume erstreckendes Senkungsgebiet mit vorwiegend marinen Sedimenten
glazial, glazigen	kaltzeitliche Erscheinungen; Bildungen, Formen und Sedimente, die während einer Eiszeit geschaffen wurden. Unmittelbar vom Gletscher bzw. Inlandeis geschaffenen Formen
Gondwana	Der alte Subkontinent – Landmasse, die die alten Kerne von Südamerika, Afrika, Indien, Madagaskar, Australien und Antarktis bildete
Graben	ein gegenüber seiner Umgebung an meist parallelen Störungen eingesunkenes Stück der Erdkruste
gradiert	gerichtete Abnahme des Korndurchmessers eines Gesteins
Graptolith	(weitgehend) ausgestorbene, ausschließlich im Meer lebende Kolonietiere

hämolysierend	blutauflösend, blutzerstörend
Herdtiefe	Tiefe eines Erdbebenherdes (Hypozentrum), von dem ein Erdbeben ausgeht
Horst	ein gegenüber seiner Umgebung an meist parallelen Störungen gehobenes Stück der Erdkruste (Scholle)
humid	Klima mit höherer Niederschlagsmenge als die der Verdunstung
hybrid	durch Vermischung zweier geochemisch unterschiedlicher Magmen entstandene Mineralisation
Igapó	Überflutungswald in Amazonien (Indianische Bezeichnung)
Ingression	Vordringen des Meeres in festländische Räume
intermediär	Erstarrungsgesteine zwischen den sauren (SiO_2-Gehalt mehr als 65%) und dem basischen (SiO_2-Gehalt weniger als 52%) Bereich
Isohyete	Linie gleicher Niederschlagsmenge für einen bestimmten Zeitraum
Isohypse	Linie gleicher Höhenlage zum Meeresspiegel
Isostasie	Gleichgewichtszustand zwischen unterschiedlich schweren Lithosphärenteilen
Itabirit	feingeschichtetes, aus einer Wechselfolge von Eisenerz (Hämatit, Fe_2O_3) und Quarz (SiO_2) bestehendes präkambrisches Eisenerz mit bis 68% Eisenanteil (Quarzbändererz)
Karst, Verkarstung	Erscheinungen und Prozesse in wasserlöslichen, meist karbonatischen Gesteinen (Kalkstein)

Kerbtal	tief eingeschnittenes Flußtal ohne Terrassen-Bildung
Klastika, klastisch	Sedimente, deren Material aus der mechanischen Zerstörung anderer Gesteine stammt
Klimax-Vegetation	hier: Höhenstufen-Vegetationskomplex
Kolluvium	durch Rutschungen oder Zusammenschwemmungen am Fuße von Bergen angehäuftes Lockersediment
Konglomerat	zu Gestein verfestigter Schotter
Konkordanz, konkordant	ungestörte Aufeinanderfolge verschiedener Schichten und Sedimente
Konsolidation	Grad der Verfestigung geologischer Einheiten durch Tektonik oder Metamorphose
Kristallin	aus kristallinen Schiefern und Metamorphiten bestehende Gesteine
Laterit	im tropischen und subtropischen Bereich auftretende rote Bodenbildung, im wesentlichen aus Eisen- und Aluminium-Hydraten
Latosol	durch lateritische Verwitterung entstandene Böden
Laminit	feingeschichtetes Sediment
limnisch	Vorgänge, Produkte und Ablagerungen des Süßwassers
Lineament	markante und ausgedehnte tektonische Schwächezone, die sich über größere Zeiträume immer wieder bemerkbar machen kann (z. B. Erdbeben, Vulkanismus)
Lithologie	Beschreibung der Gesteine, vorwiegend der Sedimentgesteine nach ihren physikalischen und mineralogischen Kenndaten
Mäander	in Schlingen gewundener Lauf eines Flusses

marin	dem Meere zugeordnet, im Meere entstanden
Metamorphose, metamorph	thermische und chemische Umwandlung von Gesteinen in der Erdkruste
microphthalm	kleinäugig, oft mit geringer Sehkraft
Molasse	sehr grobe Sedimente (Schotter) im Vorlande sich hebender Orogene, teilweise marin (Meeres-Molasse) oder auch limnisch-fluviatil (Süßwasser-Molasse) beeinflußt
Nannofossil	Fossilien (Versteinerungen), kleiner als 0,05 mm
Ocean Spreading	›Ozeanspreizung‹; Auseinanderdriften von Lithosphärenplatten
off shore, on shore	außerhalb, innerhalb der Küstenlinie (liegende Erdölfelder)
Ökosystem	abgrenzbarer natürlicher Bereich mit seinen biologischen und physikalischen Eigenschaften und Prozessen
oligotroph	nährstoffarm (mit Huminsäuren)
Orogen	Faltengebirge, die durch Gebirgsbildung (Orogenese) geschaffen wurden
Paca, Peba	indianische Bezeichnung für ein Nagetier (Aguti) und ein (kleines) Gürteltier
Paraphor	langaushaltende, tief in den Untergrund reichende globale Störung, meist mit seitlicher Bewegungstendenz
patogen	krankmachend, von Krankheit stammend
pelagisch	landferne Hochseeregion
Planalto	morphologische Hochfläche (in Südamerika)
Platte, Plattentektonik	Lithosphärenkörper globalen Ausmaßen (ozeanische, kontinentale Platte) und deren Bewegungen

Podsol, (Podzol)	stark ausgewaschener, fast ausschließlich aus Quarzsand bestehender Boden mit Humusanreicherung in der Tiefe (Orterde)
Pollenanalyse	statistische Untersuchungsmethode zur stratigraphischen Einordnung von Schichten aufgrund des Pollengehaltes von Sedimenten
Pyrit	Schwefeleisen (FeS)
Radiometrie, radiometrische Altersbestimmung	Messung von Halbwertszeiten radioaktiver Elemente in eingebetteten Mineralien und den daraus ermittelten absoluten Altern
Regenwald	immerfeuchter tropischer Hochwald mit Niederschlägen über 2000 mm/a
Regression	Rückzug des Meeres aus bisher marin beherrschter Bereiche
Residualbildung	Rückstandsbildung durch selektives Fortführen bestimmter, meist feinkörniger Boden-Anteile
Rippeln, Rippelmarken	Wellenfurchen; durch Übertragung der Pendelschwingung eines bewegten Mediums (Wasser, Luft) auf das überströmte Sediment
Salinar	aus Salz bestehender geologischer Körper
Saponine	in Pflanzen vorkommende Wirkstoffe, deren wässrige Lösungen stark schäumen
Savanne	mit Büschen und Bäumen locker bestandener Vegetationsbereich mit meist semiariden Klima
Scherzone	Bereich einer Blattverschiebung
Schild, Alter Schild	weitgehend aus präkambrischen Kristallin aufgebauter tektonisch stabiler Teil der irdischen Lithosphäre (Guayana Schild, Brasilianischer Schild, Patagonischer Schild)

Seismizität	Ausdruck für die Erdbebenhäufigkeit und -stärke eines Gebietes
semiarid	Gebiete, in denen im allgemeinen die Jahresniederschlagsmenge geringer ist als die Jahresverdunstung
Sial, sialisch	an Kieselsäure reiches, ›saures‹ Tiefengestein
Sima, simisch	an Kieselsäure armes, ›basisches‹ Tiefengestein (Basalt)
Sill	in Schichtenfugen sekundär eingedrungener meist magmatischer Lagergang
Silt	feinklastisches Sediment zwischen der Ton- und der Sandfraktion liegend, entspricht ungefähr dem Schluff
Stratigraphie	geologischer Wissenszweig, der die Gesteine nach ihren organischen und anorganischen Merkmalen und ihrem Inhalt zeitlich ordnet (siehe stratigraphische Tabelle)
Subandin	Gebiet zwischen dem Anden-Orogen und dem Alten Schild liegend
Subduktionszone	Bereich, in dem eine Lithosphärenplatte unter eine andere sinkt (auch Benioff-Zone genannt)
subfossil	noch in historischer Zeit, jedoch heute nicht mehr vorhandene Organismen oder Ablagerungen
Substrat	hier: Ausgangsgestein einer Bodenbildung
Symbiose, Symbiont	in einer Gemeinschaft zusammenlebende Organismen
Tektonik, tektonisch	Lehre vom Bau der Erdkruste und den Bewegungen und Kräften, die auf sie wirken

Tektogenese, Tektogen	durch tektonische Bewegungen entstandene Abschnitte der Erdkruste; von tektonischen Bewegungen einheitlich geprägte Einheiten der irdischen Lithospähre
Terra Firme	das überflutungsfreie Land in Amazonien
terrestrisch	Vorgänge, Kräfte und Formen, die auf der festen Oberfläche entstehen
Tillit	zu einem Gestein verfestigte Moränenablagerung älterer Eiszeiten
Transgression	Übergreifen des Meeres auf festländische Räume und Eroberung bisher nicht mariner Gebiete
Tropen	geographische Zone beiderseits des Äquators bis zum 20. Breitengrad mit Niederschlägen durch Passate
Várzea	jahreszeitliches Überflutungsgebiet in Amazonien (Indianische Bezeichnung)
Wealden (engl.)	limnisch-brackische Ablagerungen in der Unterkreidezeit
Zeugenberg	beim Zurückschneiden (Erosion) von Schichttafeln und- stufen stehengebliebener, isolierter Einzelberg

Stratigraphische Tabelle

In einer stratigraphischen Tabelle werden die jüngsten Ablagerungen oben, die ältesten unten vermerkt.

Alle in nachstehender Tabelle aufgeführten geologischen Zeitabschnitte sind in weitere Unterglieder geteilt; das für die geologische Entwicklung des Amazonas-Flußnetzes wichtige Känozoikum ist noch um eine zusätzliche Untergliederung erweitert.

Jahre in Mio.	Zeitalter	System	Serie
0,010 —	Känozoikum (Erdneuzeit)	Quartär	Holozän
			Pleistozän (Eiszeitalter)
1,5–2 —		Tertiär	Pliozän
			Miozän
			Oligozän
			Eozän
			Paläozän
65 —	Mesozoikum (Erdmittelalter)	Kreide	
135 —		Jura	
195 —		Trias	
225 —	Paläozoikum (Erdaltertum)	Perm	
280 —		Karbon	
345 —		Devon	
395 —		Silur	
435 —		Ordovizium	
500 —		Kambrium	
570 —	Kryptozoikum (Erdfrühzeit)	Präkambrium	
etwa 5000 —			

Orts- und Namensverzeichnis

Abunã 82
Abunã Rio 8, 96, 168
Acre 16, 52, 82, 87, 188, 189
Acuña Ch de 10
Agassiz J. L. 11
Alagôas 44, 62, 134
Altamira 196
Alto Tapajós 140
Amapá 17, 189–191
Amazonas Rio 4–6, 14, 15, 23, 24, 30, 47, 50, 101, 161, 169
Amazonia Legal 189
Amazonien (Amazonas) 1, 3, 4, 7–14, 16, 18, 21, 35, 41, 45, 51, 111, 162, 181, 189, 199
Anatolien 59
Antarktis 136
Apodi 51
Aracajú 62
Araguaia Rio 192
Atabapo Rio 166
Atlantik 7, 72
Auyan Tepui 29, 33, 34, 49

Bahia 52, 55, 70, 134
Bahia Blanca 69
Bates H. W. 13
Belém 10, 140
Belém do Pará 13, 17, 101, 115, 187
Belterra 14
Beni Rio 15, 95, 96, 172
Bénoué 58

Bluntschli H. 16, 17
Bôa Vista 140
Bogotá 102, 152
Bolivien 4, 16, 41, 77
Bonpland A. 10
Branco Rio 167, 173
Brasilia 187
Buenos Aires 69, 77

Camamú 57, 70, 134
Campo Cerrado 137
Canaima 33, 49, 171
Cañar 88
Caracas 18
Carao Rio 49
Caroni Rio 49, 171
Carvajal G. de 8
Casiquiare 10, 18, 19, 51, 91, 93, 97–99, 122, 166, 173
Chaco 103
Chad-See 58
Chaine 60
Churuni Rio 49
Clarke J. M. 13
Commissão Geológica do Império do Brasil 11
Conceição 140
Concepción 103
Condamine Ch. de la 10
Cordillera Blanca 76
Cordillera Central 76
Cordillera de los Andes 73
Cordillera Occidental 76

225

Cordillera Oriental 76
Cordillere 7, 72
Cuiabá Rio 102, 190
Cuieiras Rio 89, 91
Cumaná 10
Curuá Rio 12

Darwin Ch. 13, 50
Derby O. A. 11, 12
Deutsche Forschungsgemeinschaft 19
Deutscher Forschungsrat 17
Doce Rio 153
Du Toit 76

Ecuador 4, 88, 188
El Callao 28
El Dorado 7, 8
El Pao 27
Esperidão 103
Essequibo Rio 50

Falkland-Inseln 41
Ferreira Penna D 12
Feuerland 73
Fordlandia 14
Fortaleza 66

Galapagos-Archipel 29, 60, 74
Gê-Indianer 19
Glomar-Challenger 121
Goeldi E. 16
Goias 189
Göldi E. 17
Gran Chaco 77
Große Savanne (Gran Sabana) 1, 24, 27, 137, 148, 178
Guajará-mirim 16, 80, 82, 85, 116, 180
Guaporé Rio 5, 50, 52, 79, 95, 96, 102, 103, 172

Guayana 1, 4, 21, 27, 129, 138, 152, 190
Guayaquil 29, 44, 60, 74, 76
Gurí 27

Hartt Ch. F. 11
Huancabamba-Deflection 28
Humboldt A. von 1, 10, 93, 97, 99, 163, 189

Instituto Nacional de Colonização e Reforma Agrária (INCRA) 189
Instituto Nacional de Pesquisas da Amazônica (INPA) 7, 19
Iquitos 15, 95, 115
Ituberaba 70

Jão Pessôa 188
Japurá Rio 172
Jarí Rio 174
Jaurú Rio 103
Javarí Rio 87, 191
Jordan-Tales 60
Juruá Rio 87, 172
Jutaí Rio 191

Kaiapó 196
Karibik 74
Katzer F. 13
Keller (-Lezinger) F. 15
Keller (-Lezinger) J. 15
Kocher-Grünberg T. 18, 49
Kolumbien 4, 42, 157
Kongo 151
Königlicher Botanischer Garten in London 14

La Paz 76
La Plata 97, 153
La-Plata Rio 101, 102
Llanos 157

Macapá 192
Maceiô 62
Madeira Rio 5, 8, 15, 29, 79, 80, 82, 95, 96, 116, 124, 141, 144, 167, 168, 172, 180
Madeira-Mamoré-Bahn 16
Madre de Dios Rio 15, 96, 172
Malaysia 14
Mamoré Rio 96, 172
Manaus 15, 79, 112, 115, 122, 131, 169
Manoa 8
Marabá 194, 195
Maranhão 35, 40−43, 51, 52, 134, 189, 194
Marañon Rio 112, 138, 172
Mato Grosso 103, 189, 190
Max Planck-Gesellschaft 17
Mendoza 35
Meseta de Sarisariñama 29
Minas Gerais 62, 153
Monte Roraima 25, 29, 49, 50
Moura 173
Museu Nacional 17
Museu Paraense 13

Nacupay 27
Napo Rio 172
Negro Rio 6, 10, 51, 89, 97, 99, 116, 122, 130, 169, 172
Nil 5
Nimuendajú 19

Obidos 5, 91, 101, 111, 114, 115
Orellana 8
Orinoco Rio 4, 6, 10, 24, 49−51, 101, 124, 161, 162, 173

Pamoni Rio 99, 100
Pantanal 97
Pará 10, 189

Paraguay Rio 102
Paraná 35, 40, 41, 43, 102
Patos 28, 62
Paulo Alfonso 62
Pazifik 7, 72
Penna D. 12
Perimetral Norte 191
Pernambuco 69
Perú 4, 10, 138
Petrobrás 35, 42, 190
Petrolândia 62
Petrópolis 15, 82
Pongo de Maseriche 101, 112
Pôrto de Madeira 194
Pôrto Velho 16, 79, 80, 82, 85, 116, 141, 144, 180
Pucallpa 101, 112
Purús Rio 172
Putumayo Rio 172

Quito 10

Rathburn R. 12
Recife 69, 188
Recôncavo 51, 57, 61, 63, 66, 69
Remanso 28, 62
Riberão 85
Rio de Janeiro 11, 12, 134
Romanche 60
Rondônia 44, 71, 189, 190, 192
Roraima 189

Salto Angel 33, 34, 49
Salvador 55, 69
San Juan 35
Santa Barbara 99
Santa Catarina 41
Santarém 12, 14
São Francisco 61
São Francisco Rio 91
São Lourenço 144

São Luis   62, 194
Sergipe   44, 52, 62, 134
Serra de Parecís   50, 96
Serra do Návio   191
Serra dos Carajás   192, 195
Serra dos Pacaás Novos   50
Sertão   178
Sierra de Mérida   74
Sioli H.   16
Smith H. H.   12
Solimões Rio   97, 112, 116, 124, 167, 169, 172
Spruce   14
St. Paul   60
Stern M.   18
Sto. Antônio   16
Suez   60
Super Intendência do Desenvolvimento da Amazônia (SUDAM)   189
Surinam   131

Tapajóz Rio   6, 12, 50, 52, 171, 174
Taulipang-Indianer   49
Teotônio   81, 85, 119
Texeira P.   9

Tiberias-See   59
Timna   59
Tocantins Rio   5, 12, 182, 194, 195
Tordessilla   188
Tote Meer   59
Trinidad   76
Trombetas Rio   35, 174
Tucuruí   194, 195

Uaupés   140
Ucayali Rio   112, 160, 172
Unckel C.   18
Uruguay Rio   102

Venezuela   1, 4, 18, 29, 49, 73, 148, 166, 191

Wadi Araba   60
Wadi Feinan   59
Wallace A. R.   13
White   12
Wickham B. H.   14

Xavantes   196
Xingú Rio   6, 171, 174, 192, 196

Yañez Pinzón V.   8, 128

Sachverzeichnis

Alb 44, 55, 57
Aliança-Schichten 66
Alter do Chão-Schichten 85, 131
Alter Schild 21, 23, 45
Alttertiär 60
Altwasser 119, 127
Alumosilikate 143
Amazonas-Becken 35
Amazonas-Graben 6, 7, 30, 35, 38, 40, 44, 47, 56, 58, 74, 76, 88, 95
Amazonas-Schersystem 56, 58
Amazonas-Stromsystem 7
Ammonit 55
Anatexis 44
Anden 74
Anden-Faltung 50
Anden-Orogen 43, 58
Anden-Orogenese 48, 62, 73, 103, 131, 161
Andesit 43, 71, 105
Anzapfung 101
Apt 44, 57
Aqaba-Levante-System 58
Äquator 10
Arabische Platte 59
Arabisch-nubischer Schild 58
Arandis-Kalk 55
arid 62
Arkose 153
assyntisch 55
Astuar 5, 134
Atlantische Spalte 44
Aufstau 114

Ausschlämmung 186
Azucar-Sandstein 52

Bandeirantes 188
Barreiras-Ablagerung 67, 90
Barreiras-Sand 91, 114, 135, 148, 176
Basalt 42, 43, 61
Basement 27
Batholith 44, 71, 78
Baurú-Sandstein 52
Belterra-Ablagerung 67, 90, 151
Belterra-Schichten 178
Belterra-See 96, 114
Belterra-See 96, 114
Belterra-Ton 87, 114, 135, 148
Beni-See 95, 96, 102, 161
Benioff-Zone 44, 71, 73, 104, 105
Bénoué-Graben 60
Binnensee 77, 90, 91, 93, 95, 96, 101, 106
Bioherm 52
Biomasse 186, 189, 196
Biozid 196
Blattverschiebung 59
Bleicherde 120, 149, 171, 173, 174
Bleichsand 146
Block von Mato Grosso-Goiás 51
Bodenbildung 47, 145
boreale Provinz 41
Botanik 13
Botaniker 10
brackisch 64

Brandrodung 182, 197
Brasilia-Schild 57
Brasilianischer Schild 23, 27
Brasilides-Orogen 27
Braunkohle 85, 88, 190
Braunlehm 125, 172, 184
Breccien 28

C14-Datierung 153
Caatinga 124
Cabôclo 199
Calabrium 114
Calumbí-Sandstein 52
Camamú-Becken 55
Campo Cerrado 1, 124
Canga 139
Canga-Anreicherung 142
Capoeira 184, 186
Cenoman 43
Cenoman-Transgression 45, 51, 67
Chaine fracture zone 29
CO_2-Gehalt 186
Cocos-Platte 58, 71, 74, 75, 78
Codó-Schichten 52
Conquistadores 8
Corda-Schichten 52
Cordó-Schichten 52
Cuchivero-Komplex 24
Cuenca-Schichten 88
Culex 171
Curuá-Schwelle 111

Deckenüberschiebung 73
Delphin 87, 95, 97, 124, 160
Delta 120
Deltakörper 37, 60, 122, 123, 129, 153
Devon 12, 35, 40, 42, 51, 76, 102
Diamant 8
diapirisch 112
Dolerit 25, 46

Drainagesystem 7
Düne 103, 148, 152, 153
Durchschlämmung 148
dystroph 166

Echolot 122
Edelholz 151
Eisenbahn 16, 79, 80, 192, 194
Eisenerz 192, 195
Eiszeit 11, 114, 152
Elektrizitätsgewinnung 194
Elektrolytgehalt 175, 178
Endemismus 37, 48
Entomologe 13
Entwaldung 157, 180
Entwässerung 93
Entwässerungsnetz 4, 6, 72
Entwässerungssystem 11
Entwicklungsplan 182
Epidemiologie 18
Epiphyt 151
epiphytisch 178
Erdaltertum 6, 21
Erdbeben 73
Erdmittelalter 6, 21
Erdöl 6, 35, 40–42, 63, 64, 135, 190, 191
Ereré-Schichten 52
Erosion 6, 27, 28, 37, 48, 50, 62, 77, 97, 100, 172, 180
Erzvorkommen 191
Ethnologe 10
eutroph 166
Evolution 197

Faunenprovinz 35, 40
Faunenwanderung 159
Faziesprovinz 41
Felspassage 15
Felsritzzeichnung 18
Fischfang 196

Fischzucht 167, 182
Flandrische Transgression 124, 154
Flavon 171
fluviatil 64, 90
Foraminifere 88

Galeriewald 137
Garnele 160
Gastropode 88
Gefälle 79
Geosynklinale 73
geowissenschaftliche Erforschung 11
Gezeiten 67
Gezeitenwechsel 134
Gips 191
Glazialablagerung 136
Glazialklima 108
Glazialzeit 95, 113, 137, 180
Gold 8
Golfstrom 108
Gondwana-Kontinent 7, 21, 27, 43, 55
Graben 55, 64
Grabenstruktur 21
Granit 145, 192
Graptolith 35
Großrippeln 180
Großurne 17
Grundwasser 151, 154, 176, 185
Guayana-Schichten 24, 25, 47
Guayana-Schild 23, 57
Guayana-Staaten 131
Gummi 14, 79
Gurupá-Schwelle 111

Hafen 112
Hämatit 136, 192
Hängende Galerie 30
Hebung 48, 67–69, 106, 135
Herbizid 196

Hochwasser 83, 99, 100, 127, 148, 166, 167, 179, 183, 191
Holozän 7, 103, 120, 153, 157
Holzkohle 194
Hornhecht 160
Horst 61, 62
Huancabamba Deflection 78
Humboldt-Strom 106, 160
Huminsäure 171
Huminstoff 169
Hunger 8
hybrid 44, 71
Hydrologie 18
hydromorph 149
Hyläa 137
Hyläa Amazonica 1, 7

Ichthyologe 160
Igapó 113, 127
Imataca-Komplex 24
Indianer 10, 128, 149, 163, 165, 183
Ingression 60
Interglazial 114
Interglazialzeit 95
intrakontinentales Becken 45, 49
Iquitos-Pforte 161
Iquitos-See 96
Isohyete 149
isostatisch 56, 106
Itabirit 192
Itapecurú-Sandstein 52

Japoatá-Sandstein 52
Jura 21, 42, 43, 53, 55, 61, 62, 66, 130

Kaltzeit 152
Kambrium 35
Karbon 35, 42, 109, 190
Karst 48
Kautschuk 14

Känozoikum 21
Klapperschlange 157, 159
Klarwasser 125, 164
Klarwasser-Fluß 171, 174
Klimaveränderung 7
Kohlenwasserstoff 41
Kollision 72
kolluvial 153
Konglomerat 136
Konvektionszelle 55
Kreide 21, 55, 103, 130
Kristallin 21, 45, 47, 62, 134, 171, 174, 176, 192
kristallines Gestein 6
kristallines Basement 62, 191
Krokodil 87
Kugelgestalt der Erde 10

La-Plata-System 99
Lagerstätte 187, 190
Lamellibrachier 88
laramische Phase 72
Laterit 139, 142, 144, 148, 189, 192
Latosol 139, 142, 148, 172
limnisch 64, 90
Links-Verwurf 60
Lithosphäre 44, 55, 56
Luftbild 7
Luftfeuchtigkeit 2

Malaria 165–168, 196
Malvino-kaffrische Provinz 41
Manaus-Schichten 85, 131, 178
Mandioca 182
Mangan 190, 191
Mangrove 70, 142
Mar Dulce 8
Marajó-Kultur 17
Maranhão-Becken 51
Marine Ingression 41, 64

Maruím-Schichten 52
Mastodon 87
Mataui-Sandstein 49
Meereshochstand 45, 51, 62, 90–92
Meeresspiegel 68, 114, 122, 179
Meeresspiegelanstieg 90, 122, 130, 134, 135
Meeresspiegelschwankung 7, 69
Meeresverbindung 41
Meeresvorstoß 43
Mesozoikum 6, 21, 43, 136, 150
Metasediment 24
Milaz 120
Miozän 50, 59, 67, 75, 77, 85, 93, 95, 105, 130, 136, 160, 191
miozänes Molassebecken 131
Molasse 72, 77
Molassebecken 104, 105
Molassesee 93, 160
Monastir 120
Muribeca-Schichten 52
Museu Nacional 12
Muttergestein 41, 64
Mündung 5, 128

Nazca-Platte 58, 71, 74, 78
Neokom 52, 53
Niederschläge 2
Niedrigwasser 79

Oberkarbon 41
Oberkreide 25, 41–44, 46, 47, 51, 53, 57, 62, 66, 74–76, 85, 174
Ocean Spreading 71
Off-shore-Bereich 135
Ökosystem 3, 7, 16, 19, 128, 150, 158, 176, 178, 183, 185, 196, 198
oligotroph 166
Oligozän 60, 75, 77, 85, 93, 105, 131, 160

On-shore-Förderung 66
Ordoviz 35
Orinoco-Becken 102
Orogen 44
Orogenese 42, 44, 55, 72, 77, 88, 104
Ostanatolische Kette 59
Ostracode 45

Paläozän 85
Paläozoikum 6, 13, 21, 35, 76, 77, 109
paläozoisches Sediment 61
Pampas-Formation 103
Pantanal 102, 153
Paraná 127
Paraná-Becken 51, 52
Paraphor 56, 74
Parecís-Sandstein 47, 52, 178
Parecís-Schichten 45, 174
Pariser Academie 10
Passat 77, 93, 105, 138
Pastora-Komplex 24
Patagonia-Schild 57
Pazifik-Platte 73
Pebas-Schichten 85, 178, 191
Perimetral Norte 188
Perm 53
Permokarbon 62
Photosynthese 127, 128
Pirabas-Schichten 85, 88
Pisco deflection zone 29
Plantagenwirtschaft 14
Plasmodium 168
Plantanistoidea 160
Platte 56, 104
Plattentektonik 31, 58, 67, 73, 104
Pleistozän 7, 37, 59, 78, 93, 95, 99, 102, 103, 113, 152, 157, 158, 162
Pliozän 50, 59, 75, 78, 87, 88, 90, 93, 95, 96, 101–103, 106, 113

Pluvialzeit 152
Podsol 125, 146, 171
Pollendiagramm 152
Pororocá 5
präandine Wasserscheide 105
Präkambrium 24, 46, 59, 70
Purús-Schwelle 111

Quartär 152, 154
Quarzit 48

Radar 7, 153, 189
Recôncavo-Graben 52, 62
Regenwald 1, 2, 4, 8–10, 18, 115, 124, 137, 150, 151, 154, 157, 159, 162, 174, 176, 182, 183, 185, 186, 189, 191, 192, 194, 195, 197–199
Regenzeit 152, 183, 185
Regression 99
Rekultivierung 192
Remineralisation 150
Residualbildung 148
rezent 75
Rhät 43
Riachuelo-Schichten 52
Riftsystem 56
Rinderzucht 187
Rio-Azogues-Sandstein 88
Rippeln 180
Ritzzeichnung 8
Roçada 182
Rodung 158, 180, 184
Rohstoff 7, 8, 187
Romanche fracture zone 29
Roraima-Folge 24
Roraima-Sandstein 178
Roraima-Schichten 24, 25, 28, 29, 45, 46, 148, 173, 174
Rot-Sediment 136
Roterde 143
Rückstau 114

Salz 113, 191
Salzlager 106
Salzpfannen 153
Sambaquí 134
Samfrau-Orogen 76, 77
Sandbank 180
Sandriff 135
Sanozama-Schichten 87
São-Francisco-Lineament 51, 61
São-Sebastião-Schichten 52
Saponin 171
Savanne 1, 125, 137
Savanne-Vegetation 4
Säuregrad 124, 167, 171, 172
Schelf 44
Schelfgebiet 55, 66
Schelfsediment 58, 71
Schersystem 24, 27, 56
Schichtlücke 67
Schistosoma 171
Schwarzerde 184
Schwarzwasser 18, 122, 124, 125, 151, 162, 164
Schwarzwasser-Fluß 169
Schwebstoff 128, 167
Schwelle 111
Schwemmland 102
schwimmende Wiese 128
Seeigel 88
Seezunge 160
Seife 192
Seismik 72
Sekundärwald 184
Senkung 106
Sichttiefe 167, 169
Sicilium 120
Sill 42, 53
Silur 35, 41
Sinkstoff 180
Sireniden 88
Speichergestein 41

Spongia 46
Squalodontoidea 160
Staatsvertrag zwischen Brasilien und der Bundesrepublik Deutschland 18
Staatsvertrag zwischen Brasilien und Bolivien 15
Stachelrochen 160
Staffelbruch 35, 136
Stausee 194, 195
Steigregen 152
Steilküste 134
Steinkohle 190
Steppenvegetation 137
Störkörper 61, 78
Straßenbau 187
Stromschnelle 15, 80, 96, 116, 180
Strudelloch 81, 83, 85, 96, 180
Subandin 53, 77, 95, 96, 104, 106, 112, 160, 162
Subduktion 43
Subduktionszone 71, 73
Südäquatorialstrom 131
Süßwasser 162
Süßwassersardine 160
Süßwassermeer 8
Süßwasserseezunge 160

Tafelberg 49
Tafelberglandschaft 29, 48
Tagebau 191
Talsperre 180
Taxodon 87
Tektogenese 74
Tepuí 28, 48, 49
Terra Firme 79, 89, 113, 116, 120, 124, 139, 151, 184
Terrasse 67, 113, 114, 119, 134
Territorialzeichen 8
Tertiär 43, 48, 50, 51, 57, 62, 83, 103

Tillit 35
Tourismus 16
Transamazônica 187
Transbrasiliana 187
Transgression 43, 44, 52, 67, 69, 134
Trapp-Basalt 43, 53, 57
Treibhauseffekt 186
Trias 53, 62
Trockenbrücke 157, 175
Trockenheit 157
Trockenperiode 152, 159
Trockenzeit 127, 137, 183, 185
Tropen-Podsol 120, 147, 148, 184
Tropenklima 137, 151
Tropenökologie 17
Trübwasser 161
Turon 52
Tyrrhen 120

Überflutungswald 127
Überschwemmung 167
Unterkreide 45, 52, 53, 55, 57, 62, 64
Unterschub 58
Urwaldloch 29, 30

variszisch 76
Variszische Orogenese 42
Várzea 92, 113, 119, 120, 122, 125, 142, 153, 163
Vereisung 106, 108

Verkarstung 29, 30, 33, 48
Versauerung 145
Vulkanismus 43

Waldindianer 10
Waldrefugium 137, 154, 157, 159
Wanderarzt 18
Wasserfall 15, 34, 49, 62, 79−81, 85, 96, 116, 180
Wasserführung 5, 180
Wasserhyazinthe 196
Wasserscheide 50, 72, 78, 95−101, 106
Wasserspiegel 128
Wärmediapir 57
Wärmedom 55
Wealden 52, 53, 64, 136
Weideland 187
Weißwasser 18, 92, 124, 125, 128, 164, 170
Weißwasserfluß 90
Wisconsin-Alter 130
Wisconsin-Glazial 99, 120
Wisconsin-Vereisung 108
Wüste 62
Wüstenbildung 198

Zerfallswärme 55
Zerrspalte 55
Zeugenberg 28, 37, 48
Zinnerz 71, 144, 192
Zoologie 13

GPSR Compliance
The European Union's (EU) General Product Safety Regulation (GPSR) is a set of rules that requires consumer products to be safe and our obligations to ensure this.

If you have any concerns about our products, you can contact us on

ProductSafety@springernature.com

In case Publisher is established outside the EU, the EU authorized representative is:

Springer Nature Customer Service Center GmbH
Europaplatz 3
69115 Heidelberg, Germany

www.ingramcontent.com/pod-product-compliance
Lightning Source LLC
LaVergne TN
LVHW010256260326
834688LV00044B/1306